主　編　湯　東、張富銀
副主編　張元甜、江順茂、龔軍

JavaScript
實戰

前　言

在互聯網發展的早期，JavaScript 就已經成為支撐網頁內容交互體驗的基礎技術。經過了大約 20 年的發展，JavaScript 的技術和能力都發生了天翻地覆的變化，現在的 JavaScript 毫無疑問已經成了世界上使用範圍最廣的軟件平臺——互聯網——的核心技術。

JavaScript 是 Web 開發中的一種腳本編程語言，也是一種通用的、跨平臺的、基於對象和事件驅動並具有安全性的腳本語言。它不需要進行編譯，而是直接嵌入 HTML 頁面中，把靜態頁面轉變成支持用戶交互並回應相應事件的動態頁面。

本書的特點：

（1）由淺入深，循序漸進。本書以初、中級程序員為對象，先從 JavaScript 基礎學起，再學習 JavaScript 的核心技術，然後學習 JavaScript 的高級應用，最後學習開發一個完整項目。講解過程中步驟詳盡，版式新穎。

（2）實例典型，輕松易學。通過例子學習是最好的學習方式。本書通過一個知識點、一個例子、一個結果、一段評析、一個綜合應用的模式，透澈詳盡地講述了實際開發中所需的各類知識。

（3）應用實踐，隨時練習。書中提供了實踐與練習，讀者能夠通過對問題的解答來回顧、熟悉所學的知識，舉一反三，為進一步學習做好充分的準備。

目錄

第 1 章　JavaScript 概述 …………………………………（1）
第 2 章　使用 JavaScript ……………………………………（7）
第 3 章　語法、關鍵保留字及變量 ………………………（9）
第 4 章　數據類型 …………………………………………（13）
第 5 章　運算符 ……………………………………………（22）
第 6 章　流程控制語句 ……………………………………（33）
第 7 章　函數 ………………………………………………（39）
第 8 章　對象和數組 ………………………………………（42）
第 9 章　時間與日期 ………………………………………（49）
第 10 章　正則表達式 ………………………………………（52）
第 11 章　Function 類型 ……………………………………（63）
第 12 章　變量、作用域及內存 ……………………………（68）
第 13 章　基本包裝類型 ……………………………………（76）
第 14 章　內置對象 …………………………………………（82）
第 15 章　面向對象與原型 …………………………………（87）
第 16 章　匿名函數和閉包 …………………………………（104）
第 17 章　BOM ……………………………………………（114）
第 18 章　瀏覽器檢測 ………………………………………（124）
第 19 章　DOM 基礎 ………………………………………（135）
第 20 章　DOM 進階 ………………………………………（146）
第 21 章　DOM 操作表格及樣式 …………………………（154）
第 22 章　DOM 元素尺寸和位置 …………………………（165）
第 23 章　動態加載腳本和樣式 ……………………………（169）
第 24 章　事件入門 …………………………………………（172）
第 25 章　事件對象 …………………………………………（177）
第 26 章　事件綁定及深入 …………………………………（185）

目 錄

第27章　表單處理 …………………………………………（195）

第28章　錯誤處理與調試 …………………………………（207）

第29章　Cookie 與存儲 ……………………………………（216）

第30章　XML ………………………………………………（222）

第31章　XPath ………………………………………………（229）

第32章　JSON ………………………………………………（235）

第33章　Ajax ………………………………………………（239）

第34章　綜合項目 …………………………………………（246）

　項目1　博客前端：理解 JavaScript 庫 ………………（246）

　項目2　博客前端：封裝庫——連綴 …………………（248）

　項目3　博客前端：封裝庫——CSS［上］ …………（250）

　項目4　博客前端：封裝庫——CSS［下］ …………（252）

　項目5　博客前端：封裝庫——下拉菜單 ……………（254）

　項目6　博客前端：封裝庫——彈出登錄框 …………（256）

　項目7　博客前端：封裝庫——遮罩鎖屏 ……………（257）

　項目8　博客前端：封裝庫——拖拽［上］ …………（259）

　項目9　博客前端：封裝庫——拖拽［下］ …………（260）

　項目10　博客前端：封裝庫——事件綁定［上］ ……（262）

　項目11　博客前端：封裝庫——事件綁定［中］ ……（264）

　項目12　博客前端：封裝庫——事件綁定［下］ ……（266）

　項目13　博客前端：封裝庫——修繕拖拽 ……………（268）

　項目14　博客前端：封裝庫——插件 …………………（269）

　項目15　博客前端：封裝庫——CSS 選擇器［上］ …（271）

　項目16　博客前端：封裝庫——CSS 選擇器［下］ …（273）

　項目17　博客前端：封裝庫——瀏覽器檢測 …………（274）

　項目18　博客前端：封裝庫——DOM 加載［上］ ……（276）

目 錄

項目 19	博客前端：封裝庫——DOM 加載［下］	(279)
項目 20	博客前端：封裝庫——調試封裝	(280)
項目 21	博客前端：封裝庫——動畫初探［上］	(282)
項目 22	博客前端：封裝庫——動畫初探［中］	(283)
項目 23	博客前端：封裝庫——動畫初探［下］	(286)
項目 24	博客前端：封裝庫——透明度漸變	(287)
項目 25	博客前端：封裝庫——百度分享側欄	(289)
項目 26	博客前端：封裝庫——增強彈窗菜單	(292)
項目 27	博客前端：封裝庫——同步動畫	(294)
項目 28	博客前端：封裝庫——展示菜單	(295)
項目 29	博客前端：封裝庫——滑動導航	(296)
項目 30	博客前端：封裝庫——切換	(300)
項目 31	博客前端：封裝庫——菜單切換	(301)
項目 32	博客前端：封裝庫——註冊驗證［1］	(305)
項目 33	博客前端：封裝庫——註冊驗證［2］	(309)
項目 34	博客前端：封裝庫——註冊驗證［3］	(312)
項目 35	博客前端：封裝庫——註冊驗證［4］	(317)
項目 36	博客前端：封裝庫——註冊驗證［5］	(321)
項目 37	博客前端：封裝庫——註冊驗證［6］	(324)
項目 38	博客前端：封裝庫——註冊驗證［7］	(329)
項目 39	博客前端：封裝庫——註冊驗證［8］	(333)
項目 40	博客前端：封裝庫——註冊驗證［9］	(335)
項目 41	博客前端：封裝庫——註冊驗證［10］	(337)
項目 42	博客前端：封裝庫——輪播器	(340)
項目 43	博客前端：封裝庫——延遲加載	(345)
項目 44	博客前端：封裝庫——預加載	(348)

目錄

項目 45　博客前端：封裝庫——引入 Ajax …………………（358）

項目 46　博客前端：封裝庫——表單序列化 ………………（361）

項目 47　博客前端：封裝庫——Ajax 註冊 …………………（363）

項目 48　博客前端：封裝庫——Ajax 登錄 …………………（369）

項目 49　博客前端：封裝庫——Ajax 發文 …………………（372）

項目 50　博客前端：封裝庫——Ajax 換膚 …………………（379）

第 1 章
JavaScript 概述

學習要點：

1. 什麼是 JavaScript
2. JavaScript 的特點
3. JavaScript 的歷史
4. JavaScript 的核心
5. 開發工具集

JavaScript 誕生於 1995 年。它誕生的目的是為了完成表單輸入的驗證。因為在 JavaScript 問世之前，表單的驗證都是通過服務器端驗證的，而當時還是電話撥號上網的年代，服務器驗證數據是一件非常痛苦的事情。

經過多年的發展，JavaScript 從一個簡單的輸入驗證成為一門強大的編程語言。所以，學會使用它是非常簡單的，而真正掌握它則需要很漫長的時間。

一、什麼是 JavaScript

JavaScript 是一種具有面向對象能力的、解釋型的程序設計語言。更具體一點，它是基於對象和事件驅動並具有相對安全性的客戶端腳本語言。因為它不需要在一個語言環境下運行，而只需要支持它的瀏覽器即可。它的主要目的是驗證發往服務器端的數據、增加 Web 互動、增強用戶體驗度等。

二、JavaScript 的特點

1. 松散性

JavaScript 語言核心與 C、C++、Java 相似，比如條件判斷、循環、運算符等。但它是一種松散類型的語言，也就是說，它的變量不必具有一個明確的類型。

2. 對象屬性

JavaScript 中的對象把屬性名映射為任意的屬性值。它的這種方式很像哈希表或關聯數組，而不像 C 中的結構體或者 C++、Java 中的對象。

3. 繼承機制

JavaScript 中的面向對象繼承機制是基於原型的，這和另外一種不太為人所知的 Self 語言很像，而和 C++以及 Java 中的繼承大不相同。

三、JavaScript 的歷史

1. 引子

大概在 1992 年，有一家公司 Nombas 開發一種叫做 C--（C-minus-minus，簡稱 Cmm）的嵌入式腳本語言。后因開發者覺得名字比較晦氣，最終改名為 ScripEase。而這種可以嵌入網頁中的腳本的理念將成為因特網的一塊重要基石。

2. 誕生

1995 年，當時工作在 Netscape（網景）公司的布蘭登（Brendan Eich）為解決類似於「向服務器提交數據之前驗證」的問題，在 Netscape Navigator 2.0 與 Sun 公司聯手開發一個稱為 LiveScript 的腳本語言。為了行銷便利，之後更名為 JavaScript（目的是在 Java 這棵大樹下好乘涼）。

3. 邪惡的后來者

因為 JavaScript 1.0 如此成功，所以微軟也決定進軍瀏覽器，發布了 IE 3.0 並搭載了一個 JavaScript 的克隆版，叫做 JScript（這樣命名是為了避免與 Netscape 潛在的許可糾紛），並且也提供了自己的 VBScript。

4. 標準的重要

在微軟進入后，有三種不同的 JavaScript 版本同時存在：Netscape Navigator 3.0 中的 JavaScript、IE 中的 JScript 以及 CEnvi 中的 ScriptEase。與 C 和其他編程語言不同的是，JavaScript 並沒有一個標準來統一其語法或特性，而這三種不同的版本恰恰突出了這個問題。隨著業界擔心的增加，這個語言標準化顯然已經勢在必行。

5. ECMA

1997 年，JavaScript 1.1 作為一個草案提交給歐洲計算機製造商協會（ECMA）。第 39 技術委員會（TC39）被委派來「標準化一個通用、跨平臺、中立於廠商的腳本語言的語法和語義」（http://www.ecma-international.org/memento/TC39.htm）。由來自 Netscape、Sun、微軟、Borland 和其他一些對腳本編程感興趣的公司的程序員組成的 TC39 錘煉出了 ECMA-262，該標準定義了叫做 ECMAScript 的全新腳本語言。

6. 靈敏的微軟、遲鈍的網景

雖然網景開發了 JavaScript 並首先提交給 ECMA 標準化，但因計劃改寫整個瀏覽器引擎的緣故，網景晚了整整一年才推出「完全遵循 ECMA 規範」的 JavaScript1.3。而微軟早在一年前就推出了「完全遵循 ECMA 規範」的 IE4.0。這導致一個直接惡果：JScript 成為 JavaScript 語言的事實標準。

7. 標準的發展

在接下來的幾年裡，國際標準化組織及國際電工委員會（ISO/IEC）也採納 ECMAScript 作為標準（ISO/IEC-16262）。從此，Web 瀏覽器就開始努力（雖然有著不同程度的成功和失敗）將 ECMAScript 作為 JavaScript 實現的基礎。

8. 山寨打敗原創

JScript 成為 JavaScript 語言的事實標準，加上 Windows 綁定著 IE 瀏覽器，幾乎占據全部市場份額，因此，1999 年之後，所有的網頁都是基於 JScript 來開發的。而 JavaScript1.x 變成可憐的兼容者。

9. 網景的沒落與火狐的崛起

網景在微軟強大的攻勢下，1998 年全面潰敗。但是，星星之火可以燎原，同年成立 Mozilla 項目中 Firefox（火狐瀏覽器）在支持 JavaScript 方面無可比擬，在后來的時間裡一步步蠶食 IE 的市場，成為全球第二大瀏覽器。

10. 谷歌的野心

Google Chrome，又稱 Google 瀏覽器，是一個由 Google（谷歌）公司開發的開放原始碼網頁瀏覽器。它以簡潔的頁面，極速的瀏覽，一舉成為全球第三大瀏覽器。隨著移動互聯網的普及，嵌有 Android 系統的平板電腦和智能手機，在瀏覽器這塊將大有作為。

11. 蘋果的戰略

Safari 瀏覽器是蘋果公司各種產品的默認瀏覽器，在蘋果的一體機（iMac）、筆記本（Mac）、MP4（ipod）、iPhone（智能手機）、iPad（平板電腦），以及在 Windows 和 Linux 平臺都有相應版本。目前市場份額全球第四，但隨著蘋果的產品不斷深入人心，具有稱霸之勢。

12. 幸存者

Opera 的市場份額在全球排名第五位，占 2% 左右。它的背後沒有財力雄厚的大公司，但它在「瀏覽器大戰」存活下來的，有著非常大的潛力。

四、JavaScript 的核心

雖然 JavaScript 和 ECMAScript 通常被人們用來表達相同的含義，但 JavaScript 的含義卻比 ECMA-262 中規定的要多得多。一個完整的 JavaScript 應該由三個不同的部分組成：① 核心（ECMAScript）；② 文檔對象模型（DOM）；③ 瀏覽器對象模型（BOM）。

1. ECMAScript 介紹

由 ECMAScript-262 定義的 ECMAScript 與 Web 瀏覽器沒有依賴關係。ECMAScript 定義的只是這門語言的基礎，而在此基礎之上可以構建更完善的腳本語言。我們常見的 Web 瀏覽器只是 ECMAScript 實現的可能宿主環境之一。

既然它不依賴於 Web 瀏覽器，那麼它還在哪些環境中寄宿呢？比如 ActionScript、ScriptEase 等。而它的組成部分有語法、類型、語句、關鍵字、保留字、操作符、對象等。

2. ECMAScript 版本

ECMAScript 目前有五個版本，這裡不再進行詳細探討。有興趣的同學，可以搜索查閱。

3. Web 瀏覽器對 ECMAScript 的支持

到了 2008 年，五大主流瀏覽器（IE、Firefox、Safari、Chrome、Opera）全部做到了與 ECMA-262 兼容。其中，只有 Firefox 力求做到與該標準的第 4 版兼容。以下是支持表。

瀏覽器	ECMAScript 兼容性
Netscape Navigator 2	—
Netscape Navigator 3	—
Netscape Navigator 4 – 4.05	—
Netscape Navigator 4.06 – 4.79	第 1 版
Netscape 6+（Mozilla 0.6.0+）	第 3 版
Internet Explorer 3	—
Internet Explorer 4	—
Internet Explorer 5	第 1 版
Internet Explorer 5.5 – 7	第 3 版
Internet Explorer 8	第 3.1 版(不完全兼容)
Internet Explorer 9	第 5 版
Opera 6 – 7.1	第 2 版
Opera 7.2+	第 3 版
Opera 11+	第 5 版
Safari 3+	第 3 版
Firefox 1--2	第 3 版
Firefox 3/4/5/6/7/8/9	第 3/5 版

4. 文檔對象模型（DOM）

文檔對象模型（Document Object Model, DOM）是針對 XML 但經過擴展用於 HTML 的應用程序編程接口（Application Programming Interface, API）。

DOM 有三個級別，每個級別都會新增很多內容模塊和標準（有興趣可以搜索查詢）。以下是主流瀏覽器對 DOM 支持的情況：

瀏覽器	DOM 兼容性
Netscape Navigator 1 – 4.x	—
Netscape Navigator 6+(Mozilla 0.6.0+)	1級、2級(幾乎全部)、3級(部分)
Internet Explorer 2 – 4.x	—
Internet Explorer 5	1級(最小限度)
Internet Explorer 5.5 – 7	1級(幾乎全部)
Opera 1 – 6	—
Opera 7 – 8.x	1級(幾乎全部)、2級(部分)
Opera 9+	1級、2級(幾乎全部)、3級(部分)
Safari 1.0x	1級
Safari 2+	1級、2級(部分)
Chrome 0.2+	1級、2級(部分)
Firefox 1+	1級、2級(幾乎全部)、3級(部分)

5. 瀏覽器對象模型(BOM)

訪問和操作瀏覽器窗口的瀏覽器對象模型(Browser Object Model, BOM)。開發人員使用 BOM 可以控制瀏覽器顯示頁面以外的部分。而 BOM 真正與眾不同的地方(也是經常會導致問題的地方),還是它作為 JavaScript 實現的一部分,至今仍沒有相關的標準。

6. JavaScript 版本

身為 Netscape[繼承人]的 Mozilla 公司,是目前唯一沿用最初的 JavaScript 版本編號的瀏覽器開發商。在網景把 JavaScript 轉手給 Mozilla 項目的時候,JavaScript 在瀏覽器中最后的版本號是 1.3。后來,隨著 Mozilla 的繼續開發,JavaScript 版本號逐步遞增,如下表所示:

瀏覽器	JavaScript 版本
Netscape Navigator 2	1.0
Netscape Navigator 3	1.1
Netscape Navigator 4	1.2
Netscape Navigator 4.06	1.3
Netscape 6+ (Mozilla 0.6.0+)	1.5
Firefox 1	1.5
Firefox 1.5	1.6
Firefox 2	1.7
Firefox 3	1.8
Firefox 3.1+	1.9

五、開發工具集

代碼編輯器：Notepad++（在 360 軟件管家裡可以找到，直接下載安裝即可）。
瀏覽器：谷歌瀏覽器、火狐瀏覽器、IE 瀏覽器、IETest 工具等。

PS：學習 JavaScript 需要一定的基礎，必須有 xhtml+css 基礎、至少一門服務器端編程語言的基礎（比如 PHP）、一門面向對象技術（比如 Java）、至少有一個 Web 開發的項目基礎（比如留言板程序等）。

第 2 章
使用 JavaScript

學習要點：

1. 創建一張 HTML 頁面
2. \<Script\>標籤解析
3. JS 代碼嵌入的一些問題

一、創建一張 HTML 頁面

雖然現在很多教材開始使用 html5 來講解 JavaScript 課程。但我認為這樣可能比較超前，對於 JavaScript 初學者，我們還是用比較普及和穩定的 xhtml1.x 來創建一張頁面。

很多時候，你無法記住 xhtml1.x 過渡性的標準格式。這個時候，建議打開 Dreamweaver 來獲取。頁面創建好後，編寫一個最簡單的 JavaScript 腳本（簡稱 JS 腳本）。

注意網頁的編碼格式及文件存儲的編碼。

二、\<Script\>標籤解析

\<script\>xxx\</script\>這組標籤，是用於在 html 頁面中插入 js 的主要方法。它主要有以下幾個屬性：

（1）charset：可選。表示通過 src 屬性指定的字符集。由於大多數瀏覽器忽略它，所以很少有人用它。

（2）defer：可選。表示腳本可以延遲到文檔完全被解析和顯示之後再執行。由於大多數瀏覽器不支持，故很少用。

（3）language：已廢棄。原來用於代碼使用的腳本語言。由於大多數瀏覽器忽略它，所以不要用了。

（4）src：可選。表示包含要執行代碼的外部文件。

（5）type：必需。可以看作 language 的替代品。表示代碼使用的腳本語言的內容類型。範例：type="text/javascript"。

```
<script type="text/javascript">
    alert('歡迎來到 JavaScript 世界！');
</script>
```

三、JS 代碼嵌入的一些問題

如果你想彈出一個</script>標籤的字符串,那麼瀏覽器會誤解成 JS 代碼已經結束了。解決的方法,就是把字符串分成兩個部分,通過連接符『+』來連接。

```
<script type="text/javascript">
    alert('</scr'+'ipt>');
</script>
```

一般來說,JS 代碼越來越龐大的時候,我們最好把它另存為一個.js 文件,通過 src 引入即可。它還具有維護性高、可緩存(加載一次,無需加載)、方便未來擴展的特點。
```
<script type="text/javascript" src="demo1.js"></script>
```

這樣標籤內就沒有任何 JS 代碼了。但要注意的是,雖然沒有任何代碼,也不能用單標籤:
```
<script type="text/javascript" src="demo1.js" />;
```

也不能在裡面添加任何代碼:
```
<script type="text/javascript" src="demo1.js">alert('我很可憐,執行不到！')</script>
```

按照常規,我們會把<script>標籤存放到<head>...</head>之間。但有時也會放在 body 之間。

不再需要提供註釋,以前為了讓不支持 JavaScript 瀏覽器能夠屏蔽掉<script>內部的代碼,我們習慣在代碼的前后用 html 註釋掉,現在已經不需要了。
```
<script type="text/javascript">
    <!--
        alert('歡迎！');
    -->
</script>
```

平穩退化不支持 JavaScript 處理:<nosciprt>
```
<noscript>
    您沒有啟用 JavaScript
</noscript>
```

第 3 章
語法、關鍵保留字及變量

學習要點：

1. 語法構成
2. 關鍵字和保留字
3. 變量

任何語言的核心都必然會描述這門語言最基本的工作原理。而 JavaScript 的語言核心就是 ECMAScript，而目前使用最普遍的是第 3 版，我們就主要以這個版本來講解。

一、語法構成

1. 區分大小寫

ECMAScript 中的一切，包括變量、函數名和操作符都是要區分大小寫的。例如：text 和 Text 表示兩種不同的變量。

2. 標示符

所謂標示符，就是指變量、函數、屬性的名字，或者函數的參數。標示符可以是下列格式規則組合起來的一個或多個字符：

(1) 第一字符必須是一個字母、下劃線(_)或一個美元符號($)。
(2) 其他字符可以是字母、下劃線、美元符號或數字。
(3) 不能把關鍵字、保留字、true、false 和 null 作為標示符。

例如：myName、book123 等。

3. 註釋

ECMAScript 使用 C 風格的註釋，包括單行註釋和塊級註釋。
// 單行註釋
/*
* 這是一個多行
* 註釋

*/

4. 直接量(字面量 literal)
所有直接量(字面量),就是程序中直接顯示出來的數據值。
100   //數組字面量
'高寒'   //字符串字面量
false   //布爾字面量
/js/gi   //正則表達式字面量
null   //對象字面量

在 ECMAScript 第 3 版中,像數組字面量和對象字面量的表達式也是支持的,如下:
{x:1, y:2}//對象字面量表達式
[1,2,3,4,5]//數組字面量表達式

二、關鍵字和保留字

ECMAScript-262 描述了一組具有特定用途的關鍵字,一般用於控制語句的開始或結束,或者用於執行特定的操作等。關鍵字也是語言保留的、不能用作標示符。

ECMAScript 全部關鍵字

break	else	new	var
case	finally	return	void
catch	for	switch	while
continue	function	this	with
default	if	throw	
delete	in	try	
do	instanceof	typeof	

ECMAScript-262 還描述了另一組不能用作標示符的保留字。儘管保留字在 JavaScript 中還沒有特定的用途,但它們很有可能在將來被用作關鍵字。

ECMAScript-262 第 3 版定義的全部保留字

abstract	enum	int	short
boolean	export	interface	static
byte	extends	long	super
char	final	native	synchronized
class	float	package	throws
const	goto	private	transient
debugger	implements	protected	volatile
double	import	public	

三、變量

　　ECMAScript 的變量是松散類型的,所謂松散類型就是用來保存任何類型的數據。定義變量時要使用 var 操作符(var 是關鍵),后面跟一個變量名(變量名是標示符)。
　　var box;
　　alert(box);

　　這句話定義了 box 變量,但沒有對它進行初始化(也就是沒有給變量賦值)。這時,系統會給它一個特殊的值 —— undefined(表示未定義)。
　　var box = '高寒';
　　alert(box);

　　所謂變量,就是可以初始化后可以再次改變的量。ECMAScript 屬於弱類型(松散類型)的語言,可以同時改變不同類型的量。(PS:雖然可以改變不同類型的量,但這樣做對於后期維護帶來困難,而且性能也不高,導致成本很高!)
　　var boxString = '高寒';
　　boxString = 100;
　　alert(boxString);

　　重複的使用 var 聲明一個變量,只不過是一個賦值操作,並不會報錯。但這樣的操作是比較二的,沒有任何必要。
　　var box = '高寒';
　　var box = ' Lee ';

　　還有一種變量不需要前面 var 關鍵字即可創建變量。這種變量和 var 的變量有一定的區別和作用範圍,我們會在作用域那一節詳細探討。
　　box = '高寒';

　　當你想聲明多個變量的時候,可以在一行或者多行操作。
　　var box = '高寒';var age = 100;

　　而當你每條語句都在不同行的時候,你可以省略分號。(PS:這是 ECMAScript 支持的,但絕對是一個非常不好的編程習慣,切記不要)。
　　var box = '高寒'
　　var age = 100
　　alert(box)

　　可以使用一條語句定義多個變量,只要把每個變量(初始化或者不初始化均可)用逗號分隔開即可,為了可讀性,每個變量,最好另起一行,並且第二變量和第一變量對齊

(PS:這些都不是必須的)。

```
var box = '高寒',
    age = 28,
    height;
```

第 4 章
數據類型

學習要點：

1. typeof 操作符
2. Undefined 類型
3. Null 類型
4. Boolean 類型
5. Number 類型
6. String 類型
7. Object 類型

ECMAScript 中有五種簡單數據類型：Undefined、Null、Boolean、Number 和 String。還有一種複雜數據類型——Object。ECMAScript 不支持任何創建自定義類型的機制，所有值都成為以上六種數據類型之一。

一、typeof 操作符

typeof 操作符是用來檢測變量的數據類型。對於值或變量使用 typeof 操作符會返回如下字符串：

字符串	描述
undefined	未定義
boolean	布爾值
string	字符串
number	數值
object	對象或 null
function	函數

```
var box = '高寒';
alert( typeof box );
```

alert(typeof '高寒');

typeof 操作符可以操作變量,也可以操作字面量。雖然也可以這樣使用:typeof(box),但 typeof 是操作符而非內置函數。PS:函數在 ECMAScript 中是對象,不是一種數據類型。所以,使用 typeof 來區分 function 和 object 是非常有必要的。

二、Undefined 類型

Undefined 類型只有一個值,即特殊的 undefined。在使用 var 聲明變量,但沒有對其初始化時,這個變量的值就是 undefined。
var box;
alert(box);

PS:我們沒有必要顯式地給一個變量賦值 undefined,因為沒有賦值的變量會隱式地(自動地)賦值為 undefined;而 undefined 主要的目的是為了用於比較,ECMAScript 第 3 版之前並沒有引入這個值,引入之後為了正式區分空對象與未經初始化的變量。

未初始化的變量與根本不存在的變量(未聲明的變量)也是不一樣的。

var box;
alert(age);   //age is not defined

PS:如果 typeof box,typeof age 都返回 undefined。從邏輯上思考,它們的值,一個是 undefined,一個報錯;它們的類型,卻都是 undefined。所以,我們在定義變量的時候,盡可能不要只聲明而不賦值。

三、Null 類型

Null 類型是一個只有一個值的數據類型,即特殊的值 null。它表示一個空對象引用(指針),而 typeof 操作符檢測 null 會返回 object。
var box = null;
alert(typeof box);

如果定義的變量準備在將來用於保存對象,那麼最好將該變量初始化為 null。這樣,當檢查 null 值就知道是否已經變量是否已經分配了對象引用了。
var box = null;
if (box != null) {
    alert('box 對象已存在!');
}

有個要說明的是:undefined 是派生自 null 的,因此 ECMA-262 規定對它們的相等性測試返回 true。

alert(undefined == null);

由於 undefined 和 null 兩個值的比較是相等的,所以,未初始化的變量和賦值為 null 的變量會相等。這時,可以採用 typeof 變量的類型進行比較。但建議還是養成編碼的規範,不要忘記初始化變量。

var box;
var car = null;
alert(typeof box == typeof car)

四、Boolean 類型

Boolean 類型有兩個值(字面量):true 和 false。而 true 不一定等於 1,false 不一定等於 0。JavaScript 是區分大小寫的,True 和 False 或者其他都不是 Boolean 類型的值。

var box = true;
alert(typeof box);

雖然 Boolean 類型的字面量只有 true 和 false 兩種,但 ECMAScript 中所有類型的值都有與這兩個 Boolean 值等價的值。要將一個值轉換為其對應的 Boolean 值,可以使用轉型函數 Boolean( )。

var hello = 'Hello World!';
var hello2 = Boolean(hello);
alert(typeof hello);

上面是一種顯示轉換,屬於強制性轉換。而實際應用中,還有一種隱式轉換。比如,在 if 條件語句裡面的條件判斷,就存在隱式轉換。

var hello = 'Hello World!';
if (hello) {
    alert('如果條件為 true,就執行我這條!');
} else {
    alert('如果條件為 false,就執行我這條!');
}

其他類型轉換成 Boolean 類型的規則

數據類型	轉換為 true 的值	轉換為 false 的值
Boolean	true	false
String	任何非空字符串	空字符串
Number	任何非零數字值(包括無窮大)	0 和 NaN

續上表

數據類型	轉換為 true 的值	轉換為 false 的值
Object	任何對象	null
Undefined		undefined

五、Number 類型

Number 類型包含兩種數值:整型和浮點型。為了支持各種數值類型,ECMA-262 定義了不同的數值字面量格式。

最基本的數值字面量是十進制整數。
var box = 100;   //十進制整數

八進制數值字面量,(以 8 為基數),前導必須是 0、八進制序列(0~7)。
var box = 070;   //八進制,56
var box = 079;   //無效的八進制,自動解析為 79
var box = 08;   //無效的八進制,自動解析為 8

十六進制字面量前面兩位必須是 0x,后面是(0~9 及 A~F)。
var box = 0xA;   //十六進制,10
var box = 0x1f;   //十六進制,31

浮點類型,就是該數值中必須包含一個小數點,並且小數點后面必須至少有一位數字。
var box = 3.8;
var box = 0.8;
var box = .8;   //有效,但不推薦此寫法

由於保存浮點數值需要的內存空間比整型數值大兩倍,因此 ECMAScript 會自動將可以轉換為整型的浮點數值轉成為整型。
var box = 8.;   //小數點后面沒有值,轉換為 8
var box = 12.0;   //小數點后面是 0,轉成為 12

對於那些過大或過小的數值,可以用科學技術法來表示(e 表示法)。用 e 表示該數值的前面 10 的指數次冪。
var box = 4.12e9;   //即 4120000000
var box = 0.00000000412;   //即 4.12e-9

雖然浮點數值的最高精度是 17 位小數,但算術運算中可能會不精確。由於這個因

素，做判斷的時候一定要考慮到這個問題(比如使用整型判斷)。
```
alert(0.1+0.2);            //0.30000000000000004
```

浮點數值的範圍在：Number.MIN_VALUE ～ Number.MAX_VALUE 之間。
```
alert(Number.MIN_VALUE);       //最小值
alert(Number.MAX_VALUE);       //最大值
```

如果超過了浮點數值範圍的最大值或最小值，那麼就先出現 Infinity(正無窮)或者-Infinity(負無窮)。
```
var box = 100e1000;            //超出範圍,Infinity
var box = -100e1000;           //超出範圍,-Infinity
```

也可能通過 Number.POSITIVE_INFINITY 和 Number.NEGATIVE_INFINITY 得到 Infinity(正無窮)及-Infinity(負無窮)的值。
```
alert(Number.POSITIVE_INFINITY);//Infinity(正無窮)
alert(Number.NEGATIVE_INFINITY);//-Infinity(負無窮)
```

要想確定一個數值到底是否超過了規定範圍,可以使用 isFinite( )函數。如果沒有超過,返回 true,超過了返回 false。
```
var box = 100e1000;
alert(isFinite(box));          //返回 false 或者 true
```

NaN,即非數值(Not a Number)是一個特殊的值,這個數值用於表示一個本來要返回數值的操作數未返回數值的情況(這樣就不會拋出錯誤了)。比如,在其他語言中,任何數值除以 0 都會導致錯誤而終止程序執行。但在 ECMAScript 中,會返回出特殊的值,因此不會影響程序執行。
```
var box = 0 / 0;               //NaN
var box = 12 / 0;              //Infinity
var box = 12 / 0 * 0;          //NaN
```

可以通過 Number.NaN 得到 NaN 值,任何與 NaN 進行運算的結果均為 NaN,NaN 與自身不相等(NaN 不與任何值相等)。
```
alert(Number.NaN);             //NaN
alert(NaN+1);                  //NaN
alert(NaN == NaN)              //false
```

ECMAScript 提供了 isNaN( )函數,用來判斷這個值到底是不是 NaN。isNaN( )函數在接收到一個值之后,會嘗試將這個值轉換為數值。
```
alert(isNaN(NaN));             //true
alert(isNaN(25));              //false,25 是一個數值
```

```
alert(isNaN('25'));              //false,'25'是一個字符串數值,可以轉成數值
alert(isNaN('Lee'));             //true,'Lee'不能轉換為數值
alert(isNaN(true));              //false   true 可以轉成成 1
```

isNaN( )函數也適用於對象。在調用 isNaN( )函數過程中,首先會調用 valueOf( )方法,然後確定返回值是否能夠轉換成數值。如果不能,則基於這個返回值再調用 toString ( )方法,再測試返回值。

```
var box = {
    toString : function () {
        return '123';            //可以改成 return 'Lee'查看效果
    }
};
alert(isNaN(box));               //false
```

有 3 個函數可以把非數值轉換為數值:Number( )、parseInt( ) 和 parseFloat( )。Number( )函數是轉型函數,可以用於任何數據類型,而另外兩個則專門用於把字符串轉成數值。

```
alert(Number(true));             //1,Boolean 類型的 true 和 false 分別轉換成 1 和 0
alert(Number(25));               //25,數值型直接返回
alert(Number(null));             //0,空對象返回 0
alert(Number(undefined));        //NaN,undefined 返回 NaN
```

如果是字符串,應該遵循以下規則:

(1) 只包含數值的字符串,會直接轉成十進制數值,如果包含前導 0,即自動去掉。

```
alert(Number('456'));            //456
alert(Number('070'));            //70
```

(2) 只包含浮點數值的字符串,會直接轉成浮點數值,如果包含前導和後導 0,即自動去掉。

```
alert(Number('08.90'));          //8.9
```

(3) 如果字符串是空,那麼直接轉成 0。

```
alert(Number(''));               //0
```

(4) 如果不是以上三種字符串類型,則返回 NaN。

```
alert('Lee123');                 //NaN
```

(5) 如果是對象,首先會調用 valueOf( )方法,然后確定返回值是否能夠轉換成數值。如果轉換的結果是 NaN,則基於這個返回值再調用 toString( )方法,再測試返回值。

```
var box = {
    toString : function () {
        return '123';          //可以改成 return 'Lee'查看效果
    }
};
alert(Number(box));            //123
```

由於 Number()函數在轉換字符串時比較複雜且不夠合理,因此在處理整數的時候更常用的是 parseInt()。

```
alert(parseInt('456Lee'));     //456,會返回整數部分
alert(parseInt('Lee456Lee'));  //NaN,如果第一個不是數值,就返回 NaN
alert(parseInt('12Lee56Lee')); //12,從第一數值開始取,到最後一個連續數值結束
alert(parseInt('56.12'));      //56,小數點不是數值,會被去掉
alert(parseInt(''));           //NaN,空返回 NaN
```

parseInt()除了能夠識別十進制數值,也可以識別八進制和十六進制。

```
alert(parseInt('0xA'));        //10,十六進制
alert(parseInt('070'));        //56,八進制
alert(parseInt('0xALee'));     //100,十六進制,Lee 被自動過濾掉
```

ECMAScript 為 parseInt()提供了第二個參數,用於解決各種進制的轉換。

```
alert(parseInt('0xAF'));       //175,十六進制
alert(parseInt('AF',16));      //175,第二參數指定十六進制,可以去掉 0x 前導
alert(parseInt('AF'));         //NaN,理所當然
alert(parseInt('101010101',2)); //314,二進制轉換
alert(parseInt('70',8));       //56,八進制轉換
```

parseFloat()是用於浮點數值轉換的,和 parseInt()一樣,從第一位解析到非浮點數值位置。

```
alert(parseFloat('123Lee'));   //123,去掉不是別的部分
alert(parseFloat('0xA'));      //0,不認十六進制
alert(parseFloat('123.4.5'));  //123.4,只認一個小數點
alert(parseFloat('0123.400')); //123.4,去掉前後導
alert(parseFloat('1.234e7'));  //12340000,把科學技術法轉成普通數值
```

六、String 類型

String 類型用於表示由於零或多個 16 位 Unicode 字符組成的字符序列,即字符串。字符串可以由雙引號(")或單引號(')表示。

```
var box = 'Lee';
```

```
var box = "Lee";
```

PS：在某些其他語言（PHP）中，單引號和雙引號表示的字符串解析方式不同，而ECMAScript中，這兩種表示方法沒有任何區別。但要記住的是，必須成對出現，不能穿插使用，否則會出錯。

```
var box = ' 高寒";                    //出錯
```

String 類型包含了一些特殊的字符字面量，也叫轉義序列。

字面量	含義
\n	換行
\t	製表
\b	空格
\r	回車
\f	進紙
\\	斜杠
\'	單引號
\"	雙引號
\xnn	以十六進制代碼 nn 表示的一個字符（0~F）。例：\x41
\unnn	以十六進制代碼 nnn 表示的一個 Unicode 字符（0~F）。例：\u03a3

ECMAScript 中的字符串是不可變的，也就是說，字符串一旦創建，它們的值就不能改變。要改變某個變量保存的字符串，首先要銷毀原來的字符串，然後再用另一個包含新值的字符串填充該變量。

```
var box = ' Mr.';
box = box + ' Lee ';
```

toString()方法可以把值轉換成字符串。

```
var box = 11;
var box = true;
alert(typeof box.toString());
```

toString()方法一般是不需要傳參的，但在數值轉成字符串的時候，可以傳遞進制參數。

```
var box = 10;
alert(box.toString());          //10,默認輸出
alert(box.toString(2));         //1010,二進制輸出
alert(box.toString(8));         //12,八進制輸出
alert(box.toString(10));        //10,十進制輸出
```

```
alert(box.toString(16));        //a,十六進制輸出
```

如果在轉型之前不知道變量是否是 null 或者 undefined 的情況下,我們還可以使用轉型函數 String( ),這個函數能夠將任何類型的值轉換為字符串。

```
var box = null;
alert(String(box));
```

PS:如果值有 toString( )方法,則調用該方法並返回相應的結果;如果是 null 或者 undefined,則返回"null"或者"undeinfed"。

七.Object 類型

ECMAScript 中的對象其實就是一組數據和功能的集合。對象可以通過執行 new 操作符後跟要創建的對象類型的名稱來創建。

```
var box = new Object();
```

Object( )是對象構造,如果對象初始化時不需要傳遞參數,可以不用寫括號,但這種方式我們是不推薦的。

```
var box = new Object;
```

Object( )裡可以任意傳參,可以傳數值、字符串、布爾值等。而且,還可以進行相應的計算。

```
var box = new Object(2);        //Object 類型,值是 2
var age = box + 2;              //可以和普通變量運算
alert(age);                     //輸出結果,轉型成 Number 類型了
```

既然可以使用 new Object( )來表示一個對象,那麼我們也可以使用這種 new 操作符來創建其他類型的對象。

```
var box = new Number(5);        //new String('Lee')、new Boolean(true)
alert(typeof box);              //Object 類型
```

PS:面向對象是 JavaScript 課程的重點,這裡我們只是簡單做個介紹。詳細的課程將在以後的章節繼續學習。

第 5 章 運算符

學習要點：

1. 什麼是表達式
2. 一元運算符
3. 算術運算符
4. 關係運算符
5. 邏輯運算符
6. 位運算符
7. 賦值運算符
8. 其他運算符
9. 運算符優先級

ECMA-262 描述了一組用於操作數據值的運算符，包括一元運算符、布爾運算符、算術運算符、關係運算符、三元運算符、位運算符及賦值運算符。ECMAScript 中的運算符適用於很多值，包括字符串、數值、布爾值、對象等。不過，通過上一章我們也瞭解到，應用於對象時通常會調用對象的 valueOf( ) 和 toString( ) 方法，以便取得相應的值。

PS:前面的章節我們講過 typeof 操作符、new 操作符，也可以稱為 typeof 運算符、new 運算符，是同一個意思。

一、什麼是表達式

表達式是 ECMAScript 中的一個「短語」，解釋器會通過計算把它轉換成一個值。最簡單的表達式是字面量或者變量名。例如：

```
5.96                    //數值字面量
'Lee'                   //字符串字面量
true                    //布爾值字面量
null                    //空值字面量
/Java/                  //正則表達式字面量
```

```
{x:1, y:2}                        //對象字面量、對象表達式
[1,2,3]                           //數組字面量、數組表達式
function(n) {return x+y;}         //函數字面量、函數表達式
box                               //變量
```

當然,還可以通過合併簡單的表達式來創建複雜的表達式。比如:

```
box + 5.96                        //加法運算的表達式
typeof(box)                       //查看數據類型的表達式
box > 8                           //邏輯運算表達式
```

通過上面的敘述,我們得知,單一的字面量和組合字面量的運算符都可稱為表達式。

二、一元運算符

只能操作一個值的運算符叫做一元運算符。

1. 遞增++和遞減--

```
var box = 100;
++box;                            //把 box 累加一個 1,相當於 box = box+1
--box;                            //把 box 累減一個 1,相當於 box = box-1
box++;                            //同上
box--;                            //同上
```

2. 前置和后置的區別

在沒有賦值操作,前置和后置是一樣的。但在賦值操作時,如果遞增或遞減運算符前置,那麼前置的運算符會先累加或累減再賦值,如果是后置運算符則先賦值再累加或累減。

```
var box = 100;
var age = ++box;                  //age 值為 101
var height = box++;               //height 值為 100
```

3. 其他類型應用一元運算符的規則

```
var box = '89';box++;             //90,數值字符串自動轉換成數值
var box = 'ab';box++;             //NaN,字符串包含非數值轉成 NaN
var box = false; box++;           //1,false 轉成數值是 0,累加就是 1
var box = 2.3; box++;             //3.3,直接加 1
var box = {                       //1,不設置 toString 或 valueOf 即為 NaN
    toString : function() {
        return 1;
    }
}
```

```
};          box++;
```

4. 加和減運算符

```
var box = 100; +box;        //100,對於數值,不會產生任何影響
var box = '89'; +box;       //89,數值字符串轉換成數值
var box = 'ab'; +box;       //NaN,字符串包含非數值轉成 NaN
var box = false; +box;      //0,布爾值轉換成相應數值
var box = 2.3; +box;        //2.3,沒有變化
var box = {                 //1,不設置 toString 或 valueOf 即為 NaN
    toString : function() {
        return 1;
    }
};          +box;
```

減運算規則如下：

```
var box = 100; -box;        //-100,對於數值,直接變負
var box = '89'; -box;       //-89,數值字符串轉換成數值
var box = 'ab'; -box;       //NaN,字符串包含非數值轉成 NaN
var box = false; -box;      //0,布爾值轉換成相應數值
var box = 2.3; -box;        //-2.3,沒有變化
var box = {                 //-1,不設置 toString 或 valueOf 即為 NaN
    toString : function() {
        return 1;
    }
};          -box;
```

加法和減法運算符一般用於算術運算,也可向上面進行類型轉換。

三、算術運算符

ECMAScript 定義了 5 個算術運算符,加減乘除求模(取余)。如果在算術運算的值不是數值,那麼後臺會先使用 Number() 轉型函數將其轉換為數值(隱式轉換)。

1. 加法

```
var box = 1 + 2;                    //等於 3
var box = 1 + NaN;                  //NaN,只要有一個 NaN 就為 NaN
var box = Infinity + Infinity;      //Infinity
var box = -Infinity + -Infinity;    //-Infinity
var box = Infinity + -Infinity;     //NaN,正無窮和負無窮相加等 NaN
```

```
var box = 100 + '100';              //100100,字符串連接符,有字符串就不是加法
var box = '您的年齡是:' + 10 + 20;    //您的年齡是:1020,被轉換成字符串
var box = 10 + 20 + '是您的年齡';     //30 是您的年齡,沒有被轉成字符串
var box = '您的年齡是:' + (10 + 20); //您的年齡是:30,沒有被轉成字符串
var box = 10 + 對象                  //10[object Object],如果有 toString() 或
valueOf()
                                    則返回 10+返回數的值
```

2. 減法

```
var box = 100 - 70;                 //等於 30
var box = -100 - 70                 //等於-170
var box = -100 - -70                //-30,一般寫成-100 - (-70)比較清晰
var box = 1 - NaN;                  //NaN,只要有一個 NaN 就為 NaN
var box = Infinity - Infinity;      //NaN
var box = -Infinity - -Infinity;    //NaN
var box = Infinity - -Infinity;     //Infinity
var box = -Infinity - Infinity;     //-Infinity
var box = 100 - true;               //99,true 轉成數值為 1
var box = 100 - '';                 //100,''轉成了 0
var box = 100 - '70';               //30,'70'轉成了數值 70
var box = 100 - null;               //100,null 轉成了 0
var box = 100 - 'Lee';              //NaN,Lee 轉成了 NaN
var box = 100 - 對象                //NaN,如果有 toString() 或 valueOf()
                                    則返回 10-返回數的值
```

3. 乘法

```
var box = 100 * 70;                 //7000
var box = 100 * NaN;                //NaN,只要有一個 NaN 即為 NaN
var box = Infinity * Infinity;      //Infinity
var box = -Infinity * Infinity;     //-Infinity
var box = -Infinity * -Infinity;    //Infinity
var box = 100 * true;               //100,true 轉成數值為 1
var box = 100 * '';                 //0,''轉成了 0
var box = 100 * null;               //0,null 轉成了 0
var box = 100 * 'Lee';              //NaN,Lee 轉成了 NaN
var box = 100 * 對象                //NaN,如果有 toString() 或 valueOf()
                                    則返回 10 - 返回數的值
```

4. 除法

```
var box = 100 / 70;                 //1.42....
```

```
var box = 100 / NaN;              //NaN
var box = Infinity / Infinity;    //NaN
var box = -Infinity / Infinity;   //NaN
var box = -Infinity / -Infinity;  //NaN
var box = 100 / true;             //100,true 轉成 1
var box = 100 / '';               //Infinity,
var box = 100 / null;             //Infinity,
var box = 100 / 'Lee';            //NaN
var box = 100 / 對象;             //NaN,如果有 toString( ) 或 valueOf( )
                                  //  則返回 10 / 返回數的值
```

5. 求模

```
var box = 10 % 3;                 //1,余數為 1
var box = 100 % NaN;              //NaN
var box = Infinity % Infinity;    //NaN
var box = -Infinity % Infinity;   //NaN
var box = -Infinity % -Infinity;  //NaN
var box = 100 % true;             //0
var box = 100 % '';               //NaN
var box = 100 % null;             //NaN
var box = 100 % 'Lee';            //NaN
var box = 100 % 對象;             //NaN,如果有 toString( ) 或 valueOf( )
                                  //  則返回 10 % 返回數的值
```

四、關係運算符

用於進行比較的運算符稱為關係運算符:小於(<)、大於(>)、小於等於(<=)、大於等於(>=)、相等(==)、不等(!=)、全等(恒等)(===)、不全等(不恒等)(!==)。

和其他運算符一樣,當關係運算符操作非數值時要遵循以下規則:
(1) 兩個操作數都是數值,則數值比較;
(2) 兩個操作數都是字符串,則比較兩個字符串對應的字符編碼值;
(3) 兩個操作數有一個是數值,則將另一個轉換為數值,再進行數值比較;
(4) 兩個操作數有一個是對象,則先調用 valueOf( ) 方法或 toString( ) 方法,再用結果比較。

```
var box = 3 > 2;        //true
var box = 3 > 22;       //false
var box = '3' > 22;     //false
var box = '3' > '22';   //true
```

```
var box = 'a' > 'b';              //false, a=97, b=98
var box = 'a' > 'B';              //trueB=66
var box = 1 > 對象;                //false, 如果有 toString() 或 valueOf()
                                  則返回 1 > 返回數的值
```

在相等和不等的比較上，如果操作數是非數值，則遵循以下規則：
（1）一個操作數是布爾值，則比較之前將其轉換為數值，false 轉成 0，true 轉成 1；
（2）一個操作數是字符串，則比較之前將其轉成為數值再比較；
（3）一個操作數是對象，則先調用 valueOf() 或 toString() 方法後再和返回值比較；
（4）不需要任何轉換的情況下，null 和 undefined 是相等的；
（5）一個操作數是 NaN，則 == 返回 false，!= 返回 true；並且 NaN 和自身不等；
（6）兩個操作數都是對象，則比較它們是否是同一個對象，如果都指向同一個對象，則返回 true，否則返回 false；
（7）在全等和全不等的判斷上，比如值和類型都相等，才返回 true，否則返回 false。

```
var box = 2 == 2;                 //true
var box = '2' == 2;               //true, '2'會轉成成數值 2
var box = false == 0;             //true, false 轉成數值就是 0
var box = 'a' == 'A';             //false, 轉換後的編碼不一樣
var box = 2 == [];                //false, 執行 toString() 或 valueOf() 會改變
var box = 2 == NaN;               //false, 只要有 NaN，都是 false
var box = [] == [];               //false, 比較的是它們的地址, 每個新創建對
象的引用地址都不同
var age = [];
var height = age;
var box = age == height;          //true, 引用地址一樣, 所以相等
var box = '2' === 2               //false, 值和類型都必須相等
var box = 2 !== 2                 //false, 值和類型都相等了
```

特殊值對比表

表達式	值
null == undefined	true
'NaN' == NaN	false
5 == NaN	false
NaN == NaN	false
false == 0	true
true == 1	true
true == 2	false
undefined == 0	false

續上表

表達式	值
null == 0	false
'100' == 100	true
'100' === 100	false

五、邏輯運算符

邏輯運算符通常用於布爾值的操作，一般和關係運算符配合使用，有三個邏輯運算符：邏輯與(AND)、邏輯或(OR)、邏輯非(NOT)。

1. 邏輯與(AND)：&&
var box = (5 > 4) && (4 > 3)   //true,兩邊都為true,返回true

第一個操作數	第二個操作數	結果
true	true	true
true	false	false
false	true	false
false	false	false

如果兩邊的操作數有一個操作數不是布爾值的情況下，與運算就不一定返回布爾值，此時，遵循以下規則：
(1) 第一個操作數是對象，則返回第二個操作數；
(2) 第二個操作數是對象，則第一個操作數返回true,才返回第二個操作數，否則返回false；
(3) 有一個操作數是null,則返回null；
(4) 有一個操作數是undefined,則返回undefined。

```
var box = 對象 && (5 > 4);        //true,返回第二個操作數
var box = (5 > 4) && 對象;        //[object Object]
var box = (3 > 4) && 對象;        //false
var box = (5 > 4) && null;        //null
```

邏輯與運算符屬於短路操作，顧名思義，如果第一個操作數返回是false,第二個數不管是true還是false都返回的false。

```
var box = true && age;        //出錯,age未定義
var box = false && age;       //false,不執行age了
```

2. 邏輯或（OR）：||
var box = （9 > 7) || (7 > 8);   //true,兩邊只要有一邊是 true,返回 true

第一個操作數	第二個操作數	結果
true	true	true
true	false	true
false	true	true
false	false	false

如果兩邊的操作數有一個操作數不是布爾值,邏輯與運算就不一定返回布爾值,此時,遵循以下規則：
（1）第一個操作數是對象,則返回第一個操作數；
（2）第一個操作數的求值結果為 false,則返回第二個操作數；
（3）兩個操作數都是對象,則返回第一個操作數；
（4）兩個操作數都是 null,則返回 null；
（5）兩個操作數都是 NaN,則返回 NaN；
（6）兩個操作數都是 undefined,則返回 undefined。

var box = 對象 || (5 > 3);   //[object Object]
var box = (5 > 3) || 對象;   //true
var box = 對象 1 || 對象 2;   //[object Object]
var box = null || null;   //null
var box = NaN || NaN;   //NaN
var box = undefined || undefined;   //undefined

和邏輯與運算符相似,邏輯或運算符也是短路操作。當第一操作數的求值結果為 true,就不會對第二個操作數求值了。

var box = true || age;   //true
var box = false || age;   //出錯,age 未定義

我們可以利用邏輯或運算符這一特性來避免為變量賦 null 或 undefined 值。
var box = oneObject || twoObject;   //把其中一個有效變量值賦給 box

3. 邏輯非（NOT）：!
邏輯非運算符可以用於任何值。無論這個值是什麼數據類型,這個運算符都會返回一個布爾值。它的流程是：先將這個值轉換成布爾值,然後取反。規則如下：
（1）操作數是一個對象,返回 false；
（2）操作數是一個空字符串,返回 true；
（3）操作數是一個非空字符串,返回 false；
（4）操作數是數值 0,返回 true；

（5）操作數是任意非 0 數值（包括 Infinity），false；
（6）操作數是 null，返回 true；
（7）操作數是 NaN，返回 true；
（8）操作數是 undefined，返回 true。

```
var box = ! (5 > 4);              //false
var box = ! 11;                   //false
var box = ! '';                   //true
var box = ! 'Lee';                //false
var box = ! 0;                    //true
var box = ! 8;                    //false
var box = ! null;                 //true
var box = ! NaN;                  //true
var box = ! undefined;            //true
```

使用一次邏輯非運算符，流程是將值轉成布爾值然后取反。而使用兩次邏輯非運算符就是將值轉成布爾值取反再取反，相當於對值進行 Boolean( ) 轉型函數處理。

```
var box = !! 0;                   //false
var box = !! NaN;                 //false
```

通常來說，使用一個邏輯非運算符和兩個邏輯非運算符可以得到相應的布爾值，而使用三個以上的邏輯非運算符固然沒有錯誤，但也沒有意義。

六、位運算符

PS：在一般的應用中，我們基本上用不到位運算符。雖然，它比較基於底層，性能和速度會非常好，而就是因為比較底層，使用的難度也很大。所以，我們作為選學來對待。

位運算符有七種，分別是：位非 NOT（~）、位與 AND（&）、位或 OR（|）、位異或 XOR（^）、左移（<<）、有符號右移（>>）、無符號右移（>>>）。

```
var box = ~25;                    //-26
var box = 25 & 3;                 //1
var box = 25 | 3;                 //27
var box = 25 << 3;                //200
var box = 25 >> 2;                //6
var box = 25 >>> 2;               //6
```

更多的詳細內容：http://www.w3school.com.cn/js/pro_js_operators_bitwise.asp

七、賦值運算符

賦值運算符用等於號（=）表示，就是把右邊的值賦給左邊的變量。
var box = 100;   //把 100 賦值給 box 變量

複合賦值運算符通過 x=的形式表示，x 表示算術運算符及位運算符。
var box = 100;
box = box +100;   //200,自己本身再加 100

這種情況可以改寫為：
var box = 100;
box += 100;   //200,+=代替 box+100

除了這種+=加/賦運算符,還有其他的幾種如下：
(1) 乘/賦(*=)
(2) 除/賦(/=)
(3) 模/賦(%=)
(4) 加/賦(+=)
(5) 減/賦(-=)
(6) 左移/賦(<<=)
(7) 有符號右移/賦(>>=)
(8) 無符號右移/賦(>>>=)

八、其他運算符

1. 字符串運算符
字符串運算符只有一個,即:"+"。它的作用是將兩個字符串相加。
規則:至少一個操作數是字符串即可。
var box = '100' + '100';   //100100
var box = '100' + 100;   //100100
var box = 100 + 100;   //200

2. 逗號運算符
逗號運算符可以在一條語句中執行多個操作。
var box = 100, age = 20, height = 178;//多個變量聲明
var box = (1,2,3,4,5);   //5,變量聲明,將最后一個值賦給變量,不常用
var box = [1,2,3,4,5];   //[1,2,3,4,5],數組的字面量聲明
var box = {   //[object Object],對象的字面量聲明
       1：2,

```
        3 : 4,
        5 : 6
};
```

3. 三元條件運算符

三元條件運算符其實就是后面將要學到的 if 語句的簡寫形式。

```
var box = 5 > 4 ? '對' : '錯';        //對,5>4 返回 true 則把'對'賦值給 box,反之。
```

相當於：
```
var box = '';                         //初始化變量
if (5 > 4) {                          //判斷表達式返回值
    box = '對';                       //賦值
} else {
    box = '錯';                       //賦值
}
```

九、運算符優先級

在一般的運算中,我們不必考慮到運算符的優先級,因為我們可以通過圓括號來解決這種問題。比如：

```
var box = 5 - 4 * 8;                  //-27
var box = (5 - 4) * 8;                //8
```

但如果沒有使用圓括號強制優先級,我們必須遵循以下順序：

運算符	描述
. [ ] ( )	對象成員存取、數組下標、函數調用等
++ -- ~ ! delete new typeof void	一元運算符
* / %	乘法、除法、去模
+ - +	加法、減法、字符串連接
<< >> >>>	移位
< <= > >= instanceof	關係比較、檢測類實例
== != === !==	恒等(全等)
&	位與
^	位異或
|	位或
&&	邏輯與
||	邏輯或
?:	三元條件
= x=	賦值、運算賦值
,	多重賦值、數組元素

第 6 章
流程控制語句

學習要點：

1. 語句的定義
2. if 語句
3. switch 語句
4. do...while 語句
5. while 語句
6. for 語句
7. for...in 語句
8. break 和 continue 語句
9. with 語句

ECMA-262 規定了一組流程控制語句。語句定義了 ECMAScript 中的主要語法，語句通常由一個或者多個關鍵字來完成給定的任務，諸如：判斷、循環、退出等。

一、語句的定義

在 ECMAScript 中，所有的代碼都是由語句來構成的。語句表明執行過程中的流程、限定與約定，形式上可以是單行語句，或者由一對大括號「{}」括起來的複合語句，在語法描述中，複合語句整體可以作為一個單行語句處理。

語句的種類

類型	子類型	語法
聲明語句	變量聲明語句	var box = 100;
	標籤聲明語句	label : box;
表達式語句	變量賦值語句	box = 100;
	函數調用語句	box( ) ;
	屬性賦值語句	box.property = 100;
	方法調用語句	box.method( ) ;

續上表

類型	子類型	語法
分支語句	條件分支語句	if ( ) {} else {}
	多重分支語句	switch ( ) { case n : ...; }
循環語句	for	for (; ;) {}
	for ... in	for (x in x) {}
	while	while ( ) {} ;
	do ... while	do {} while ( ) ;
控制結構	繼續執行子句	continue ;
	終端執行子句	break ;
	函數返回子句	return ;
	異常觸發子句	throw ;
	異常捕獲與處理	try {} catch ( ) {} finally {}
其他	空語句	;
	with 語句	with ( ) {}

二、if 語句

if 語句即條件判斷語句，一共有三種格式：

(1) if (條件表達式) 語句；
var box = 100;
if (box > 50) alert(' box 大於 50 ');   //一行的 if 語句，判斷后執行一條語句

var box = 100;
if (box > 50)
alert(' box 大於 50 ');   //兩行的 if 語句，判斷后也執行一條語句
alert('不管怎樣,我都能被執行到！');

var box = 100;
if (box < 50) {
alert(' box 大於 50 ');
alert('不管怎樣,我都能被執行到！');   //用複合語句包含,判斷后執行一條複合語句
}

對於 if 語句括號裡的表達式，ECMAScript 會自動調用 Boolean( ) 轉型函數將這個表達式的結果轉換成一個布爾值。如果值為 true，執行後面的一條語句，否則不執行。

PS：if 語句括號裡的表達式如果為 true，只會執行后面一條語句，如果有多條語句,那

麼就必須使用複合語句把多條語句包含在內。

PS2：推薦使用第一種或者第三種格式，一行的 if 語句，或者多行的 if 複合語句。這樣就不會因為多條語句而造成混亂。

PS3：複合語句我們一般喜歡稱為：代碼塊。

(2) if (條件表達式) {語句;} else {語句;}

```
var box = 100;
if (box > 50) {
    alert('box 大於 50');            //條件為 true,執行這個代碼塊
} else {
    alert('box 小於 50');            //條件為 false,執行這個代碼塊
}
```

(3) if (條件表達式) {語句;} else if (條件表達式) {語句;} ... else {語句;}

```
var box = 100;
if (box >= 100) {                    //如果滿足條件,不會執行下面任何分支
    alert('甲');
} else if (box >= 90) {
    alert('乙');
} else if (box >= 80) {
    alert('丙');
} else if (box >= 70) {
    alert('丁');
} else if (box >= 60) {
    alert('及格');
} else {                             //如果以上都不滿足,則輸出不及格
    alert('不及格');
}
```

三、switch 語句

switch 語句是多重條件判斷,用於多個值相等的比較。

```
var box = 1;
switch (box) {                       //用於判斷 box 相等的多個值
    case 1 :
        alert('one');
        break;                       //break;用於防止語句的穿透
    case 2 :
        alert('two');
        break;
```

```
case 3 :
    alert('three');
    break;

default :                          //相當於 if 語句裡的 else,「否則」的意思
    alert('error');
}
```

四、do...while 語句

do...while 語句是一種「先運行,后判斷」的循環語句。也就是說,不管條件是否滿足,至少先運行一次循環體。

```
var box = 1;                       //如果是 1,執行 5 次;如果是 10,執行 1 次
do {
    alert(box);
    box++;
} while (box <= 5);                //先運行一次,再判斷
```

五、while 語句

while 語句是一種「先判斷,后運行」的循環語句。也就是說,必須滿足條件了之后,方可運行循環體。

```
var box = 1;                       //如果是 1,執行 5 次;如果是 10,不執行
while (box <= 5) {                 //先判斷,再執行
    alert(box);
    box++;
}
```

六、for 語句

for 語句也是一種「先判斷,后運行」的循環語句。但它具有在執行循環之前初始變量和定義循環后要執行代碼的能力。

```
for (var box = 1; box <= 5 ; box++) {   //第一步,聲明變量 var box = 1;
    alert(box);                          //第二步,判斷 box <=5
}                                        //第三步,alert(box)
                                         //第四步,box++
                                         //第五步,從第二步再來,直到判斷為 false
```

七、for...in 語句

for...in 語句是一種精準的迭代語句,可以用來枚舉對象的屬性。
```
var box = {                          //創建一個對象
    'name' : '高寒',                  //鍵值對,左邊是屬性名,右邊是值
    'age' : 28,
    'height' : 178
};
for ( var p in box) {                //列舉出對象的所有屬性
    alert( p );
}
```

八、break 和 continue 語句

break 和 continue 語句用於在循環中精確地控制代碼的執行。其中,break 語句會立即退出循環,強制繼續執行循環體后面的語句。而 continue 語句退出當前循環,繼續后面的循環。
```
for ( var box = 1; box <= 10; box++) {
    if ( box == 5) break;            //如果 box 是 5,就退出循環
    document.write( box );
    document.write('<br />');
}

for ( var box = 1; box <= 10; box++) {
    if ( box == 5) continue;         //如果 box 是 5,就退出當前循環
    document.write( box );
    document.write('<br />');
}
```

九、with 語句

with 語句的作用是將代碼的作用域設置到一個特定的對象中。
```
var box = {                          //創建一個對象
    'name' : '高寒',                  //鍵值對
    'age' : 28,
    'height' : 178
};

var n = box.name;                    //從對象裡取值賦給變量
```

var a = box.age;
var h = box.height;

可以將上面的三段賦值操作改寫成：
with (box) {   //省略了 box 對象名
　　var n = name;
　　var a = age;
　　var h = height;
}

第 7 章
函數

學習要點：

1. 函數聲明
2. return 返回值
3. arguments 對象

函數是定義一次但卻可以調用或執行任意多次的一段 JS 代碼。函數有時會有參數，即函數被調用時指定了值的局部變量。函數常常使用這些參數來計算一個返回值，這個值也成為函數調用表達式的值。

一、函數聲明

函數對任何語言來說都是一個核心的概念。通過函數可以封裝任意多條語句，而且可以在任何地方、任何時候調用執行。ECMAScript 中的函數使用 function 關鍵字來聲明，后跟一組參數以及函數體。

```
function box() {                    //沒有參數的函數
    alert('只有函數被調用,我才會被之執行');
}
box();                              //直接調用函數

function box(name, age) {           //帶參數的函數
    alert('你的姓名:'+name+',年齡:'+age);
}
box('高寒',28);                      //調用函數,並傳參
```

二、return 返回值

帶參和不帶參的函數，都沒有定義返回值，而是調用后直接執行的。實際上，任何函數都可以通過 return 語句跟后面的要返回的值來實現返回值。

```
function box() {                    //沒有參數的函數
    return '我被返回了！';            //通過 return 把函數的最終值返回
}
alert(box());                       //調用函數會得到返回值,然後外面輸出

function box(name, age) {           //有參數的函數
    return '你的姓名:'+name+',年齡:'+age;//通過 return 把函數的最終值返回
}
alert(box('高寒', 28));             //調用函數得到返回值,然後外面輸出
```

我們還可以把函數的返回值賦給一個變量,然後通過變量進行操作。
```
function box(num1, num2) {
    return num1 * num2;
}
var num = box(10, 5);               //函數得到的返回值賦給變量
alert(num);
```

return 語句還有一個功能就是退出當前函數,注意和 break 的區別。PS:break 用在循環和 switch 分支語句裡。
```
function box(num) {
    if (num < 5)   return num;      //滿足條件,就返回 num
    return 100;                     //返回之後,就不執行下面的語句了
}
alert(box(10));
```

三、arguments 對象

ECMAScript 函數不介意傳遞進來多少參數,也不會因為參數不統一而錯誤。實際上,函數體內可以通過 arguments 對象來接收傳遞進來的參數。
```
function box() {
    return arguments[0]+' | '+arguments[1];   //得到每次參數的值
}
alert(box(1,2,3,4,5,6));            //傳遞參數
```

arguments 對象的 length 屬性可以得到參數的數量。
```
function box() {
    return arguments.length;        //得到 6
}
alert(box(1,2,3,4,5,6));
```

我們可以利用 length 這個屬性,來智能的判斷有多少參數,然后把參數進行合理的應用。比如,要實現一個加法運算,將所有傳進來的數字累加,而數字的個數又不確定。

```
function box() {
    var sum = 0;
    if (arguments.length == 0) return sum;      //如果沒有參數,退出
    for(var i = 0;i < arguments.length; i++) {  //如果有,就累加
        sum = sum + arguments[i];
    }
    return sum;                                  //返回累加結果
}
alert(box(5,9,12));
```

ECMAScript 中的函數,沒有像其他高級語言那種函數重載功能。

```
function box(num) {
    return num + 100;
}
function box (num) {                             //會執行這個函數
    return num + 200;
}
alert(box(50));                                  //返回結果
```

第 8 章
對象和數組

學習要點：

1. Object 類型
2. Array 類型
3. 對象中的方法

什麼是對象？對象其實就是一種類型，即引用類型。而對象的值就是引用類型的實例。在 ECMAScript 中引用類型是一種數據結構，用於將數據和功能組織在一起。它也常被稱為「類」，但 ECMAScript 中卻沒有這種東西。雖然 ECMAScript 是一門面向對象的語言，卻不具備傳統面向對象語言所支持的類和接口等基本結構。

一、Object 類型

到目前為止，我們使用的引用類型最多的可能就是 Object 類型了。雖然 Object 的實例不具備多少功能，但對於在應用程序中的存儲和傳輸數據而言，它確實是非常理想的選擇。

創建 Object 類型有兩種：一種是使用 new 運算符；另一種是字面量表示法。

1. 使用 new 運算符創建 Object
```
var box = new Object();              //new 方式
box.name = '高寒';                    //創建屬性字段
box.age = 28;                        //創建屬性字段
```

2. new 關鍵字可以省略
```
var box = Object();                  //省略了 new 關鍵字
```

3. 使用字面量方式創建 Object
```
var box = {                          //字面量方式
    name : '高寒',                    //創建屬性字段
```

```
    age : 28
};
```

4. 屬性字段也可以使用字符串形式
```
var box = {
    'name' : '高寒',              //也可以用字符串形式
    'age' : 28
};
```

5. 使用字面量及傳統複製方式
```
var box = {};                     //字面量方式聲明的對象
box.name = '高寒';                //點符號給屬性複製
box.age = 28;
```

6. 兩種屬性輸出方式
```
alert(box.age);                   //點表示法輸出
alert(box['age']);                //中括號表示法輸出,注意引號
```

PS:在使用字面量聲明 Object 對象時,不會調用 Object( ) 構造函數(Firefox 除外)。

7. 給對象創建方法
```
var box = {
    run : function () {           //對象中的方法
        return '運行';
    }
}
alert(box.run());                 //調用對象中的方法
```

8. 使用 delete 刪除對象屬性
```
delete box.name;                  //刪除屬性
```

在實際開發過程中,一般我們更加喜歡字面量的聲明方式。因為它清晰,語法代碼少,而且還給人一種封裝的感覺。字面量也是向函數傳遞大量可選參數的首選方式。

```
function box(obj) {                //參數是一個對象
    if (obj.name != undefined) alert(obj.name);   //判斷屬性是否存在
    if (obj.age != undefined) alert(obj.age);
}

box({                              //調用函數傳遞一個對象
```

```
    name : '高寒',
    age : 28
});
```

二、Array 類型

除了 Object 類型之外,Array 類型是 ECMAScript 最常用的類型。而且 ECMAScript 中的 Array 類型和其他語言中的數組有著很大的區別。雖然數組都是有序排列,但 ECMAScript 中的數組每個元素可以保存任何類型。ECMAScript 中數組的大小也是可以調整的。

創建 Array 類型有兩種方式:第一種是 new 運算符;第二種是字面量。

1. 使用 new 關鍵字創建數組
```
var box = new Array();                        //創建了一個數組
var box = new Array(10);                      //創建一個包含 10 個元素的數組
var box = new Array('高寒',28,'教師','鹽城');  //創建一個數組並分配好了元素
```

2. 以上三種方法,可以省略 new 關鍵字
```
var box = Array();                            //省略了 new 關鍵字
```

3. 使用字面量方式創建數組
```
var box = [];                                 //創建一個空的數組
var box = ['高寒',28,'教師','鹽城'];            //創建包含元素的數組
var box = [1,2,];                             //禁止這麼做,IE 會識別 3 個元素
var box = [,,,,];                             //同樣,IE 的會有識別問題
```

PS:和 Object 一樣,字面量的寫法不會調用 Array()構造函數。(Firefox 除外)。

4. 使用索引下標來讀取數組的值
```
alert(box[2]);                                //獲取第三個元素
box[2] = '學生';                               //修改第三個元素
box[4] = '計算機編程';                         //增加第五個元素
```

5. 使用 length 屬性獲取數組元素量
```
alert(box.length)                             //獲取元素個數
box.length = 10;                              //強制元素個數
box[box.length] = 'JS 技術';                   //通過 length 給數組增加一個元素
```

6. 創建一個稍微複雜一點的數組
```
var box = [
                                              //第一個元素是一個對象
```

```
                    name : '高寒',
                    age : 28,
                    run : function ( ) {
                        return ' run 了';
                    }
                },
                ['馬雲','李彥宏',new Object( )],    //第二個元素是數組
                '江蘇',                             //第三個元素是字符串
                25+25,                              //第四個元素是數值
                new Array(1,2,3)                    //第五個元素是數組
            ];
alert(box);
```

PS:數組最多可包含 4294967295 個元素,超出即會發生異常。

三、對象中的方法

1. 轉換方法
對象或數組都具有 toLocaleString( )、toString( ) 和 valueOf( ) 方法。其中 toString( ) 和 valueOf( ) 無論重寫了誰,都會返回相同的值。數組會講每個值進行字符串形式的拼接,以逗號隔開。

```
var box = ['高寒',28,'計算機編程'];        //字面量數組
alert(box);                                //隱式調用了 toString( )
alert(box.toString( ));                    //和 valueOf( ) 返回一致
alert(box.toLocaleString( ));              //返回值和上面兩種一致
```

默認情況下,數組字符串都會以逗號隔開。如果使用 join( ) 方法,則可以使用不同的分隔符來構建這個字符串。

```
var box = ['高寒', 28, '計算機編程'];
alert(box.join('|'));                      //高寒|28|計算機編程
```

2. 棧方法
ECMAScript 數組提供了一種讓數組的行為類似於其他數據結構的方法。也就是說,可以讓數組像棧一樣,可以限制插入和刪除項的數據結構。棧是一種數據結構(后進先出),也就是說最新添加的元素最早被移除。而棧中元素的插入(或叫推入)和移除(或叫彈出),只發生在一個位置——棧的頂部。ECMAScript 為數組專門提供了 push( ) 和 pop( )方法。

```
                    出棧  進棧
                      ↖  ↙
                    ┌─────┐
                    │  e  │
                    ├─────┤
                    │  d  │
                    ├─────┤
                    │  c  │
                    ├─────┤
                    │  b  │
                    ├─────┤
                    │  a  │
                    └─────┘
```

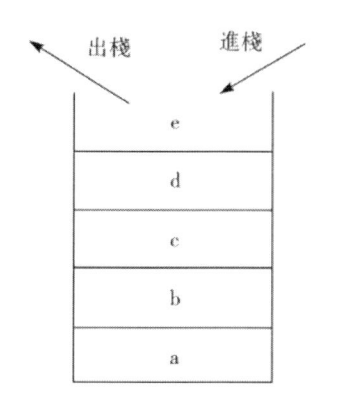

push( )方法可以接收任意數量的參數，把它們逐個添加到數組的末尾，並返回修改后數組的長度。而 pop( )方法則從數組末尾移除最后一個元素，減少數組的 length 值，然后返回移除的元素。

```
var box = ['高寒', 28, '計算機編程'];    //字面量聲明
alert(box.push('鹽城'));                 //數組末尾添加一個元素，並且返回長度
alert(box);                              //查看數組
box.pop();                               //移除數組末尾元素，並返回移除的元素
alert(box);                              //查看元素
```

3. 隊列方法

棧方法是后進先出，而列隊方法就是先進先出。列隊在數組的末端添加元素，從數組的前端移除元素。通過 push( )向數組末端添加一個元素，然后通過 shift( )方法從數組前端移除一個元素。

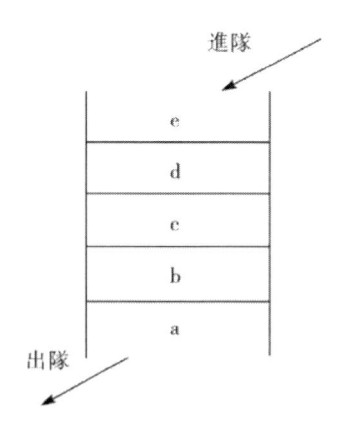

```
                         進隊
                          ↙
                    ┌─────┐
                    │  e  │
                    ├─────┤
                    │  d  │
                    ├─────┤
                    │  c  │
                    ├─────┤
                    │  b  │
                    ├─────┤
                    │  a  │
                    └─────┘
                      ↙
                    出隊
```

```
var box = ['高寒', 28, '計算機編程'];    //字面量聲明
alert(box.push('鹽城'));                 //數組末尾添加一個元素，並且返回長度
alert(box);                              //查看數組
alert(box.shift());                      //移除數組開頭元素，並返回移除的元素
alert(box);                              //查看數組
```

ECMAScript 還為數組提供了一個 unshift( )方法,它和 shift( )方法的功能完全相反。unshift( )方法為數組的前端添加一個元素。

```
var box = ['高寒', 28, '計算機編程'];     //字面量聲明
alert(box.unshift('鹽城','江蘇'));        //數組開頭添加兩個元素
alert(box);                              //查看數組
alert(box.pop());                        //移除數組末尾元素,並返回移除的元素
alert(box);                              //查看數組
```

PS:IE 瀏覽器對 unshift( )方法總是返回 undefined 而不是數組的新長度。

4. 重排序方法

數組中已經存在兩個可以直接用來排序的方法:reverse( )和 sort( )。
reverse( ) 逆向排序
```
var box = [1,2,3,4,5];                   //數組
alert(box.reverse());                    //逆向排序方法,返回排序后的數組
alert(box);                              //源數組也被逆向排序了,說明是引用
```

sort( ) 從小到大排序
```
var box = [4,1,7,3,9,2];                 //數組
alert(box.sort());                       //從小到大排序,返回排序后的數組
alert(box);                              //源數組也被從小到大排序了
```

sort 方法的默認排序在數字排序上有些問題,因為數字排序和數字字符串排序的算法是一樣的。我們必須修改這一特徵,修改的方式,就是給 sort(參數)方法傳遞一個函數參數。這點可以參考手冊說明。

```
function compare(value1, value2) {       //數字排序的函數參數
    if (value1 < value2) {               //小於,返回負數
        return -1;
    } else if (value1 > value2) {        //大於,返回正數
        return 1;
    } else {                             //其他,返回 0
        return 0;
    }
}
var box = [0,1,5,10,15];                 //驗證數字字符串和數字的區別
alert(box.sort(compare));                //傳參
```

PS:如果要反向操作,即從大到小排序,正負顛倒即可。當然,如果要逆序用 reverse( )更加方便。

5. 操作方法

ECMAScript 為操作已經包含在數組中的元素提供了很多方法。concat( ) 方法可以基於當前數組創建一個新數組。slice( ) 方法可以基於當前數組獲取指定區域元素並創建一個新數組。splice( ) 主要用途是向數組的中部插入元素。

```
var box = ['源代碼教育', 10, '重慶'];        //當前數組
var box2 = box.concat('計算機編程');         //創建新數組,並添加新元素
alert(box2);                                  //輸出新數組
alert(box);                                   //當前數組沒有任何變化

var box = ['源代碼教育', 10, '重慶'];        //當前數組
var box2 = box.slice(1);                      //box.slice(1,3),2-4 之間的元素
alert(box2);                                  //28,鹽城
alert(box);                                   //當前數組
```

splice 中的刪除功能:
```
var box = ['源代碼教育', 10, '重慶'];        //當前數組
var box2 = box.splice(0,2);                   //截取前兩個元素
alert(box2);                                  //返回截取的元素
alert(box);                                   //當前數組被截取的元素被刪除
```

splice 中的插入功能:
```
var box =['源代碼教育', 10, '重慶'];         //當前數組
var box2 = box.splice(1,0,'計算機編程','成都');  //沒有截取,但插入了兩條
alert(box2);                                  //在第 2 個位置插入兩條
alert(box);                                   //輸出
```

splice 中的替換功能:
```
var box = ['源代碼教育', 10, '重慶'];        //當前數組
var box2 = box.splice(1,1,100);               //截取了第 2 條,替換成 100
alert(box2);                                  //輸出截取的 28
alert(box);                                   //輸出數組
```

第 9 章
時間與日期

學習要點：

1. Date 類型
2. 通用的方法
3. 日期格式化方法
4. 組件方法

ECMAScript 提供了 Date 類型來處理時間和日期。Date 類型內置一系列獲取和設置日期時間信息的方法。

一、Date 類型

ECMAScript 中的 Date 類型是在早期 Java 中 java.util.Date 類基礎上構建的。為此，Date 類型使用 UTC（Coordinated Universal Time，國際協調時間，又稱「世界統一時間」）1970 年 1 月 1 日午夜（零時）開始經過的毫秒來保存日期。在使用這種數據存儲格式的條件下，Date 類型保存的日期能夠精確到 1970 年 1 月 1 日之前或之后的 285616 年。

創建一個日期對象，使用 new 運算符和 Date 構造方法（構造函數）即可。
var box = new Date( );   //創建一個日期對象

在調用 Date 構造方法而不傳遞參數的情況下，新建的對象自動獲取當前的時間和日期。
alert(box);   //不同瀏覽器顯示不同

ECMAScript 提供了兩個方法，Date.parse( ) 和 Date.UTC( )。Date.parse( ) 方法接收一個表示日期的字符串參數，然后嘗試根據這個字符串返回相應的毫秒數。ECMA-262 沒有定義 Date.parse( ) 應該支持哪種日期格式，因此方法的行為因實現而異，因地區而異。默認通常接收的日期格式如下：

(1) '月/日/年'，如 6/13/2011；

(2) '英文月名 日, 年', 如 May 25, 2004;

(3) '英文星期幾 英文月名 日 年 時:分:秒 時區', 如 Tue May 25 2004 00:00:00 GMT-070。

　　alert(Date.parse('6/13/2011'));　　　　//1307894400000

如果 Date.parse() 沒有傳入或者不是標準的日期格式,那麼就會返回 NaN。

　　alert(Date.parse());　　　　　　　　//NaN

如果想輸出指定的日期,那麼把 Date.parse() 傳入 Date 構造方法裡。

　　var box = new Date(Date.parse('6/13/2011'));//Mon Jun 13 2011 00:00:00 GMT+0800

　　var box = new Date('6/13/2011');　　　//直接傳入,Date.parse() 后臺被調用

PS:Date 對象及其在不同瀏覽器中的實現有許多奇怪的行為。其中有一種傾向是將超出的範圍的值替換成當前的值,以便生成輸出。例如,在解析「January 32, 2007」時,有的瀏覽器會將其解釋為「February 1, 2007」。而 Opera 則傾向與插入當前月份的當前日期。

Date.UTC() 方法同樣也返回表示日期的毫秒數,但它與 Date.parse() 在構建值時使用不同的信息。(年份,基於 0 的月份[0 表示 1 月,1 表示 2 月],月中的哪一天[1-31],小時數[0-23],分鐘,秒以及毫秒)。只有前兩個參數是必需的。如果沒有提供月數,則天數為 1;如果省略其他參數,則統統為 0。

　　alert(Date.UTC(2011,11));　　　　　//1322697600000

如果 Date.UTC() 參數傳遞錯誤,那麼就會出現負值或者 NaN 等非法信息。

　　alert(Date.UTC());　　　　　　　　//負值或者 NaN

如果要輸出指定日期,那麼直接把 Date.UTC() 傳入 Date 構造方法裡即可。

　　var box = new Date(Date.UTC(2011,11,5,15,13,16));

二、通用的方法

與其他類型一樣,Date 類型也重寫了 toLocaleString()、toString() 和 valueOf() 方法;但這些方法返回值與其他類型中的方法不同。

　　var box = new Date(Date.UTC(2011,11,5,15,13,16));
　　alert('toString:' + box.toString());
　　alert('toLocaleString:' + box.toLocaleString());//按本地格式輸出

PS:這兩個方法在不同瀏覽器顯示的效果又不一樣,但不用擔心,這兩個方法只是在調試比較有用,在顯示時間和日期上沒什麼價值。valueOf() 方法顯示毫秒數。

三、日期格式化方法

Date 類型還有一些專門用於將日期格式化為字符串的方法。

```
var box = new Date( );
alert( box.toDateString( ) );           //以特定的格式顯示星期幾、月、日和年
alert( box.toTimeString( ) );           //以特定的格式顯示時、分、秒和時區
alert( box.toLocaleDateString( ) );     //以特定地區格式顯示星期幾、月、日和年
alert( box.toLocaleTimeString( ) );     //以特定地區格式顯示時、分、秒和時區
alert( box.toUTCString( ) );            //以特定的格式顯示完整的 UTC 日期。
```

四、組件方法

組件方法,是為我們單獨獲取你想要的各種時間/日期而提供的方法。需要注意的是,這些方法中,有帶 UTC 的,有不帶 UTC 的。UTC 日期指的是在沒有時區偏差的情況下的日期值。

```
alert( box.getTime( ) );                //獲取日期的毫秒數,和 valueOf( ) 返回一致
alert( box.setTime( 100 ) );            //以毫秒數設置日期,會改變整個日期
alert( box.getFullYear( ) );            //獲取四位年份
alert( box.setFullYear( 2012 ) );       //設置四位年份,返回的是毫秒數
alert( box.getMonth( ) );               //獲取月份,沒指定月份,從 0 開始算起
alert( box.setMonth( 11 ) );            //設置月份
alert( box.getDate( ) );                //獲取日期
alert( box.setDate( 8 ) );              //設置日期,返回毫秒數
alert( box.getDay( ) );                 //返回星期幾,0 表示星期日,6 表示星期六
alert( box.setDay( 2 ) );               //設置星期幾
alert( box.getHours( ) );               //返回時
alert( box.setHours( 12 ) );            //設置時
alert( box.getMinutes( ) );             //返回分鐘
alert( box.setMinutes( 22 ) );          //設置分鐘
alert( box.getSeconds( ) );             //返回秒數
alert( box.setSeconds( 44 ) );          //設置秒數
alert( box.getMilliseconds( ) );        //返回毫秒數
alert( box.setMilliseconds( ) );        //設置毫秒數
alert( box.getTimezoneOffset( ) );      //返回本地時間和 UTC 時間相差的分鐘數
```

PS:以上方法除了 getTimezoneOffset( ),其他都具有 UTC 功能,例如 setDate( ) 及 getDate( ) 獲取星期幾,那麼就會有 setUTCDate( ) 及 getUTCDate( ),表示世界協調時間。

第 10 章
正則表達式

學習要點：

1. 什麼是正則表達式
2. 創建正則表達式
3. 獲取控制
4. 常用的正則

假設用戶需要在 HTML 表單中填寫姓名、地址、出生日期等,那麼在將表單提交到服務器進一步處理前,JavaScript 程序會檢查表單以確認用戶確實輸入了信息並且這些信息是符合要求的。

一、什麼是正則表達式

正則表達式(regular expression)是一個描述字符模式的對象。ECMAScript 的 RegExp 類表示正則表達式,而 String 和 RegExp 都定義了使用正則表達式進行強大的模式匹配和文本檢索與替換的函數。

正則表達式主要用來驗證客戶端的輸入數據。用戶填寫完表單單擊按鈕之後,表單就會被發送到服務器,在服務器端通常會用 PHP、ASP.NET 等服務器腳本對其進行進一步處理。因為客戶端驗證,可以節約大量的服務器端的系統資源,並且提供更好的用戶體驗。

二、創建正則表達式

創建正則表達式和創建字符串類似,創建正則表達式提供了兩種方法:一種是採用 new 運算符;另一個是採用字面量方式。

1. 兩種創建方式

```
var box = new RegExp('box');            //第一個參數字符串
var box = new RegExp('box', 'ig');      //第二個參數可選模式修飾符
```

模式修飾符的可選參數

參　　數	含　　義
i	忽略大小寫
g	全局匹配
m	多行匹配

```
var box = /box/;              //直接用兩個反斜杠
var box = /box/ig;            //在第二個斜杠後面加上模式修飾符
```

2. 測試正則表達式

RegExp 對象包含兩個方法：test( ) 和 exec( )，功能基本相似，用於測試字符串匹配。test( ) 方法在字符串中查找是否存在指定的正則表達式並返回布爾值，如果存在則返回 true，不存在則返回 false。exec( ) 方法也用於在字符串中查找指定正則表達式，如果 exec( ) 方法執行成功，則返回包含該查找字符串的相關信息數組。如果執行失敗，則返回 null。

RegExp 對象的方法

方　　法	功　　能
test	在字符串中測試模式匹配，返回 true 或 false
exec	在字符串中執行匹配搜索，返回結果數組

```
/*使用 new 運算符的 test 方法示例*/
var pattern = new RegExp('box', 'i');    //創建正則模式，不區分大小寫
var str = 'This is a Box!';               //創建要比對的字符串
alert(pattern.test(str));                 //通過 test( ) 方法驗證是否匹配

/*使用字面量方式的 test 方法示例*/
var pattern = /box/i;                     //創建正則模式，不區分大小寫
var str = 'This is a Box!';
alert(pattern.test(str));

/*使用一條語句實現正則匹配*/
alert(/box/i.test('This is a Box!'));     //模式和字符串替換掉了兩個變量

/*使用 exec 返回匹配數組*/
var pattern = /box/i;
var str = 'This is a Box!';
alert(pattern.exec(str));                 //匹配了返回數組，否則返回 null
```

PS：exec 方法還有其他具體應用，我們在獲取控制學完後再看。

3. 使用字符串的正則表達式方法

除了 test( ) 和 exec( ) 方法，String 對象也提供了 4 個使用正則表達式的方法。

String 對象中的正則表達式方法

方　法	含　義
match(pattern)	返回 pattern 中的子串或 null
replace(pattern, replacement)	用 replacement 替換 pattern
search(pattern)	返回字符串中 pattern 開始位置
split(pattern)	返回字符串按指定 pattern 拆分的數組

```
/* 使用 match 方法獲取匹配數組 */
var pattern = /box/ig;                  //全局搜索
var str = 'This is a Box!,That is a Box too';
alert( str.match( pattern ) );          //匹配到兩個 Box,Box
alert( str.match( pattern ).length );   //獲取數組的長度

/* 使用 search 來查找匹配數據 */
var pattern = /box/ig;
var str = 'This is a Box!,That is a Box too';
alert( str.search( pattern ) );         //查找到返回位置,否則返回-1
```

PS:因為 search 方法查找到即返回,也就是說無需 g 全局。

```
/* 使用 replace 替換匹配到的數據 */
var pattern = /box/ig;
var str = 'This is a Box!,That is a Box too';
alert( str.replace( pattern, 'Tom' ) ); //將 Box 替換成了 Tom

/* 使用 split 拆分成字符串數組 */
var pattern = / /ig;
var str = 'This is a Box!,That is a Box too';
alert( str.split( pattern ) );          //將空格拆開分組成數組
```

RegExp 對象的靜態屬性

屬　性	短　名	含　義
input	$_	當前被匹配的字符串
lastMatch	$&	最後一個匹配字符串
lastParen	$+	最後一對閩括號內的匹配子串

續上表

屬　性	短　名	含　義
leftContext	$`	最後一次匹配前的子串
multiline	$*	用於指定是否所有的表達式都用於多行的布爾值
rightContext	$'	在上次匹配之後的子串

```
/*使用靜態屬性*/
var pattern = /(g)oogle/;
var str = 'This is google!';
pattern.test(str);                  //執行一下
alert(RegExp.input);                //This is google!
alert(RegExp.leftContext);          //This is
alert(RegExp.rightContext);         //!
alert(RegExp.lastMatch);            //google
alert(RegExp.lastParen);            //g
alert(RegExp.multiline);            //false
```

PS:Opera 不支持 input、lastMatch、lastParen 和 multiline 屬性。IE 不支持 multiline 屬性。

所有的屬性可以使用短名來操作。

RegExp.input 可以改寫成 RegExp['$_'],以此類推。但 RegExp.input 比較特殊,它還可以寫成 RegExp.$_。

RegExp 對象的實例屬性

屬　性	含　義
global	Boolean 值,表示 g 是否已設置
ignoreCase	Boolean 值,表示 i 是否已設置
lastIndex	整數,代表下次匹配將從哪裡字符位置開始
multiline	Boolean 值,表示 m 是否已設置
Source	正則表達式的源字符串形式

```
/*使用實例屬性*/
var pattern = /google/ig;
alert(pattern.global);              //true,是否全局了
alert(pattern.ignoreCase);          //true,是否忽略大小寫
alert(pattern.multiline);           //false,是否支持換行
alert(pattern.lastIndex);           //0,下次的匹配位置
alert(pattern.source);              //google,正則表達式的源字符串


var pattern = /google/g;
```

```
var str = 'google google google';
pattern.test(str);                    //google,匹配第一次
alert(pattern.lastIndex);             //6,第二次匹配的位置
```

PS:以上基本沒什麼用。並且 lastIndex 在獲取下次匹配位置上 IE 和其他瀏覽器有偏差,主要表現在非全局匹配上。lastIndex 還支持手動設置,直接賦值操作。

三、獲取控制

正則表達式元字符是包含特殊含義的字符。它們有一些特殊功能,可以控制匹配模式的方式。反斜杠后的元字符將失去其特殊含義。

字符類:單個字符和數字

元字符/元符號	匹配情況
.	匹配除換行符外的任意字符
[a-z0-9]	匹配括號中的字符集中的任意字符
[^a-z0-9]	匹配任意不在括號中的字符集中的字符
\d	匹配數字
\D	匹配非數字,同[^0-9]相同
\w	匹配字母和數字及_
\W	匹配非字母和數字及_

字符類:空白字符

元字符/元符號	匹配情況
\0	匹配 null 字符
\b	匹配空格字符
\f	匹配進紙字符
\n	匹配換行符
\r	匹配回車字符
\t	匹配製表符
\s	匹配空白字符、空格、製表符和換行符
\S	匹配非空白字符

字符類:錨字符

元字符/元符號	匹配情況
^	行首匹配
$	行尾匹配

續上表

元字符/元符號	匹配情況
\A	只有匹配字符串開始處
\b	匹配單詞邊界，詞在[ ]內時無效
\B	匹配非單詞邊界
\G	匹配當前搜索的開始位置
\Z	匹配字符串結束處或行尾
\z	只匹配字符串結束處

字符類：重複字符

元字符/元符號	匹配情況
x?	匹配0個或1個x
x*	匹配0個或任意多個x
x+	匹配至少一個x
(xyz)+	匹配至少一個(xyz)
x{m,n}	匹配最少m個，最多n個x

字符類：替代字符

元字符/元符號	匹配情況
this|where|logo	匹配this或where或logo中任意一個

字符類：記錄字符

元字符/元符號	匹配情況
(string)	用於反向引用的分組
\1 或 $1	匹配第一個分組中的內容
\2 或 $2	匹配第二個分組中的內容
\3 或 $3	匹配第三個分組中的內容

```
/*使用點元字符*/
var pattern = /g..gle/;              //.匹配一個任意字符
var str = 'google';
alert(pattern.test(str));

/*重複匹配*/
var pattern = /g.*gle/;              //.匹配0個、一個或多個
var str = 'google';                  //*,?,+,{n,m}
alert(pattern.test(str));
```

```javascript
/* 使用字符類匹配 */
var pattern = /g[a-zA-Z_]*gle/;        //[a-z]*表示任意個a-z中的字符
var str = 'google';
alert(pattern.test(str));

var pattern = /g[^0-9]*gle/;           //[^0-9]*表示任意個非0-9的字符
var str = 'google';
alert(pattern.test(str));

var pattern = /[a-z][A-Z]+/;           //[A-Z]+表示A-Z一次或多次
var str = 'gOOGLE';
alert(pattern.test(str));

/* 使用元符號匹配 */
var pattern = /g\w*gle/;               //\w*匹配任意多個所有字母數字_
var str = 'google';
alert(pattern.test(str));

var pattern = /google\d*/;             //\d*匹配任意多個數字
var str = 'google444';
alert(pattern.test(str));

var pattern = /\D{7,}/;                //\D{7,}匹配至少7個非數字
var str = 'google8';
alert(pattern.test(str));

/* 使用錨元字符匹配 */
var pattern = /^google$/;              //^從開頭匹配,$從結尾開始匹配
var str = 'google';
alert(pattern.test(str));

var pattern = /goo\sgle/;              //\s 可以匹配到空格
var str = 'goo gle';
alert(pattern.test(str));

var pattern = /google\b/;              //\b 可以匹配是否到了邊界
var str = 'google';
alert(pattern.test(str));
```

第 10 章　正則表達式

```
/*使用或模式匹配*/
var pattern = /google|baidu|bing/;      //匹配三種其中一種字符串
var str = 'google';
alert(pattern.test(str));

/*使用分組模式匹配*/
var pattern = /(google){4,8}/;          //匹配分組裡的字符串 4-8 次
var str = 'googlegoogle';
alert(pattern.test(str));

var pattern = /8(.*)8/;                 //獲取 8..8 之間的任意字符
var str = 'This is 8google8';
str.match(pattern);
alert(RegExp.$1);                       //得到第一個分組裡的字符串內容

var pattern = /8(.*)8/;
var str = 'This is 8google8';
var result = str.replace(pattern,'<strong>$1</strong>');//得到替換的字符串輸出
document.write(result);

var pattern = /(.*)\s(.*)/;
var str = 'google baidu';
var result = str.replace(pattern,'$2 $1');//將兩個分組的值替換輸出
document.write(result);
```

貪婪	惰性
+	+?
?	??
*	*?
{n}	{n}?
{n,}	{n,}?
{n,m}	{n,m}?

```
/*關於貪婪和惰性*/
var pattern = /[a-z]+?/;                //? 號關閉了貪婪匹配,只替換了第一個
var str = 'abcdefghijklmnopqrstuvwxyz';
var result = str.replace(pattern, 'xxx');
alert(result);

var pattern = /8(.+?)8/g;               //禁止了貪婪,開啓的全局
```

```javascript
var str = 'This is 8google8, That is 8google8, There is 8google8';
var result = str.replace(pattern,'<strong>$1</strong>');
document.write(result);

var pattern = /8([^8]*)8/g;           //另一種禁止貪婪
var str = 'This is 8google8, That is 8google8, There is 8google8';
var result = str.replace(pattern,'<strong>$1</strong>');
document.write(result);

/* 使用 exec 返回數組 */
var pattern = /^[a-z]+\s[0-9]{4}$/i;
var str = 'google 2012';
alert(pattern.exec(str));              //返回整個字符串

var pattern = /^[a-z]+/i;              //只匹配字母
var str = 'google 2012';
alert(pattern.exec(str));              //返回 google

var pattern = /^([a-z]+)\s([0-9]{4})$/i;//使用分組
var str = 'google 2012';
alert(pattern.exec(str)[0]);           //google 2012
alert(pattern.exec(str)[1]);           //google
alert(pattern.exec(str)[2]);           //2012

/* 捕獲性分組和非捕獲性分組 */
var pattern = /(\d+)([a-z])/;          //捕獲性分組
var str = '123abc';
alert(pattern.exec(str));

var pattern = /(\d+)(?:[a-z])/;        //非捕獲性分組
var str = '123abc';
alert(pattern.exec(str));

/* 使用分組嵌套 */
var pattern = /(A?(B?(C?)))/;          //從外往內獲取
var str = 'ABC';
alert(pattern.exec(str));

/* 使用前瞻捕獲 */
var pattern = /(goo(?=gle))/;          //goo 後面必須跟著 gle 才能捕獲
```

```
var str = 'google';
alert(pattern.exec(str));
```

/*使用特殊字符匹配*/
```
var pattern = /\.\[\/b\]/;            //特殊字符,用\符號轉義即可
var str = '.[/b]';
alert(pattern.test(str));
```

/*使用換行模式*/
```
var pattern = /^\d+/mg;               //啟用了換行模式
var str = '1.baidu\n2.google\n3.bing';
var result = str.replace(pattern, '#');
alert(result);
```

四、常用的正則

1. 檢查郵政編碼
```
var pattern = /[1-9][0-9]{5}/;        //共6位數字,第一位不能為0
var str = '224000';
alert(pattern.test(str));
```

2. 檢查文件壓縮包
```
var pattern = /[\w]+\.zip|rar|gz/;    //\w 表示所有數字和字母加下劃線
var str = '123.zip';                  //\.表示匹配.,后面是一個選擇
alert(pattern.test(str));
```

3. 刪除多余空格
```
var pattern = /\s/g;                  //g 必須全局,才能全部匹配
var str = '111 222 333';
var result = str.replace(pattern, ''); //把空格匹配成無空格
alert(result);
```

4. 刪除首尾空格
```
var pattern = /^\s+/;                 //強制首
var str = '      goo  gle      ';
var result = str.replace(pattern, '');
pattern = /\s+$/;                     //強制尾
result = result.replace(pattern, '');
alert('|' + result + '|');
```

```
var pattern = /^\s*(.+?)\s*$/;        //使用了非貪婪捕獲
var str = '        google        ';
alert('|' + pattern.exec(str)[1] + '|');


var pattern = /^\s*(.+?)\s*$/;
var str = '        google        ';
alert('|' + str.replace(pattern, '$1') + '|');    //使用了分組獲取
```

5. 簡單的電子郵件驗證

```
var pattern = /^([a-zA-Z0-9_\.\-]+)@([a-zA-Z0-9_\.\-]+)\.([a-zA-Z]{2,4})$/;
var str = 'yc60.com@gmail.com';
alert(pattern.test(str));


var pattern = /^([\w\.\-]+)@([\w\.\-]+)\.([\w]{2,4})$/;
var str = 'yc60.com@gmail.com';
alert(pattern.test(str));
```

PS:以上是簡單電子郵件驗證，複雜的要比這個複雜很多，大家可以搜一下。

第 11 章
Function 類型

學習要點:

1. 函數的聲明方式
2. 作為值的函數
3. 函數的內部屬性
4. 函數屬性和方法

在 ECMAScript 中,Function(函數)類型實際上是對象。每個函數都是 Function 類型的實例,而且都與其他引用類型一樣具有屬性和方法。由於函數是對象,因此函數名實際上也是一個指向函數對象的指針。

一、函數的聲明方式

1. 普通的函數聲明
```
function box(num1, num2) {
     return num1 + num2;
}
```

2. 使用變量初始化函數
```
var box = function(num1, num2) {
     return num1 + num2;
};
```

3. 使用 Function 構造函數
```
var box = new Function('num1', 'num2', 'return num1 + num2');
```

PS:第三種方式我們不推薦,因為這種語法會導致解析兩次代碼(第一次解析常規 ECMAScript 代碼,第二次是解析傳入構造函數中的字符串),從而影響性能。但我們可以通過這種語法來理解「函數是對象,函數名是指針」的概念。

二、作為值的函數

ECMAScript 中的函數名本身就是變量，所以函數也可以作為值來使用。也就是說，不僅可以像傳遞參數一樣把一個函數傳遞給另一個函數，而且可以將一個函數作為另一個函數的結果返回。

```
function box(sumFunction, num) {
    return sumFunction(num);            //someFunction
}

function sum(num) {
    return num + 10;
}

var result = box(sum, 10);              //傳遞函數到另一個函數裡
```

三、函數的內部屬性

在函數內部,有兩個特殊的對象:arguments 和 this。arguments 是一個類數組對象,包含著傳入函數中的所有參數,主要用途是保存函數參數。但這個對象還有一個名叫 callee 的屬性,該屬性是一個指針,指向擁有這個 arguments 對象的函數。

```
function box(num) {
    if (num <= 1) {
        return 1;
    } else {
        return num * box(num-1);    //一個簡單的遞歸
    }
}
```

對於階乘函數一般要用到遞歸算法,所以函數內部一定會調用自身;如果函數名不改變是沒有問題的,但一旦改變函數名,內部的自身調用需要逐一修改。為瞭解決這個問題,我們可以使用 arguments.callee 來代替。

```
function box(num) {
    if (num <= 1) {
        return 1;
    } else {
        return num * arguments.callee(num-1);//使用 callee 來執行自身
    }
}
```

函數內部另一個特殊對象是 this,其行為與 Java 和 C#中的 this 大致相似。換句話說,this 引用的是函數據以執行操作的對象,或者說函數調用語句所處的那個作用域。PS:當在全局作用域中調用函數時,this 對象引用的就是 window。

```
//便於理解的改寫例子
window.color = '紅色的';              //全局的,或者 var color = '紅色的';也行
alert(this.color);                    //打印全局的 color

var box = {
    color : '藍色的',                 //局部的 color
    sayColor : function () {
        alert(this.color);            //此時的 this 只能是 box 裡的 color
    }
};

box.sayColor();                       //打印局部的 color
alert(this.color);                    //還是全局的

                                      //引用教材的原版例子
window.color = '紅色的';              //或者 var color = '紅色的';也行

var box = {
    color : '藍色的'
};

function sayColor() {
    alert(this.color);                //這裡第一次在外面,第二次在 box 裡面
}

getColor();

box.sayColor = sayColor;              //把函數複製到 box 對象裡,成了方法
box.sayColor();
```

四、函數屬性和方法

ECMAScript 中的函數是對象,因此函數也有屬性和方法。每個函數都包含兩個屬性:length 和 prototype。其中,length 屬性表示函數希望接收的命名參數的個數。

```
function box(name, age) {
    alert(name + age);
}
```

```
alert(box.length);                    //2
```

PS:對於 prototype 屬性,它是保存所有實例方法的真正所在,也就是原型。這個屬性,我們將在面向對象一章詳細介紹。而 prototype 下有兩個方法:apply( ) 和 call( ),每個函數都包含這兩個非繼承而來的方法。這兩個方法的用途都在特定的作用域中調用函數,實際上等於設置函數體內 this 對象的值。

```
function box(num1, num2) {
    return num1 + num2;               //原函數
}

function sayBox(num1, num2) {
    return box.apply(this, [num1, num2]);//this 表示作用域,這裡是 window
}                                     //[ ] 表示 box 所需要的參數

function sayBox2(num1, num2) {
    return box.apply(this, arguments);   //arguments 對象表示 box 所需要的參數
}

alert(sayBox(10,10));                 //20
alert(sayBox2(10,10));                //20
```

call( ) 方法與 apply( ) 方法相同,它們的區別僅僅在於接收參數的方式不同。對於 call( ) 方法而言,第一個參數是作用域,沒有變化,變化只是其餘的參數都是直接傳遞給函數的。

```
function box(num1, num2) {
    return num1 + num2;
}

function callBox(num1, num2) {
    return box.call(this, num1, num2);  //和 apply 區別在於后面的傳參
}

alert(callBox(10,10));
```

事實上,傳遞參數並不是 apply( ) 和 call( ) 方法真正的可用武之地;它們經常使用的地方是能夠擴展函數賴以運行的作用域。

```
var color = '紅色的';                 //或者 window.color = '紅色的';也行

var box = {
    color : '藍色的'
```

};

function sayColor() {
    alert(this.color);
}

sayColor();   //作用域在 window

sayColor.call(this);   //作用域在 window
sayColor.call(window);   //作用域在 window
sayColor.call(box);   //作用域在 box，對象冒充

這個例子是之前作用域理解的例子修改而成，我們可以發現當我們使用 call(box) 方法的時候，sayColor() 方法的運行環境已經變成了 box 對象裡了。

使用 call() 或者 apply() 來擴充作用域的最大好處，就是對象不需要與方法發生任何耦合關係（耦合，就是互相關聯的意思，擴展和維護會發生連鎖反應）。也就是說，box 對象和 sayColor() 方法之間不會有多余的關聯操作，比如 box.sayColor = sayColor。

第 12 章
變量、作用域及內存

學習要點：

1. 變量及作用域
2. 傳遞參數
3. 檢測類型
4. 內存問題

JavaScript 的變量與其他語言的變量有很大區別。JavaScript 變量是松散型的(不強制類型)本質，決定了它只是在特定時間用於保存特定值的一個名字而已。由於不存在定義某個變量必須保存何種數據類型值的規則，變量的值及其數據類型可以在腳本的生命週期內改變。

一、變量及作用域

1. 基本類型和引用類型的值

ECMAScript 變量可能包含兩種不同的數據類型的值：基本類型值和引用類型值。基本類型值指的是那些保存在棧內存中的簡單數據段，即這種值完全保存在內存中的一個位置。而引用類型值則是指那些保存在堆內存中的對象，意思是變量中保存的實際上只是一個指針，這個指針指向內存中的另一個位置，該位置保存對象。

將一個值賦給變量時，解析器必須確定這個值是基本類型值，還是引用類型值。基本類型值有以下幾種：Undefined、Null、Boolean、Number 和 String。這些類型在內存中分別佔有固定大小的空間，它們的值保存在棧空間，我們通過按值來訪問的。

PS：在某些語言中，字符串以對象的形式來表示，因此被認為是引用類型。ECMAScript 放棄這一傳統。

如果賦值的是引用類型的值，則必須在堆內存中為這個值分配空間。由於這種值的大小不固定，因此不能把它們保存到棧內存中。但內存地址大小是固定的，因此可以將內存地址保存在棧內存中。這樣，當查詢引用類型的變量時，先從棧中讀取內存地址，然後再通過地址找到堆中的值。對於這種，我們把它叫做按引用訪問。

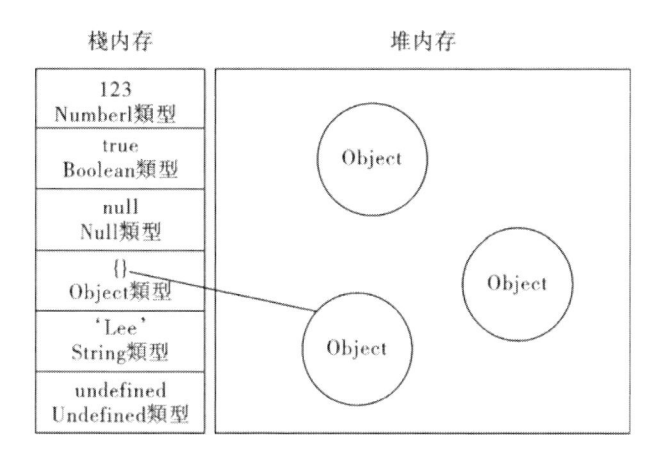

2. 動態屬性

定義基本類型值和引用類型值的方式是相似的：創建一個變量並為該變量賦值。但是，當這個值保存到變量中以後，對不同類型值可以執行的操作則大相徑庭。

```
var box = new Object();        //創建引用類型
box.name = 'Lee';              //新增一個屬性
alert(box.name);               //輸出
```

如果是基本類型的值添加屬性的話，就會出現問題了。

```
var box = 'Lee';               //創建一個基本類型
box.age = 27;                  //給基本類型添加屬性
alert(box.age);                //undefined
```

3. 複製變量值

在變量複製方面，基本類型和引用類型也有所不同。基本類型複製的是值本身，而引用類型複製的是地址。

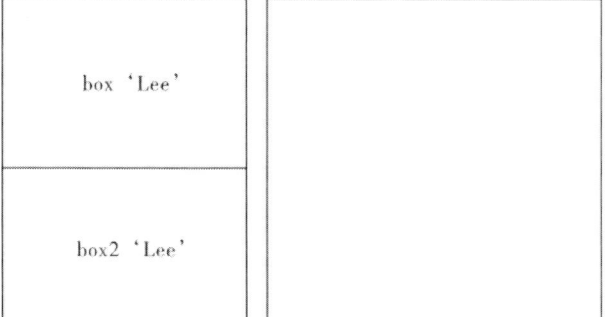

```
var box = 'Lee';               //在棧內存生成一個box 'Lee'
var box2 = box;                //在棧內存再生成一個box2 'Lee'
```

box2 雖然是 box1 的一個副本，但從圖示可以看出，它是完全獨立的。也就是說，兩個變量分別操作時互不影響。

```
var box = new Object();            //創建一個引用類型
box.name = 'Lee';                  //新增一個屬性
var box2 = box;                    //把引用地址賦值給 box2
```

```
      棧內存                堆內存
   ┌──────────┐      ┌──────────────┐
   │  box ────┼──────┼──→ ╭──────╮  │
   │          │      │    │Object│  │
   │          │      │    ╰──────╯  │
   │  box2 ───┼──────┼──→           │
   └──────────┘      └──────────────┘
```

在引用類型中，box2 其實就是 box，因為它們指向的是同一個對象。如果這個對象中的 name 屬性被修改了，box2.name 和 box.name 輸出的值都會被相應修改掉了。

二、傳遞參數

ECMAScript 中所有函數的參數都是按值傳遞的，言下之意就是說，參數不會按引用傳遞，雖然變量有基本類型和引用類型之分。

```
function box(num) {                //按值傳遞，傳遞的參數是基本類型
    num += 10;                     //這裡的 num 是局部變量，全局無效
    return num;
}
var num = 50;
var result = box(num);
alert(result);                     //60
alert(num);                        //50
```

PS：以上的代碼中，傳遞的參數是一個基本類型的值。而函數裡的 num 是一個局部變量，和外面的 num 沒有任何聯繫。

下面給出一個參數作為引用類型的例子：
```
function box(obj) {                //按值傳遞，傳遞的參數是引用類型
    obj.name = 'Lee';
}
```

```
var p = new Object();
box(p);
alert(p.name);
```

PS:如果存在按引用傳遞的話,那麼函數裡的那個變量將會是全局變量,在外部也可以訪問。比如 PHP 中,必須在參數前面加上 & 符號表示按引用傳遞。而 ECMAScript 沒有這些,只能是局部變量。可以在 PHP 中瞭解一下。

PS:所以按引用傳遞和傳遞引用類型是兩個不同的概念。

```
function box(obj) {
    obj.name = 'Lee';
    var obj = new Object();              //函數內部又創建了一個對象
    obj.name = 'Mr.';                    //並沒有替換掉原來的 obj
}
```

最後得出結論:ECMAScript 函數的參數都將是局部變量,也就是說,沒有按引用傳遞。

三、檢測類型

要檢測一個變量的類型,我們可以通過 typeof 運算符來判別。諸如:

```
var box = 'Lee';
alert(typeof box);                       //string
```

雖然 typeof 運算符在檢查基本數據類型的時候非常好用,但檢測引用類型的時候,它就不是那麼好用了。通常,我們並不想知道它是不是對象,而是想知道它到底是什麼類型的對象。因為數組也是 object,null 也是 Object,等等。

這時我們應該採用 instanceof 運算符來查看。

```
var box = [1,2,3];
alert(box instanceof Array);             //是不是數組
var box2 = {};
alert(box2 instanceof Object);           //是不是對象
var box3 = /g/;
alert(box3 instanceof RegExp);           //是不是正則表達式
var box4 = new String('Lee');
alert(box4 instanceof String);           //是不是字符串對象
```

PS:當使用 instanceof 檢查基本類型的值時,它會返回 false。

1. 執行環境及作用域

執行環境是 JavaScript 中最為重要的一個概念。執行環境定義了變量或函數有權訪問的其他數據，決定了它們各自的行為。

全局執行環境是最外圍的執行環境。在 Web 瀏覽器中，全局執行環境被認為是 window 對象。因此所有的全局變量和函數都是作為 window 對象的屬性和方法創建的。

```
var box = 'blue';                        //聲明一個全局變量
function setBox() {
    alert(box);                          //全局變量可以在函數裡訪問
}
setBox();                                //執行函數
```

全局的變量和函數，都是 window 對象的屬性和方法。

```
var box = 'blue';
function setBox() {
    alert(window.box);                   //全局變量即 window 的屬性
}
window.setBox();                         //全局函數即 window 的方法
```

PS：當執行環境中的所有代碼執行完畢後，該環境被銷毀，保存在其中的所有變量和函數定義也隨之銷毀。如果是全局環境下，需要程序執行完畢，或者網頁被關閉才會銷毀。

PS：每個執行環境都有一個與之關聯的變量對象，就好比全局的 window 可以調用變量和屬性一樣。局部的環境也有一個類似 window 的變量對象，環境中定義的所有變量和函數都保存在這個對象中（我們無法訪問這個變量對象，但解析器會處理數據時後臺使用它）。

函數裡的局部作用域裡的變量替換全局變量，但作用域僅限在函數體內這個局部環境。

```
var box = 'blue';
function setBox() {
    var box = 'red';                     //這裡是局部變量，出來就不認識了
    alert(box);
}
setBox();
alert(box);
```

通過傳參，可以替換函數體內的局部變量，但作用域僅限在函數體內這個局部環境。

```
var box = 'blue';
function setBox(box) {                   //通過傳參，替換了全局變量
    alert(box);
```

```
setBox('red');
alert(box);
```

函數體內還包含著函數，只有這個函數才可以訪問內一層的函數。

```
var box = 'blue';
function setBox() {
    function setColor() {
        var b = 'orange';
        alert(box);
        alert(b);
    }
    setColor();                          //setColor()的執行環境在setBox()內
}
setBox();
```

PS：每個函數被調用時都會創建自己的執行環境。當執行到這個函數時，函數的環境就會被推到環境棧中去執行，而執行后又在環境棧中彈出(退出)，把控制權交給上一級的執行環境。

PS：當代碼在一個環境中執行時，就會形成一種叫做作用域鏈的東西。它的用途是保證對執行環境中有訪問權限的變量和函數進行有序訪問。作用域鏈的前端，就是執行環境的變量對象。

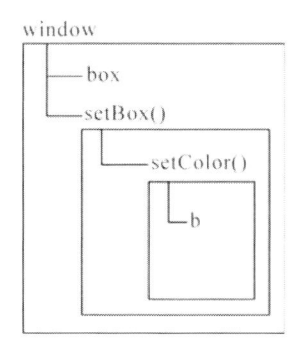

```
window
├── box
├── setBox()
    └── setColor()
        └── b
```

2. 沒有塊級作用域

塊級作用域表示諸如 if 語句等有花括號封閉的代碼塊，所以，支持條件判斷來定義變量。

```
if (true) {                              //if 語句代碼塊沒有局部作用域
    var box = 'Lee';
}
alert(box);
```

for 循環語句也是如此
```
for ( var i = 0; i < 10; i ++) {      //沒有局部作用域
    var box = 'Lee';
}
alert(i);
alert(box);
```

var 關鍵字在函數裡的區別
```
function box(num1, num2) {
    var sum = num1 + num2;            //如果去掉 var 就是全局變量了
    return sum;
}
alert(box(10,10));
alert(sum);                           //報錯
```

PS:非常不建議不使用 var 就初始化變量,因為這種方法會導致各種意外發生。所以初始化變量的時候一定要加上 var。

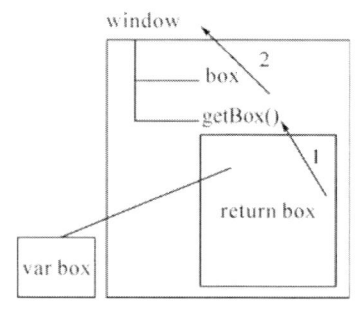

一般確定變量都是通過搜索來確定該標示符實際代表什麼。
```
var box = 'blue';
function getBox() {
    return box;                       //代表全局 box
}                                     //如果加上函數體內加上 var box = 'red'
alert(getBox());                      //那麼最后返回值就是 red
```

PS:變量查詢中,訪問局部變量要比全局變量更快,因為不需要向上搜索作用域鏈。

四、內存問題

JavaScript 具有自動垃圾收集機制,也就是說,執行環境會負責管理代碼執行過程中使用的內存。其他語言比如 C 和 C++,必須手工跟蹤內存使用情況,適時的釋放,否則會造成很多問題。而 JavaScript 則不需要這樣,它會自行管理內存分配及無用內存的回收。

JavaScript 最常用的垃圾收集方式是標記清除。垃圾收集器會在運行的時候給存儲在內存中的變量加上標記。然后，它會去掉環境中正在使用變量的標記，而沒有被去掉標記的變量將被視為準備刪除的變量。最后，垃圾收集器完成內存清理工作，銷毀那些帶標記的值並回收它們所占用的內存空間。

　　垃圾收集器是週期性運行的，這樣會導致整個程序的性能問題。比如 IE7 以前的版本，它的垃圾收集器是根據內存分配量運行的，比如 256 個變量就開始運行垃圾收集器，這樣，就不得不頻繁地運行，從而降低性能。

　　一般來說，確保占用最少的內存可以讓頁面獲得更好的性能。那麼優化內存的最佳方案，就是一旦數據不再有用，那麼將其設置為 null 來釋放引用，這個做法叫做解除引用。這一做法適用於大多數全局變量和全局對象。

```
var o = {
    name : 'Lee'
};
o = null;                         //解除對象引用，等待垃圾收集器回收
```

第 13 章
基本包裝類型

學習要點:

1. 基本包裝類型概述
2. Boolean 類型
3. Number 類型
4. String 類型

為了便於操作基本類型值,ECMAScript 提供了三個特殊的引用類型:Boolean、Number 和 String。這些類型與其他引用類型相似,但同時也具有與各自的基本類型相應的特殊行為。實際上,每當讀取一個基本類型值的時候,后臺就會創建一個對應的基本包裝類型的對象,從而能夠調用一些方法來操作這些數據。

一、基本包裝類型概述

```
var box = 'Mr.Lee';                //定義一個字符串
var box2 = box.substring(2);       //截掉字符串前兩位
alert(box2);                       //輸出新字符串
```

變量 box 是一個字符串類型,而 box.substring(2) 又說明它是一個對象(PS:只有對象才會調用方法),最后把處理結果賦值給 box2。'Mr.Lee' 是一個字符串類型的值,按道理它不應該是對象,不應該會有自己的方法,比如:

```
alert('Mr.Lee'.substring(2));      //直接通過值來調用方法
```

1. 字面量寫法

```
var box = 'Mr.Lee';                //字面量
box.name = 'Lee';                  //無效屬性
box.age = function () {            //無效方法
    return 100;
};
```

```
alert(box);                    //Mr. Lee
alert(box.substring(2));       //. Lee
alert(typeof box);             //string
alert(box.name);               //undefined
alert(box.age());              //錯誤
```

2. new 運算符寫法
```
var box = new String('Mr. Lee');   //new 運算符
box.name = 'Lee';                  //有效屬性
box.age = function() {             //有效方法
    return 100;
};
alert(box);                        //Mr. Lee
alert(box.substring(2));           //. Lee
alert(typeof box);                 //object
alert(box.name);                   //Lee
alert(box.age());                  //100
```

以上字面量聲明和 new 運算符聲明很好地展示了它們之間的區別。但有一點還是可以肯定的，那就是不管字面量形式還是 new 運算符形式，都可以使用它的內置方法。並且 Boolean 和 Number 特性與 String 相同，三種類型可以成為基本包裝類型。

PS:在使用 new 運算符創建以上三種類型的對象時，可以給自己添加屬性和方法。但我們建議不要這樣使用，因為這樣會導致根本分不清到底是基本類型值還是引用類型值。

二、Boolean 類型

Boolean 類型沒有特定的屬性或者方法。

三、Number 類型

Number 類型有一些靜態屬性(直接通過 Number 調用的屬性，而無須 new 運算符)和方法。

Number 靜態屬性

屬性	描述
MAX_VALUE	表示最大數
MIN_VALUE	表示最小值
NaN	非數值
NEGATIVE_INFINITY	負無窮大，溢出返回該值
POSITIVE_INFINITY	無窮大，溢出返回該值
prototype	原型，用於增加新屬性和方法

Number 對象的方法

方法	描述
toString()	將數值轉化為字符串,並且可以轉換進制
toLocaleString()	根據本地數字格式轉換為字符串
toFixed()	將數字保留小數點后指定位數並轉化為字符串
toExponential()	將數字以指數形式表示,保留小數點后指定位數並轉化為字符串
toPrecision()	指數形式或點形式表述數,保留小數點后面指定位數並轉化為字符串

```
var box = 1000.789;
alert(box.toString());              //轉換為字符串,傳參可以轉換進制
alert(box.toLocaleString());        //本地形式,1,000.789
alert(box.toFixed(2));              //小數點保留,1000.78
alert(box.toExponential());         //指數形式,傳參會保留小數點
alert(box.toPrecision(3));          //指數或點形式,傳參保留小數點
```

四、String 類型

String 類型包含了三個屬性和大量的可用內置方法。

String 對象屬性

屬性	描述
length	返回字符串的字符長度
constructor	返回創建 String 對象的函數
prototype	通過添加屬性和方法擴展字符串定義

String 也包含對象的通用方法,比如 valueOf()、toLocaleString() 和 toString() 方法,但這些方法都返回字符串的基本值。

字符方法

方法	描述
charAt(n)	返回指定索引位置的字符
charCodeAt(n)	以 Unicode 編碼形式返回指定索引位置的字符

```
var box = 'Mr.Lee';
alert(box.charAt(1));               //r
alert(box.charCodeAt(1));           //114
alert(box[1]);                      //r,通過數組方式截取
```

PS:box[1]在 IE 瀏覽器會顯示 undefined,所以使用時要慎重。

字符串操作方法

方　　法	描述
concat(str1...str2)	將字符串參數串聯到調用該方法的字符串
slice(n,m)	返回字符串 n 到 m 之間位置的字符串
substring(n,m)	同上
substr(n,m)	返回字符串 n 開始的 m 個字符串

```
var box = 'Mr.Lee';
alert(box.concat(' is ',' Teacher ','! '));  //Mr.Lee is Teacher !
alert(box.slice(3));                         //Lee
alert(box.slice(3,5));                       //Le
alert(box.substring(3));                     //Lee
alert(box.substring(3,5));                   //Le
alert(box.substr(3));                        //Lee
alert(box.substr(3,5));                      //Lee

var box = 'Mr.Lee';
alert(box.slice(-3));                        //Lee,6+(-3)=3 位開始
alert(box.substring(-3));                    //Mr.Lee 負數返回全部
alert(box.substr(-3));                       //Lee,6+(-3)=3 位開始

var box = 'Mr.Lee';
alert(box.slice(3,-1));                      //Le 6+(-1)=5,(3,5)
alert(box.substring(3,-1));                  //Mr. 第二參數為負,直接轉0,
                                             //並且方法會把較小的數字提前,(0,3)
alert(box.substr(3,-1));                     //'' 第二參數為負,直接轉0,(3,0)
```

PS:IE 的 JavaScript 實現在處理向 substr() 方法傳遞負值的情況下存在問題,它會返回原始字符串,使用時要切記。

字符串位置方法

方　　法	描述
indexOf(str, n)	從 n 開始搜索的第一個 str,並將搜索的索引值返回
lastIndexOf(str, n)	從 n 開始搜索的最后一個 str,並將搜索的索引值返回

```
var box = 'Mr.Lee is Lee';
alert(box.indexOf('L'));                     //3
alert(box.indexOf('L', 5));                  //10
alert(box.lastIndexOf('L'));                 //10
alert(box.lastIndexOf('L', 5));              //3,從指定的位置向前搜索
```

PS:如果沒有找到想要的字符串,則返回-1。

示例:找出全部的 L
```
var box = 'Mr.Lee is Lee';          //包含兩個 L 的字符串
var boxarr = [];                     //存放 L 位置的數組
var pos = box.indexOf('L');          //先獲取第一個 L 的位置
while ( pos > -1 ) {                 //如果位置大於-1,說明還存在 L
    boxarr.push( pos );              //添加到數組
    pos = box.indexOf('L', pos + 1); //從新賦值 pos 目前的位置
}
alert( boxarr );                     //輸出
```

大小寫轉換方法

方法	描述
toLowerCase(str)	將字符串全部轉換為小寫
toUpperCase(str)	將字符串全部轉換為大寫
toLocaleLowerCase(str)	將字符串全部轉換為小寫,並且本地化
toLocaleupperCase(str)	將字符串全部轉換為大寫,並且本地化

```
var box = 'Mr.Lee is Lee';
alert( box.toLowerCase() );          //全部小寫
alert( box.toUpperCase() );          //全部大寫
alert( box.toLocaleLowerCase() );    //
alert( box.toLocaleUpperCase() );    //
```

PS:只有幾種語言(如土耳其語)具有地方特有的大小寫本地性。一般來說,無論是否本地化,效果都是一致的。

字符串的模式匹配方法

方法	描述
match(pattern)	返回 pattern 中的子串或 null
replace(pattern, replacement)	用 replacement 替換 pattern
search(pattern)	返回字符串中 pattern 開始位置
split(pattern)	返回字符串按指定 pattern 拆分的數組

正則表達式在字符串中的應用,在前面的章節已經詳細探討過,這裡就不再贅述了。以上中 match()、replace()、serach()、split()在普通字符串中也可以使用。

```
var box = 'Mr.Lee is Lee';
alert( box.match('L') );             //找到 L,返回 L 否則返回 null
```

```
alert(box.search('L'));          //找到 L 的位置,和 indexOf 類型
alert(box.replace('L','Q'));     //把 L 替換成 Q
alert(box.split(' '));           //以空格分割成字符串
```

其他方法

方法	描述
fromCharCode(ascii)	靜態方法,輸出 Ascii 碼對應值
localeCompare(str1,str2)	比較兩個字符串,並返回相應的值

```
alert(String.fromCharCode(76));  //L,輸出 Ascii 碼對應值
```

localeCompare(str1,str2)方法詳解:比較兩個字符串並返回以下值中的一個:
如果字符串在字母表中應該排在字符串參數之前,則返回一個負數。(多數-1)
如果字符串等於字符串參數,則返回 0。
如果字符串在字母表中應該排在字符串參數之後,則返回一個正數。(多數 1)

```
var box = 'Lee';
alert(box.localeCompare('apple'));   //1
alert(box.localeCompare('Lee'));     //0
alert(box.localeCompare('zoo'));     //-1
```

HTML 方法

方法	描述
anchor(name)	\<a name="name"\>str\</a\>
big()	\<big\>str\</big\>
blink()	\<blink\>str\</blink\>
bold()	\<b\>Str\</b\>
fixed()	\<tt\>Str\</tt\>
fontcolor(color)	\<font color="color"\>str\</font\>
fontsize(size)	\<font size="size"\>str\</font\>
link(URL)	\<a href="URL"\>str\</a\>
small()	\<small\>str\</small\>
strike()	\<strike\>str\</strike\>
italics()	\<i\>italics\</i\>
sub()	\<sub\>str\</sub\>
sup()	\<sup\>str\</sup\>

以上是通過 JS 生成一個 html 標籤,根據經驗,沒什麼太大用處,做個瞭解。

```
var box = 'Lee';                          //
alert(box.link('http://www.yc60.com'));   //超連結
```

第 14 章
內置對象

學習要點：

1. Global 對象
2. Math 對象

ECMA-262 對內置對象的定義是：「由 ECMAScript 實現提供的、不依賴宿主環境的對象,這些對象在 ECMAScript 程序執行之前就已經存在了。」意思就是說,開發人員不必顯示實例化內置對象,因為它們已經實例化了。ECMA-262 只定義了兩個內置對象：Global 和 Math。

一、Global 對象

Global(全局)對象是 ECMAScript 中一個特別的對象,因為這個對象是不存在的。在 ECMAScript 中不屬於任何其他對象的屬性和方法,只屬於它的屬性和方法。所以,事實上,並不存在全局變量和全局函數;所有在全局作用域定義的變量和函數,都是 Global 對象的屬性和方法。

PS:因為 ECMAScript 沒有定義怎麼調用 Global 對象,所以,Global.屬性或者 Global.方法()都是無效的(Web 瀏覽器將 Global 作為 window 對象的一部分加以實現)。

Global 對象有一些內置的屬性和方法：

1. URI 編碼方法

URI 編碼可以對連結進行編碼,以便發送給瀏覽器。它們採用特殊的 UTF-8 編碼替換所有無效字符,從而讓瀏覽器能夠接受和理解。

encodeURI()不會對本身屬於 URI 的特殊字符進行編碼,例如冒號、正斜杠、問號和#號;而 encodeURIComponent()則會對它發現的任何非標準字符進行編碼。

```
var box = '                        //Lee 李';
alert(encodeURI(box));             //只編碼了中文

var box = '                        //Lee 李';
```

```
alert(encodeURIComponent(box));          //特殊字符和中文編碼了
```

PS：因為 encodeURIComponent( ) 編碼比 encodeURI( ) 編碼來得更加徹底，一般來說 encodeURIComponent( ) 使用頻率要高一些。

使用了 URI 編碼過后，還可以進行解碼，通過 decodeURI( ) 和 decodeURIComponent( ) 來進行解碼

```
var box = '                              //Lee 李';
alert(decodeURI(encodeURI(box)));        //還原

var box = '                              //Lee 李';
alert(decodeURIComponent(encodeURIComponent(box)));   //還原
```

PS：URI 方法如上所述的四種，用於代替已經被 ECMA-262 第 3 版廢棄的 escape( ) 和 unescape( ) 方法。URI 方法能夠編碼所有的 Unicode 字符，而原來的只能正確地編碼 ASCII 字符。所以建議不要再使用 escape( ) 和 unescape( ) 方法。

2. eval( ) 方法

eval( ) 方法主要擔當一個字符串解析器的作用，它只接受一個參數，而這個參數就是要執行的 JavaScript 代碼的字符串。

```
eval('var box = 100');                   //解析了字符串代碼
alert(box);
eval('alert(100)');                      //同上

eval('function box() { return 123 }');   //函數也可以
alert(box());
```

eval( ) 方法的功能非常強大，但也非常危險，因此使用的時候必須極為謹慎。特別是在用戶輸入數據的情況下，非常有可能導致程序的安全受到威脅，比如代碼注入等。

3. Global 對象屬性

Global 對象包含了一些屬性，如 undefined、NaN、Object、Array、Function 等。
```
alert(Array);                            //返回構造函數
```

4. window 對象

之前已經說明，Global 沒有辦法直接訪問，而 Web 瀏覽器可以使用 window 對象來實現全局訪問。
```
alert(window.Array);                     //同上
```

二、Math 對象

ECMAScript 還為保存數學公式和信息提供了一個對象,即 Math 對象。與我們在 JavaScript 直接編寫計算功能相比,Math 對象提供的計算功能執行起來要快得多。

1. Math 對象的屬性

Math 對象包含的屬性大多都是數學計算中可能會用到的一些特殊值。

屬　性	說　明
Math.E	自然對數的底數,即常量 e 的值
Math.LN10	10 的自然對數
Math.LN2	2 的自然對數
Math.LOG2E	以 2 為底 e 的對數
Math.LOG10E	以 10 為底 e 的對數
Math.PI	Π 的值
Math.SQRT1_2	1/2 的平方根
Math.SQRT2	2 的平方根

```
alert( Math.E ) ;                //
alert( Math.LN10 ) ;
alert( Math.LN2 ) ;
alert( Math.LOG2E ) ;
alert( Math.LOG10E ) ;
alert( Math.PI ) ;
alert( Math.SQRT1_2 ) ;
alert( Math.SQRT2 ) ;            //
```

2. min( )和 max( )方法

Math.min( )用於確定一組數值中的最小值;Math.max( )用於確定一組數值中的最大值。

```
alert( Math.min(2,4,3,6,3,8,0,1,5) ) ;    //最小值
alert( Math.max(4,7,8,3,1,9,6,0,3,2) ) ;  //最大值
```

3. 舍入方法

Math.ceil( )執行向上舍入,即它總是將數值向上舍入為最接近的整數。
Math.floor( )執行向下舍入,即它總是將數值向下舍入為最接近的整數。
Math.round( )執行標準舍入,即它總是將數值四舍五入為最接近的整數。

```
alert( Math.ceil(25.9) ) ;       //26
```

```
alert( Math.ceil( 25.5 ) );            //26
alert( Math.ceil( 25.1 ) );            //26

alert( Math.floor( 25.9 ) );           //25
alert( Math.floor( 25.5 ) );           //25
alert( Math.floor( 25.1 ) );           //25

alert( Math.round( 25.9 ) );           //26
alert( Math.round( 25.5 ) );           //26
alert( Math.round( 25.1 ) );           //25
```

4. random( )方法

Math.random( )方法返回介於 0 到 1 之間一個隨機數,不包括 0 和 1。如果想大於這個範圍的話,可以套用一下公式:

值 = Math.floor(Math.random( ) * 總數 + 第一個值)

```
alert( Math.floor( Math.random( ) * 10 + 1 ) );//隨機產生 1-10 之間的任意數
for ( var i = 0; i<10;i ++) {
    document.write( Math.floor( Math.random( ) * 10 + 5 ) );//5-14 之間的任意數
    document.write('<br />');
}
```

為了更加方便地傳遞想要的範圍,可以寫成函數:

```
function selectFrom( lower, upper) {
    var sum = upper - lower + 1;       //總數-第一個數+1
    return Math.floor( Math.random( ) * sum + lower );
}

for ( var i=0 ;i<10;i++) {
    document.write( selectFrom(5,10) );  //直接傳遞範圍即可
    document.write('<br />');
}
```

5. 其他方法

方　　法	說　　明
Math.abs(num)	返回 num 的絕對值
Math.exp(num)	返回 Math.E 的 num 次冪
Math.log(num)	返回 num 的自然對數

續上表

方　　法	說　　明
Math.pow(num,power)	返回 num 的 power 次冪
Math.sqrt(num)	返回 num 的平方根
Math.acos(x)	返回 x 的反餘弦值
Math.asin(x)	返回 x 的反正弦值
Math.atan(x)	返回 x 的反正切值
Math.atan2(y,x)	返回 y/x 的反正切值
Math.cos(x)	返回 x 的餘弦值
Math.sin(x)	返回 x 的正弦值
Math.tan(x)	返回 x 的正切值

第 15 章
面向對象與原型

學習要點：

1. 學習條件
2. 創建對象
3. 原型
4. 繼承

ECMAScript 有兩種開發模式：函數式（過程化）和面向對象（OOP）。面向對象的語言有一個標誌，那就是類的概念，而通過類可以創建任意多個具有相同屬性和方法的對象。但是，ECMAScript 沒有類的概念，因此它的對象也與基於類的語言中的對象有所不同。

一、學習條件

在 JavaScript 視頻課程第一節課，我們就已經聲明過，JavaScript 課程需要大量的基礎。這裡，我們再詳細探討一下：

（1）xhtml 基礎：JavaScript 方方面面都需要用到。
（2）扣代碼基礎：比如 XHTML、ASP、PHP 課程中的項目都有 JS 扣代碼的過程。
（3）面向對象基礎：JS 的面向對象是非正統且怪異的，必須有正統面向對象基礎。
（4）以上三大基礎，必須是基於項目中掌握的基礎，只是學習基礎知識不夠牢固，必須在項目中掌握上面的基礎即可。

以上基礎可以推薦的教程：xhtml（83 課時）、asp（200 課時）、php 第一季（136 課時）、關於面向對象部分，可以選擇 php 第二季和 php 第三季，也可以選擇市面上比較優秀的 java 教程，java 教程都是面向對象的。

二、創建對象

創建一個對象，然後給這個對象新建屬性和方法。

```javascript
var box = new Object();                //創建一個 Object 對象
box.name = 'Lee';                      //創建一個 name 屬性並賦值
box.age = 100;                         //創建一個 age 屬性並賦值
box.run = function () {                //創建一個 run() 方法並返回值
    return this.name + this.age + '運行中...';
};
alert(box.run());                      //輸出屬性和方法的值
```

上面創建了一個對象,並且創建屬性和方法,在 run() 方法裡的 this,就是代表 box 對象本身。這種是 JavaScript 創建對象最基本的方法,但有個缺點,想創建一個類似的對象,就會產生大量的代碼。

```javascript
var box2 = box;                        //得到 box 的引用
box2.name = 'Jack';                    //直接改變了 name 屬性
alert(box2.run());                     //用 box.run() 發現 name 也改變了

var box2 = new Object();
box2.name = 'Jack';
box2.age = 200;
box2.run = function () {
    return this.name + this.age + '運行中...';
};
alert(box2.run());                     //這樣才避免和 box 混淆,從而保持獨立
```

為瞭解決多個類似對象聲明的問題,我們可以使用一種叫做工廠模式的方法,這種方法就是為瞭解決實例化對象產生大量重複的問題。

```javascript
function createObject(name, age) {     //集中實例化的函數
    var obj = new Object();
    obj.name = name;
    obj.age = age;
    obj.run = function () {
        return this.name + this.age + '運行中...';
    };
    return obj;
}

var box1 = createObject('Lee', 100);   //第一個實例
var box2 = createObject('Jack', 200);  //第二個實例
alert(box1.run());
alert(box2.run());                     //保持獨立
```

工廠模式解決了重複實例化的問題,但還有一個問題,那就是識別問題,因為根本無法搞清楚它們到底是哪個對象的實例。
```
alert(typeof box1);                    //Object
alert(box1 instanceof Object);         //true
```

ECMAScript 中可以採用構造函數(構造方法)來創建特定的對象,類似於 Object 對象。
```
function Box(name, age) {              //構造函數模式
    this.name = name;
    this.age = age;
    this.run = function () {
        return this.name + this.age + '運行中...';
    };
}

var box1 = new Box('Lee', 100);        //new Box()即可
var box2 = new Box('Jack', 200);
alert(box1.run());
alert(box1 instanceof Box);            //很清晰地識別它從屬於 Box
```

使用構造函數的方法,既解決了重複實例化的問題,又解決了對象識別的問題,但問題是,這裡並沒有 new Object(),為什麼可以實例化 Box()?這個是哪裡來的呢?
使用了構造函數的方法,和使用工廠模式的方法它們不同之處如下:
(1)構造函數方法沒有顯示的創建對象(new Object());
(2)直接將屬性和方法賦值給 this 對象;
(3)沒有 renturn 語句。

構造函數的方法有一些規範:
(1)函數名和實例化構造名相同且大寫(非強制,但這樣寫有助於區分構造函數和普通函數);
(2)通過構造函數創建對象,必須使用 new 運算符。

既然通過構造函數可以創建對象,那麼這個對象是哪裡來的,new Object()在什麼地方執行了?執行的過程如下:
(1)當使用了構造函數,並且 new 構造函數(),那麼就后臺執行了 new Object();
(2)將構造函數的作用域給新對象(即 new Object()創建出的對象),而函數體內的 this 就代表 new Object()出來的對象;
(3)執行構造函數內的代碼;
(4)返回新對象(后臺直接返回)。

關於 this 的使用，this 其實就是代表當前作用域對象的引用。如果在全局範圍 this 就代表 window 對象；如果在構造函數體內，就代表當前的構造函數所聲明的對象。

```
var box = 2;
alert(this.box);                     //全局,代表 window
```

構造函數和普通函數的唯一區別，就是它們調用的方式不同。只不過，構造函數也是函數，必須用 new 運算符來調用，否則就是普通函數。

```
var box = new Box('Lee', 100);        //構造模式調用
alert(box.run());

Box('Lee', 20);                       //普通模式調用,無效

var o = new Object();
Box.call(o, 'Jack', 200)              //對象冒充調用
alert(o.run());
```

探討構造函數內部方法(或函數)的問題，首先看下兩個實例化後的屬性或方法是否相等。

```
var box1 = new Box('Lee', 100);       //傳遞一致
var box2 = new Box('Lee', 100);       //同上

alert(box1.name == box2.name);        //true,屬性的值相等
alert(box1.run == box2.run);          //false,方法其實也是一種引用地址
alert(box1.run() == box2.run());      //true,方法的值相等,因為傳參一致
```

可以把構造函數裡的方法(或函數)用 new Function() 方法來代替，得到一樣的效果，更加證明，它們最終判斷的是引用地址,唯一性。

```
function Box(name, age) {             //new Function()唯一性
    this.name = name;
    this.age = age;
    this.run = new Function("return this.name + this.age + '運行中...'");
}
```

我們可以通過構造函數外面綁定同一個函數的方法來保證引用地址的一致性，但這種做法沒什麼必要，只是加深學習瞭解：

```
function Box(name, age) {
    this.name = name;
    this.age = age;
    this.run = run;
}
```

```
function run() {                    //通過外面調用,保證引用地址一致
    return this.name + this.age + '運行中...';
}
```

雖然使用了全局的函數 run() 來解決了保證引用地址一致的問題,但這種方式又帶來了一個新的問題,全局中的 this 在對象調用的時候是 Box 本身,而當作普通函數調用的時候,this 又代表 window。

三、原型

我們創建的每個函數都有一個 prototype(原型)屬性,這個屬性是一個對象,它的用途是包含可以由特定類型的所有實例共享的屬性和方法。邏輯上可以這麼理解:prototype 通過調用構造函數而創建的那個對象的原型對象。使用原型的好處可以讓所有對象實例共享它所包含的屬性和方法。也就是說,不必在構造函數中定義對象信息,而是可以直接將這些信息添加到原型中。

```
function Box() {}                          //聲明一個構造函數

Box.prototype.name = 'Lee';                //在原型裡添加屬性
Box.prototype.age = 100;
Box.prototype.run = function() {           //在原型裡添加方法
    return this.name + this.age + '運行中...';
};
```

比較一下原型內的方法地址是否一致:

```
var box1 = new Box();
var box2 = new Box();
alert(box1.run == box2.run);               //true,方法的引用地址保持一致
```

為了更進一步瞭解構造函數的聲明方式和原型模式的聲明方式,我們通過圖示來瞭解一下:

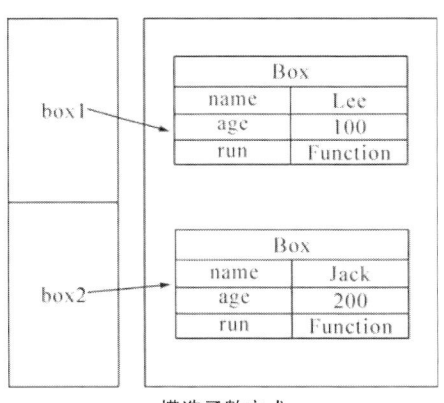

Box	
name	Lee
age	100
run	Function

box1 →

Box	
name	Jack
age	200
run	Function

box2 →

構造函數方式

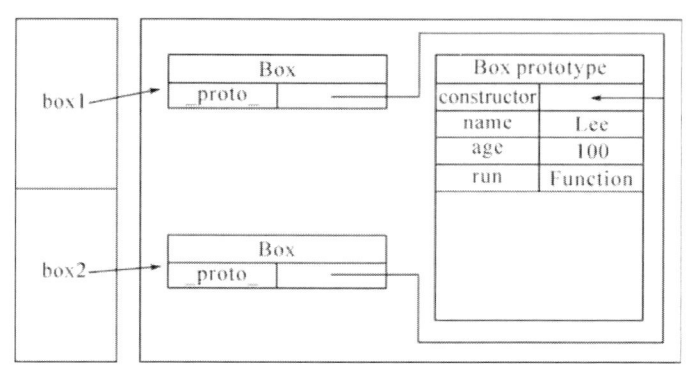

```
        ┌─────────────────────────────────────────────────┐
        │       ┌──────────────┐      ┌──────────────────┐│
        │       │     Box      │      │  Box prototype   ││
  box1──┼──────▶│ proto        │─────▶│ constructor      ││◀──┐
        │       └──────────────┘      │ name      Lee    ││   │
        │                             │ age       100    ││   │
        │                             │ run       Function││  │
        │                             └──────────────────┘│   │
        │                                                  │   │
        │       ┌──────────────┐                           │   │
        │       │     Box      │                           │   │
  box2──┼──────▶│ proto        │───────────────────────────┼───┘
        │       └──────────────┘                           │
        └─────────────────────────────────────────────────┘
                         原型模式方式
```

在原型模式聲明中，多了兩個屬性，這兩個屬性都是創建對象時自動生成的。__proto__屬性是實例指向原型對象的一個指針，它的作用就是指向構造函數的原型屬性constructor。通過這兩個屬性，就可以訪問到原型裡的屬性和方法了。

PS：IE 瀏覽器在腳本訪問__proto__會不能識別，火狐和谷歌瀏覽器及其他某些瀏覽器均能識別。雖然可以輸出，但無法獲取內部信息。

  alert(box1.__proto__);   //[object Object]

判斷一個對象是否指向了該構造函數的原型對象，可以使用 isPrototypeOf( ) 方法來測試。

  alert(Box.prototype.isPrototypeOf(box)); //只要實例化對象，即都會指向

原型模式的執行流程：
（1）先查找構造函數實例裡的屬性或方法，如果有，立刻返回；
（2）如果構造函數實例裡沒有，則需要來到它的原型對象裡找，如果有，就返回。

雖然我們可以通過對象實例訪問保存在原型中的值，但卻不能訪問通過對象實例重寫原型中的值。

  var box1 = new Box( );
  alert(box1.name);   //Lee，原型裡的值
  box1.name = 'Jack';
  alert(box.1name);   //Jack，就近原則

  var box2 = new Box( );
  alert(box2.name);   //Lee，原型裡的值，沒有被 box1 修改

如果想要 box1 也能在后面繼續訪問到原型裡的值，可以把構造函數裡的屬性刪除即可，具體如下：

  delete box1.name;   //刪除屬性

alert(box1.name);

如何判斷屬性是在構造函數的實例裡，還是在原型裡？可以使用 hasOwnProperty() 函數來驗證：

alert(box.hasOwnProperty('name'));   //實例裡有返回 true,否則返回 false

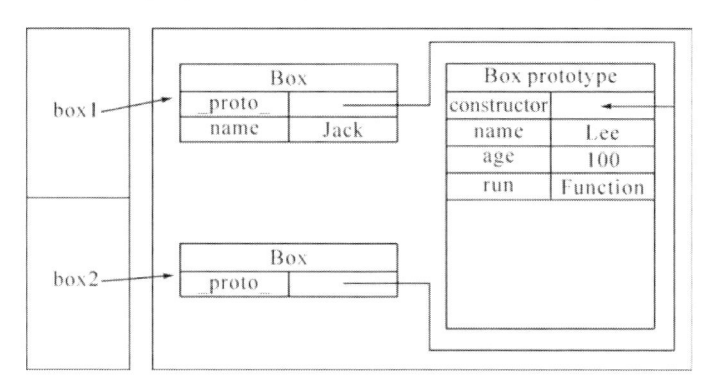

構造函數實例屬性和原型屬性示意圖

in 操作符會在通過對象能夠訪問給定屬性時返回 true,無論該屬性存在於實例中還是原型中。

alert('name' in box);   //true,存在實例中或原型中

我們可以通過 hasOwnProperty() 方法檢測屬性是否存在實例中,也可以通過 in 來判斷實例或原型中是否存在屬性。那麼結合這兩種方法,可以判斷原型中是否存在屬性。

```
function isProperty(object, property) {    //判斷原型中是否存在屬性
    return !object.hasOwnProperty(property) && (property in object);
}

var box = new Box();
alert(isProperty(box, 'name'))    //true,如果原型有
```

為了讓屬性和方法更好地體現封裝的效果,並且減少不必要的輸入,原型的創建可以使用字面量的方式：

```
function Box() {};
Box.prototype = {    //使用字面量的方式
    name : 'Lee',
    age : 100,
    run : function () {
        return this.name + this.age + '運行中...';
    }
};
```

使用構造函數創建原型對象和使用字面量創建對象在使用上基本相同,但還是有一些區別,字面量創建的方式使用 constructor 屬性不會指向實例,而會指向 Object,構造函數創建的方式則相反。

```
var box = new Box();
alert(box instanceof Box);
alert(box instanceof Object);
alert(box.constructor == Box);          //字面量方式,返回 false,否則,true
alert(box.constructor == Object);       //字面量方式,返回 true,否則,false
```

如果想讓字面量方式的 constructor 指向實例對象,那麼可以這麼做:

```
Box.prototype = {
    constructor : Box,                  //直接強制指向即可
};
```

PS:字面量方式為什麼 constructor 會指向 Object? 因為 Box.prototype = {};這種寫法其實就是創建了一個新對象。而每創建一個函數,會同時創建它 prototype,這個對象也會自動獲取 constructor 屬性。所以,新對象的 constructor 重寫了 Box 原來的 constructor,因此會指向新對象,那個新對象沒有指定構造函數,那麼就默認為 Object。

原型的聲明是有先后順序的,所以,重寫的原型會切斷之前的原型。

```
function Box() {};

Box.prototype = {                       //原型被重寫了
    constructor : Box,
    name : 'Lee',
    age : 100,
    run : function () {
        return this.name + this.age + '運行中...';
    }
};

Box.prototype = {
    age = 200
};

var box = new Box();                    //在這裡聲明
alert(box.run());                       //box 只是最初聲明的原型
```

原型對象不僅僅可以在自定義對象的情況下使用,而 ECMAScript 內置的引用類型都

可以使用這種方式,並且內置的引用類型本身也使用了原型。

```
alert(Array.prototype.sort);              //sort 就是 Array 類型的原型方法
    alert(String.prototype.substring);    //substring 就是 String 類型的原型方法

String.prototype.addstring = function () { //給 String 類型添加一個方法
    return this + ',被添加了!';            //this 代表調用的字符串
};

alert('Lee'.addstring());                  //使用這個方法
```

PS:儘管給原生的內置引用類型添加方法使用起來特別方便,但我們不推薦使用這種方法。因為它可能會導致命名衝突,不利於代碼維護。

原型模式創建對象也有自己的缺點,它省略了構造函數傳參初始化這一過程,帶來的缺點就是初始化的值都是一致的。而原型最大的缺點就是它最大的優點,那就是共享。

原型中所有屬性是被很多實例共享的,共享對於函數非常合適,對於包含基本值的屬性也還可以。但如果屬性包含引用類型,就存在一定的問題:

```
function Box() {};
Box.prototype = {
    constructor : Box,
    name : 'Lee',
    age : 100,
    family : ['父親', '母親', '妹妹'],     //添加了一個數組屬性
    run : function () {
        return this.name + this.age + this.family;
    }
};

var box1 = new Box();
box1.family.push('哥哥');                  //在實例中添加'哥哥'
alert(box1.run());

var box2 = new Box();
alert(box2.run());                         //共享帶來的麻煩,也有'哥哥'了
```

PS:數據共享的緣故,導致很多開發者放棄使用原型,因為每次實例化出的數據需要保留自己的特性,而不能共享。

為瞭解決構造傳參和共享問題，可以組合構造函數+原型模式：

```javascript
function Box(name, age) {            //不共享的使用構造函數
    this.name = name;
    this.age = age;
    this.family = ['父親', '母親', '妹妹'];
};
Box.prototype = {                    //共享的使用原型模式
    constructor : Box,
    run : function () {
        return this.name + this.age + this.family;
    }
};
```

PS:這種混合模式很好地解決了傳參和引用共享的大難題。是創建對象比較好的方法。

原型模式，不管你是否調用了原型中的共享方法，它都會初始化原型中的方法、並且在聲明一個對象時，構造函數+原型部分讓人感覺又很怪異，最好就是把構造函數和原型封裝到一起。為瞭解決這個問題，我們可以使用動態原型模式。

```javascript
function Box(name, age) {            //將所有信息封裝到函數體內
    this.name = name;
    this.age = age;

    if (typeof this.run != 'function') { //僅在第一次調用的初始化
        Box.prototype.run = function () {
            return this.name + this.age + '運行中...';
        };
    }
}

var box = new Box('Lee', 100);
alert(box.run());
```

當第一次調用構造函數時，run()方法發現不存在，然后初始化原型。當第二次調用，就不會初始化，並且第二次創建新對象，原型也不會再初始化了。這樣既得到了封裝，又實現了原型方法共享，並且屬性都保持獨立。

```javascript
    if (typeof this.run != 'function') {
        alert('第一次初始化');           //測試用
        Box.prototype.run = function () {
            return this.name + this.age + '運行中...';
```

```
    };
}

var box = new Box('Lee', 100);         //第一次創建對象
alert(box.run());                      //第一次調用
alert(box.run());                      //第二次調用

var box2 = new Box('Jack', 200);       //第二次創建對象
alert(box2.run());
alert(box2.run());
```

PS：使用動態原型模式，要注意一點，不可以再使用字面量的方式重寫原型，因為會切斷實例和新原型之間的聯繫。

以上講解了各種方式對象創建的方法，如果這幾種方式都不能滿足需求，可以使用一開始那種模式，即寄生構造函數。

```
function Box(name, age) {
    var obj = new Object();
    obj.name = name;
    obj.age = age;
    obj.run = function () {
        return this.name + this.age + '運行中...';
    };
    return obj;
}
```

寄生構造函數，其實就是工廠模式+構造函數模式。這種模式比較通用，但不能確定對象關係，所以，在可以使用之前所說的模式時，不建議使用此模式。

在什麼情況下使用寄生構造函數比較合適呢？假設要創建一個具有額外方法的引用類型。由於之前說明不建議直接 String.prototype.addstring，可以通過寄生構造的方式添加。

```
function myString(string) {
    var str = new String(string);
    str.addstring = function () {
        return this + ',被添加了！';
    };
    return str;
}

var box = new myString('Lee');         //比直接在引用原型添加要繁瑣好多
```

```
alert(box.addstring());
```

在一些安全的環境中,比如禁止使用 this 和 new,這裡的 this 是構造函數裡不使用 this,這裡的 new 是在外部實例化構造函數時不使用 new。這種創建方式叫做穩妥構造函數。

```
function Box(name , age) {
    var obj = new Object();
    obj.run = function () {
        return name + age + '運行中...';  //直接打印參數即可
    };
    return obj;
}

var box = Box('Lee', 100);              //直接調用函數
alert(box.run());
```

PS:穩妥構造函數和寄生類似。

四、繼承

繼承是面向對象中一個比較核心的概念。其他正統面向對象語言都會用兩種方式實現繼承:一個是接口實現;另一個是繼承。而 ECMAScript 只支持繼承,不支持接口實現,而實現繼承的方式依靠原型鏈完成。

```
function Box() {                         //Box 構造
    this.name = 'Lee';
}

function Desk() {                        //Desk 構造
    this.age = 100;
}

Desk.prototype = new Box();              //Desc 繼承了 Box,通過原型,形成鏈條

var desk = new Desk();
alert(desk.age);
alert(desk.name);                        //得到被繼承的屬性

function Table() {                       //Table 構造
    this.level = 'AAAAA';
```

```
Table.prototype = new Desk();          //繼續原型鏈繼承

var table = new Table();
alert(table.name);                     //繼承了 Box 和 Desk
```

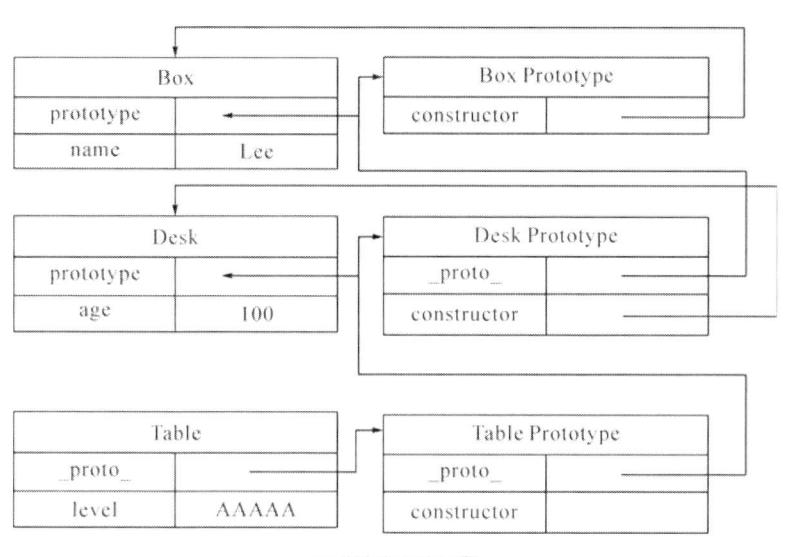

Box		Box Prototype	
prototype		constructor	
name	Lee		

Desk		Desk Prototype	
prototype		_proto_	
age	100	constructor	

Table		Table Prototype	
proto		_proto_	
level	AAAAA	constructor	

原型鏈繼承流程圖

如果要實例化 table,那麼 Desk 實例中有 age=100,原型中增加相同的屬性 age=200,最后結果是多少呢?

```
Desk.prototype.age = 200;              //實例和原型中均包含 age
```

PS:以上原型鏈繼承還缺少一環,那就是 Obejct,所有的構造函數都繼承自 Obejct。而繼承 Object 是自動完成的,並不需要程序員手動繼承。

經過繼承后的實例,它們的從屬關係會怎樣呢?
```
alert(table instanceof Object);        //true
alert(desk instanceof Table);          //false,desk 是 table 的超類
alert(table instanceof Desk);          //true
alert(table instanceof Box);           //true
```

在 JavaScript 裡,被繼承的函數稱為超類型(父類,基類也行,其他語言叫法),繼承的函數稱為子類型(子類,派生類)。繼承也有之前問題,比如字面量重寫原型會中斷關係,使用引用類型的原型,並且子類型還無法給超類型傳遞參數。

為瞭解決引用共享和超類型無法傳參的問題,我們採用一種叫借用構造函數的技

術,或者成為對象冒充(偽造對象、經典繼承)的技術來解決這兩種問題。

```
function Box(age) {
    this.name = ['Lee', 'Jack', 'Hello'];
    this.age = age;
}

function Desk(age) {
    Box.call(this, age);            //對象冒充,給超類型傳參
}

var desk = new Desk(200);
alert(desk.age);
alert(desk.name);
desk.name.push('AAA');              //添加的新數據,只給 desk
alert(desk.name);
```

借用構造函數雖然解決了剛才兩種問題,但沒有原型,復用則無從談起。所以,我們需要原型鏈+借用構造函數的模式,這種模式成為組合繼承。

```
function Box(age) {
    this.name = ['Lee', 'Jack', 'Hello'];
    this.age = age;
}

Box.prototype.run = function () {
    return this.name + this.age;
};

function Desk(age) {
    Box.call(this, age);            //對象冒充
}

Desk.prototype = new Box();         //原型鏈繼承

var desk = new Desk(100);
alert(desk.run());
```

還有一種繼承模式叫做原型式繼承;這種繼承借助原型並基於已有的對象創建新對象,同時還不必因此創建自定義類型。

```
function obj(o) {                   //傳遞一個字面量函數
    function F() {}                 //創建一個構造函數
```

```
        F.prototype = o;               //把字面量函數賦值給構造函數的原型
        return new F();                //最終返回出實例化的構造函數
}

    var box = {                        //字面量對象
        name : 'Lee',
        arr : ['哥哥','妹妹','姐姐']
    };

    var box1 = obj(box);               //傳遞
    alert(box1.name);
    box1.name = 'Jack';
    alert(box1.name);

    alert(box1.arr);
    box1.arr.push('父母');
    alert(box1.arr);

    var box2 = obj(box);               //傳遞
    alert(box2.name);
    alert(box2.arr);                   //引用類型共享了
```

寄生式繼承把原型式+工廠模式結合而來,目的是為了封裝創建對象的過程。

```
    function create(o) {               //封裝創建過程
        var f= obj(o);
        f.run = function () {
            return this.arr;           //同樣,會共享引用
        };
        return f;
    }
```

組合式繼承是 JavaScript 最常用的繼承模式;但,組合式繼承也有一點小問題,就是超類型在使用過程中會被調用兩次:一次是創建子類型的時候,另一次是在子類型構造函數的內部。

```
    function Box(name) {
        this.name = name;
        this.arr = ['哥哥','妹妹','父母'];
    }
```

```
Box.prototype.run = function () {
    return this.name;
};

function Desk(name, age) {
    Box.call(this, name);              //第二次調用 Box
    this.age = age;
}

Desk.prototype = new Box();            //第一次調用 Box
```

以上代碼是之前的組合繼承，那麼寄生組合繼承，解決了兩次調用的問題。

```
function obj(o) {
    function F() {}
    F.prototype = o;
    return new F();
}

function create(box, desk) {
    var f = obj(box.prototype);
    f.constructor = desk;
    desk.prototype = f;
}

function Box(name) {
    this.name = name;
    this.arr = ['哥哥','妹妹','父母'];
}

Box.prototype.run = function () {
    return this.name;
};

function Desk(name, age) {
Box.call(this, name);
this.age = age;
}

inPrototype(Box, Desk);                //通過這裡實現繼承
```

```
var desk = new Desk('Lee',100);
desk.arr.push('姐姐');
alert(desk.arr);
alert(desk.run());                    //只共享了方法

var desk2 = new Desk('Jack', 200);
alert(desk2.arr);                     //引用問題解決
```

第 16 章
匿名函數和閉包

學習要點：

1. 匿名函數
2. 閉包

匿名函數就是沒有名字的函數，閉包是可訪問一個函數作用域裡變量的函數。聲明：本節內容需要有面向對象和少量設計模式基礎，否則無法聽懂（所需基礎在第 15 章的時候已經聲明過了）。

一、匿名函數

```
//普通函數
function box() {                    //函數名是 box
    return 'Lee';
}

//匿名函數
function () {                       //匿名函數,會報錯
    return 'Lee';
}

//通過表達式自我執行
(function box() {                   //封裝成表達式
    alert('Lee');
})();                               //() 表示執行函數,並且傳參

//把匿名函數賦值給變量
var box = function () {             //將匿名函數賦給變量
    return 'Lee';
```

```
    };
    alert(box());                          //調用方式和函數調用相似

//函數裡的匿名函數
function box() {
    return function() {                    //函數裡的匿名函數,產生閉包
        return 'Lee';
    };
}
alert(box());                              //調用匿名函數
```

二、閉包

閉包是指有權訪問另一個函數作用域中的變量的函數,創建閉包的常見方式,就是在一個函數內部創建另一個函數,通過另一個函數訪問這個函數的局部變量。

```
//通過閉包可以返回局部變量
function box() {
    var user = 'Lee';
    return function() {                    //通過匿名函數返回box()局部變量
        return user;
    };
}
alert(box()());                            //通過box()()來直接調用匿名函數返回值

var b = box();
alert(b());                                //另一種調用匿名函數返回值
```

使用閉包有一個優點,此優點也是它的缺點:就是可以把局部變量駐留在內存中,可以避免使用全局變量(全局變量污染導致應用程序不可預測性,每個模塊都可調用必將引來災難,所以推薦使用私有的、封裝的局部變量)。

```
//通過全局變量來累加
var age = 100;                             //全局變量
function box() {
    age ++;                                //模塊級可以調用全局變量,進行累加
}
box();                                     //執行函數,累加了
alert(age);                                //輸出全局變量
```

```javascript
//通過局部變量無法實現累加
function box() {
    var age = 100;
    age ++;                              //累加
    return age;
}

alert(box());                            //101
alert(box());                            //101,無法實現,因為又被初始化了

//通過閉包可以實現局部變量的累加
function box() {
    var age = 100;
    return function () {
        age ++;
        return age;
    }
}
var b = box();                           //獲得函數
alert(b());                              //調用匿名函數
alert(b());                              //第二次調用匿名函數,實現累加
```

PS:由於閉包裡作用域返回的局部變量資源不會被立刻銷毀回收,所以可能會占用更多的內存。過度使用閉包會導致性能下降,建議在非常有必要的時候才使用閉包。

作用域鏈的機制導致一個問題,在循環裡的匿名函數取得的任何變量都是最後一個值。

```javascript
//循環裡包含匿名函數
function box() {
    var arr = [];

    for (var i = 0; i < 5; i++) {
        arr[i] = function () {
            return i;
        };
    }
    return arr;
}
```

```
var b = box();                          //得到函數數組
alert(b.length);                        //得到函數集合長度
for (var i = 0; i < b.length; i++) {
    alert(b[i]());                      //輸出每個函數的值,都是最后一個值
}
```

上面的例子輸出的結果都是 5,也就是循環后得到的最大的 i 值。因為 b[i] 調用的是匿名函數,匿名函數並沒有自我執行,等到調用的時候,box() 已執行完畢,i 早已變成 5,所以最終的結果就是 5 個 5。

```
//循環裡包含匿名函數-改1,自我執行匿名函數
function box() {
    var arr = [];

    for (var i = 0; i < 5; i++) {
        arr[i] = (function (num) {      //自我執行
            return num;
        })(i);                          //並且傳參
    }
    return arr;
}

var b = box();
for (var i = 0; i < b.length; i++) {
    alert(b[i]);                        //這裡返回的是數組,直接打印即可
}
```

改 1 中,我們讓匿名函數進行自我執行,導致最終返回給 a[i] 的是數組而不是函數了。最終導致 b[0]-b[4] 中保留了 0,1,2,3,4 的值。

```
//循環裡包含匿名函數-改2,匿名函數下再做個匿名函數
function box() {
    var arr = [];

    for (var i = 0; i < 5; i++) {
        arr[i] = (function (num) {
            return function () {        //直接返回值,改 2 變成返回函數
                return num;             //原理和改 1 一樣
            }
        })(i);
```

```
        }
        return arr;
    }

    var b = box();
    for (var i = 0; i < b.length; i++) {
        alert(b[i]());                          //這裡通過 b[i]() 函數調用即可
    }
```

改 1 和改 2 中,我們通過匿名函數自我執行,立即把結果賦值給 a[i]。每一個 i,是調用方通過按值傳遞的,所以最終返回的都是指定的遞增的 i,而不是 box() 函數裡的 i。

1. 關於 this 對象

在閉包中使用 this 對象也可能會導致一些問題,this 對象是在運行時基於函數的執行環境綁定的,如果 this 在全局範圍就是 window,如果在對象內部就指向這個對象。而閉包卻在運行時指向 window 的,因為閉包並不屬於這個對象的屬性或方法。

```
    var user = 'The Window';

    var obj = {
        user : 'The Object',
        getUserFunction : function () {
            return function () {                //閉包不屬於 obj,裡面的 this 指向 window
                return this.user;
            };
        }
    };

    alert(obj.getUserFunction()());             //The window

    //可以強制指向某個對象
    alert(obj.getUserFunction().call(obj));     //The Object

    //也可以從上一個作用域中得到對象
    getUserFunction : function () {
        var that = this;                        //從對象的方法裡得對象
        return function () {
            return that.user;
        };
    }
```

2. 內存泄漏

由於 IE 的 JScript 對象和 DOM 對象使用不同的垃圾收集方式,因此閉包在 IE 中會導致一些問題。就是內存泄漏的問題,也就是無法銷毀駐留在內存中的元素。以下代碼有兩個知識點還沒有學習到:一個是 DOM,另一個是事件。

```
function box() {
    var oDiv = document.getElementById('oDiv');//oDiv 用完之后一直駐留在內存
    oDiv.onclick = function () {
        alert(oDiv.innerHTML);          //這裡用 oDiv 導致內存泄漏
    };
}
box();
```

那麼在最后應該將 oDiv 解除引用來避免內存泄漏。

```
function box() {
    var oDiv = document.getElementById('oDiv');
    var text = oDiv.innerHTML;
    oDiv.onclick = function () {
        alert(text);
    };
    oDiv = null;                        //解除引用
}
```

PS:如果並沒有使用解除引用,那麼需要等到瀏覽器關閉才得以釋放。

3. 模仿塊級作用域

JavaScript 沒有塊級作用域的概念。

```
function box(count) {
    for (var i=0; i<count; i++) {}
    alert(i);                           //i 不會因為離開了 for 塊就失效
}
box(2);

function box(count) {
    for (var i=0; i<count; i++) {}
    var i;                              //就算重新聲明,也不會前面的值
    alert(i);
}
box(2);
```

以上兩個例子,說明 JavaScript 沒有塊級語句的作用域,if(){} for(){}等沒有作用域,如果有,出了這個範圍 i 就應該被銷毀了。就算重新聲明同一個變量也不會改變它的值。

JavaScript 不會提醒你是否多次聲明了同一個變量;遇到這種情況,它只會對後續的聲明視而不見(如果初始化了,當然還會執行的)。使用模仿塊級作用域可避免這個問題。

```
//模仿塊級作用域(私有作用域)
(function(){
    //這裡是塊級作用域
})();

//使用塊級作用域(私有作用域)改寫
function box(count){
    (function(){
        for(var i = 0; i<count; i++){}
    })();
    alert(i);                          //報錯,無法訪問
}
box(2);
```

使用了塊級作用域(私有作用域)后,匿名函數中定義的任何變量,都會在執行結束時被銷毀。這種技術經常在全局作用域中被用在函數外部,從而限制向全局作用域中添加過多的變量和函數。一般來說,我們都應該盡可能少向全局作用域中添加變量和函數。在大型項目中,多人開發的時候,過多的全局變量和函數很容易導致命名衝突,引起災難性的后果。如果採用塊級作用域(私有作用域),每個開發者既可以使用自己的變量,又不必擔心搞亂全局作用域。

```
(function(){
    var box = [1,2,3,4];
    alert(box);                        //box 出來就不認識了
})();
```

在全局作用域中使用塊級作用域可以減少閉包占用的內存問題,因為沒有指向匿名函數的引用。只要函數執行完畢,就可以立即銷毀其作用域鏈了。

4. 私有變量

JavaScript 沒有私有屬性的概念;所有的對象屬性都是公有的。不過,卻有一個私有變量的概念。任何在函數中定義的變量,都可以認為是私有變量,因為不能在函數的外部訪問這些變量。

```
function box() {
    var age = 100;                      //私有變量,外部無法訪問
}
```

而通過函數內部創建一個閉包,那麼閉包通過自己的作用域鏈也可以訪問這些變量。而利用這一點,可以創建用於訪問私有變量的公有方法。

```
function Box() {
    var age = 100;                      //私有變量
    function run() {                    //私有函數
        return '運行中...';
    }
    this.get = function () {            //對外公共的特權方法
        return age + run();
    };
}

var box = new Box();
alert(box.get());
```

可以通過構造方法傳參來訪問私有變量。

```
function Person(value) {
    var user = value;                   //這句其實可以省略
    this.getUser = function () {
        return user;
    };
    this.setUser = function (value) {
        user = value;
    };
}
```

但是對象的方法,在多次調用的時候,會多次創建。可以使用靜態私有變量來避免這個問題。

5. 靜態私有變量

通過塊級作用域(私有作用域)中定義私有變量或函數,同樣可以創建對外公共的特權方法。

```
(function () {
    var age = 100;
    function run() {
        return '運行中...';
```

```
        Box = function () {};              //構造方法
        Box.prototype.go = function () {   //原型方法
            return age + run();
        };
})();

var box = new Box();
alert(box.go());
```

上面的對象聲明,採用的是 Box = function () {} 而不是 function Box() {},因為如果用后面這種,就變成私有函數了,無法在全局訪問到了,所以使用了前面這種。

```
(function () {
    var user = '';
    Person = function (value) {
        user = value;
    };
    Person.prototype.getUser = function () {
        return user;
    };
    Person.prototype.setUser = function (value) {
        user = value;
    }
})();
```

使用了 prototype 導致方法共享了,而 user 也就變成靜態屬性了。(所謂靜態屬性,即共享於不同對象中的屬性)。

6. 模塊模式

之前採用的都是構造函數的方式來創建私有變量和特權方法,對象字面量方式就採用模塊模式來創建。

```
var box = {                    //字面量對象,也是單例對象
    age : 100,                 //這時公有屬性,將要改成私有
    run : function () {        //這時公有函數,將要改成私有
        return '運行中...';
    }
};
```

私有化變量和函數:
```
var box = function () {
```

```
    var age = 100;
    function run( ) {
        return '運行中...';
    }
    return {                            //直接返回對象
        go : function ( ) {
            return age + run( );
        }
    };
}( );
```

上面的直接返回對象的例子,也可以這麼寫:
```
var box = function ( ) {
    var age = 100;
    function run( ) {
        return '運行中...';
    }
    var obj = {                         //創建字面量對象
        go : function ( ) {
            return age + run( );
        }
    };
    return obj;                         //返回這個對象
}( );
```

字面量的對象聲明,其實在設計模式中可以看作是一種單例模式。所謂單例模式,就是永遠保持對象的一個實例。

增強的模塊模式,這種模式適合返回自定義對象,也就是構造函數。
```
function Desk( ) { };
var box = function ( ) {
    var age = 100;
    function run( ) {
        return '運行中...';
    }
    var desk = new Desk( );             //可以實例化特定的對象
    desk.go = function ( ) {
        return age + run( );
    };
    return desk;
}( );
alert( box.go( ) );
```

第 17 章
BOM

學習要點：

1. window 對象
2. location 對象
3. history 對象

BOM 也叫瀏覽器對象模型，它提供了很多對象，用於訪問瀏覽器的功能。BOM 缺少規範，每個瀏覽器提供商又按照自己想法去擴展它，那麼瀏覽器共有對象就成了事實的標準。所以，BOM 本身是沒有標準的或者還沒有哪個組織去將它標準化。

一、window 對象

BOM 的核心對象是 window，它表示瀏覽器的一個實例。window 對象處於 JavaScript 結構的最頂層，對於每個打開的窗口，系統都會自動為其定義 window 對象。

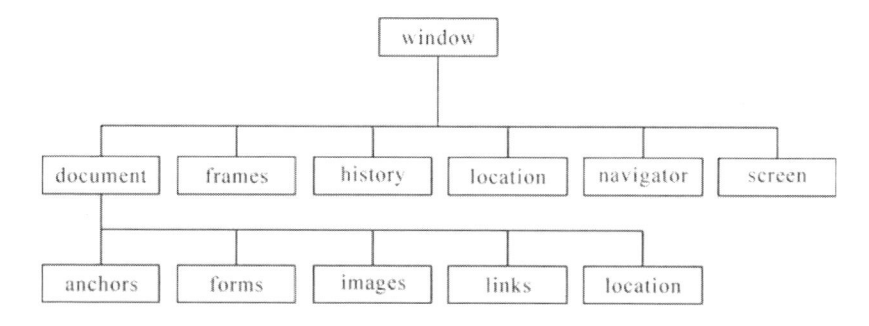

```
                    window
    ┌──────┬──────┬──────┬──────┬──────┐
 document frames history location navigator screen
    │                    │
 ┌──┼──┬──────┬──────┐
anchors forms images links location
```

1. 對象的屬性和方法

window 對象有一系列的屬性，這些屬性本身也是對象。

window **對象的屬性**

屬性	含義
closed	當窗口關閉時為真

續上表

屬性	含義
defaultStatus	窗口底部狀態欄顯示的默認狀態消息
document	窗口中當前顯示的文檔對象
frames	窗口中的框架對象數組
history	保存有窗口最近加載的 URL
length	窗口中的框架數
location	當前窗口的 URL
name	窗口名
offscreenBuffering	用於繪製新窗口內容並在完成後複製已存在的內容,控制屏幕更新
opener	打開當前窗口的窗口
parent	指向包含另一個窗口的窗口(由框架使用)
screen	顯示屏幕相關信息,如高度、寬度(以像素為單位)
self	指示當前窗口
status	描述由用戶交互導致的狀態欄的臨時消息
top	包含特定窗口的最頂層窗口(由框架使用)
window	指示當前窗口,與 self 等效

window 對象的方法

方法	功能
alert(text)	創建一個警告對話框,顯示一條信息
blur( )	將焦點從窗口移除
clearInterval(interval)	清除之前設置的定時器間隔
clearTimeOut(timer)	清除之前設置的超時
close( )	關閉窗口
confirm( )	創建一個需要用戶確認的對話框
focus( )	將焦點移至窗口
open(url,name,[options])	打開一個新窗口並返回新 window 對象
prompt(text,defaultInput)	創建一個對話框要求用戶輸入信息
scroll(x,y)	在窗口中滾動到一個像素點的位置
setInterval(expression,milliseconds)	經過指定時間間隔計算一個表達式
setInterval(function,milliseconds,[arguments])	經過指定時間間隔後調用一個函數
setTimeout(expression,milliseconds)	在定時器超過後計算一個表達式
setTimeout(expression,milliseconds,[arguments])	在定時器超過後計算一個函數
print( )	調出打印對話框
find( )	調出查找對話框

window 下的屬性和方法，可以使用 window.屬性、window.方法( ) 或者直接屬性、方法( ) 的方式調用。例如：window.alert( ) 和 alert( ) 是一個意思。

2. 系統對話框

瀏覽器通過 alert( )、confirm( ) 和 prompt( ) 方法可以調用系統對話框向用戶顯示信息。系統對話框與瀏覽器中顯示的網頁沒有關係，也不包含 HTML。

```
//彈出警告
alert(' Lee ');                          //直接彈出警告

//確定和取消
confirm('請確定或者取消');                //這裡按哪個都無效
if ( confirm('請確定或者取消') ) {        //confirm 本身有返回值
    alert('您按了確定！');                //按確定返回 true
} else {
    alert('您按了取消！');                //按取消返回 false
}

//輸入提示框
var num = prompt('請輸入一個數字', 0);    //兩個參數，一個提示，一個值
alert( num );                            //返回值可以得到

//調出打印及查找對話框
print( );                                //打印
find( );                                 //查找

defaultStatus = '狀態欄默認文本';         //瀏覽器底部狀態欄初始默認值
status = '狀態欄文本';                    //瀏覽器底部狀態欄設置值
```

3. 新建窗口

使用 window.open( ) 方法可以導航到一個特定的 URL，也可以打開一個新的瀏覽器窗口。它可以接受四個參數：① 要加載的 URL；② 窗口的名稱或窗口目標；③ 一個特性字符串；④ 一個表示新頁面是否取代瀏覽器記錄中當前加載頁面的布爾值。

```
open(' http://www.baidu.com ');                    //新建頁面並打開百度
open(' http://www.baidu.com ',' baidu ');          //新建頁面並命名窗口並打開百度
open(' http://www.baidu.com ','_parent ');         //在本頁窗口打開百度，_blank 是新建
```

PS：不命名會每次打開新窗口，命名的第一次打開新窗口，之後在這個窗口中加載。窗口目標是提供頁面打開的方式，比如本頁面，還是新建。

第三字符串參數

設置	值	說明
width	數值	新窗口的寬度;不能小於 100
height	數值	新窗口的高度;不能小於 100
top	數值	新窗口的 Y 坐標;不能是負值
left	數值	新窗口的 X 坐標;不能是負值
location	yes 或 no	是否在瀏覽器窗口中顯示地址欄;不同瀏覽器默認值不同
menubar	yes 或 no	是否在瀏覽器窗口顯示菜單欄;默認為 no
resizable	yes 或 no	是否可以通過拖動瀏覽器窗口的邊框改變大小;默認為 no
scrollbars	yes 或 no	如果內容在頁面中顯示不下,是否允許滾動;默認為 no
status	yes 或 no	是否在瀏覽器窗口中顯示狀態欄;默認為 no
toolbar	yes 或 no	是否在瀏覽器窗口中顯示工具欄;默認為 no
fullscreen	yes 或 no	瀏覽器窗口是否最大化;僅限 IE

```
//第三參數字符串
open('http://www.baidu.com','baidu','width=400,height=400,top=200,left=200,toolbar=yes');

//open 本身返回 window 對象
var box = open();
box.alert('');                    //可以指定彈出的窗口執行 alert();

//子窗口操作父窗口
document.onclick = function () {
    opener.document.write('子窗口讓我輸出的!');
}
```

4. 窗口的位置和大小

用來確定和修改 window 對象位置的屬性和方法有很多。IE、Safari、Opera 和 Chrome 都提供了 screenLeft 和 screenTop 屬性,分別用於表示窗口相對於屏幕左邊和上邊的位置。Firefox 則在 screenX 和 screenY 屬性中提供相同的窗口位置信息,Safari 和 Chrome 也同時支持這兩個屬性。

```
//確定窗口的位置,IE 支持
alert(screenLeft);                //IE 支持
alert(typeof screenLeft);         //IE 顯示 number,不支持的顯示 undefined

//確定窗口的位置,Firefox 支持
```

```
alert(screenX);                    //Firefox 支持
alert(typeof screenX);             //Firefox 顯示 number,不支持的同上
```

PS:screenX 屬性 IE 瀏覽器不認識,直接 alert(screenX),screenX 會當作一個為聲明的變量,導致不執行。那麼必須將它作為 window 屬性才能顯示為初始化變量應有的值,所以應該寫成 alert(window.screenX)。

```
//跨瀏覽器的方法
var leftX = (typeof screenLeft == 'number') ? screenLeft : screenX;
var topY = (typeof screenTop == 'number') ? screenTop : screenY;
```

窗口頁面大小,Firefox、Safari、Opera 和 Chrome 均為此提供了 4 個屬性;innerWidth 和 innerHeight,返回瀏覽器窗口本身的尺寸;outerWidth 和 outerHeight,返回瀏覽器窗口本身及邊框的尺寸。

```
alert(innerWidth);                 //頁面長度
alert(innerHeight);                //頁面高度
alert(outerWidth);                 //頁面長度+邊框
alert(outerHeight);                //頁面高度+邊框
```

PS:在 Chrome 中,innerWidth = outerWidth、innerHeight = outerHeight。IE 沒有提供當前瀏覽器窗口尺寸的屬性;不過,在后面的 DOM 課程中有提供相關的方法。

在 IE 以及 Firefox、Safari、Opera 和 Chrome 中,document.documentElement.clientWidth 和 document.documentElement.clientHeight 中保存了頁面窗口的信息。

PS:在 IE6 中,這些屬性必須在標準模式下才有效;如果是怪異模式,就必須通過 document.body.clientWidth 和 document.body.clientHeight 取得相同的信息。

```
//如果是 Firefox 瀏覽器,直接使用 innerWidth 和 innerHeight
var width = window.innerWidth;          //這裡要加 window,因為 IE 會無效
var height = window.innerHeight;

if (typeof width != 'number') {         //如果是 IE,就使用 document
    if (document.compatMode == 'CSS1Compat') {
        width = document.documentElement.clientWidth;
        height = document.documentElement.clientHeight;
    } else {
        width = document.body.clientWidth;    //非標準模式使用 body
        height = document.body.clientHeight;
    }
}
```

PS：以上方法可以通過不同瀏覽器取得各自的瀏覽器窗口頁面可視部分的大小。document.compatMode 可以確定頁面是否處於標準模式，如果返回 CSS1Compat 即標準模式。

```
//調整瀏覽器位置
moveTo(0,0);                    //IE 有效,移動到 0,0 坐標
moveBy(10,10);                  //IE 有效,向下和右分別移動 10 像素

//調整瀏覽器大小
resizeTo(200,200);              //IE 有效,調正大小
resizeBy(200,200);              //IE 有效,擴展收縮大小
```

PS：由於此類方法被瀏覽器禁用較多，用處不大。

5. 間歇調用和超時調用

JavaScript 是單線程語言，但它允許通過設置超時值和間歇時間值來調度代碼在特定的時刻執行。前者在指定的時間過后執行代碼，而后者則是每隔指定的時間就執行一次代碼。

超時調用需要使用 window 對象的 setTimeout( )方法，它接受兩個參數：要執行的代碼和毫秒數的超時時間。

```
setTimeout("alert('Lee')", 1000);       //不建議直接使用字符串

function box() {
    alert('Lee');
}
setTimeout(box, 1000);                  //直接傳入函數名即可

setTimeout(function() {                 //推薦做法
    alert('Lee');
}, 1000);
```

PS：直接使用函數傳入的方法，擴展性好，性能更佳。

調用 setTimeout( )之后，該方法會返回一個數值 ID，表示超時調用。這個超時調用的 ID 是計劃執行代碼的唯一標示符，可以通過它來取消超時調用。

要取消尚未執行的超時調用計劃，可以調用 clearTimeout( )方法並將相應的超時調用 ID 作為參數傳遞給它。

```
var box = setTimeout(function() {       //把超時調用的 ID 複製給 box
```

```
        alert('Lee');
    }, 1000);

    clearTimeout(box);                  //把 ID 傳入, 取消超時調用
```

間歇調用與超時調用類似, 只不過它會按照指定的時間間隔重複執行代碼, 直至間歇調用被取消或者頁面被卸載。設置間歇調用的方法是 setInterval(), 它接受的參數與 setTimeout() 相同:要執行的代碼和每次執行之前需要等待的毫秒數。

```
    setInterval(function () {           //重複不停執行
        alert('Lee');
    }, 1000);
```

取消間歇調用方法和取消超時調用類似, 使用 clearInterval() 方法。但取消間歇調用的重要性要遠遠高於取消超時調用, 因為在不加干涉的情況下, 間歇調用將會一直執行到頁面關閉。

```
    var box = setInterval(function () { //獲取間歇調用的 ID
        alert('Lee');
    }, 1000);

    clearInterval(box);                 //取消間歇調用
```

但上面的代碼是沒有意義的, 我們需要一個能設置 5 秒的定時器, 需要如下代碼:
```
    var num = 0;                        //設置起始秒
    var max = 5;                        //設置最終秒

    setInterval(function () {           //間歇調用
        num++;                          //遞增 num
        if (num == max) {               //如果得到 5 秒
            clearInterval(this);        //取消間歇調用, this 表示方法本身
            alert('5 秒后彈窗!');
        }
    }, 1000);                           //1 秒
```

一般認為, 使用超時調用來模擬間歇調用是一種最佳模式。在開發環境下, 很少使用真正的間歇調用, 因為需要根據情況來取消 ID, 並且可能造成同步的一些問題, 我們建議不使用間歇調用, 而去使用超時調用。

```
    var num = 0;
    var max = 5;
    function box() {
        num++;
```

```
        if (num == max) {
            alert('5 秒后結束！');
        } else {
            setTimeout(box, 1000);
        }
    }
    setTimeout(box, 1000);                    //執行定時器
```

PS:在使用超時調用時,沒必要跟蹤超時調用 ID,因為每次執行代碼之後,如果不再設置另一次超時調用,調用就會自行停止。

二、location 對象

location 是 BOM 對象之一,它提供了與當前窗口中加載的文檔有關的信息,還提供了一些導航功能。事實上,location 對象是 window 對象的屬性,也是 document 對象的屬性;所以 window.location 和 document.location 等效。

```
    alert(location);                          //獲取當前的 URL
```

location 對象的屬性

屬性	描述的 URL 內容
hash	如果該部分存在,表示錨點部分
host	主機名:端口號
hostname	主機名
href	整個 URL
pathname	路徑名
port	端口號
protocol	協議部分
search	查詢字符串

location 對象的方法

方法	功能
assign()	跳轉到指定頁面,與 href 等效
reload()	重載當前 URL
repalce()	用新的 URL 替換當前頁面

```
    location.hash = '#1';                     //設置#后的字符串,並跳轉
    alert(location.hash);                     //獲取#后的字符串
```

```
location.port = 8888;                           //設置端口號,並跳轉
alert(location.port);                           //獲取當前端口號

location.hostname = 'Lee';                      //設置主機名,並跳轉
alert(location.hostname);                       //獲取當前主機名

location.pathname = 'Lee';                      //設置當前路徑,並跳轉
alert(location.pathname);                       //獲取當前路徑

location.protocal = 'ftp:';                     //設置協議,沒有跳轉
alert(location.protocol);                       //獲取當前協議

location.search = '?id=5';                      //設置?后的字符串,並跳轉
alert(location.search);                         //獲取?后的字符串

location.href = 'http://www.baidu.com';         //設置跳轉的URL,並跳轉
alert(location.href);                           //獲取當前的URL
```

在 Web 開發中,我們經常需要獲取諸如 ?id=5&search=ok 這種類型的 URL 的鍵值對,那麼通過 location,我們可以寫一個函數,來一一獲取。

```
function getArgs() {
    //創建一個存放鍵值對的數組
    var args = [];
    //去除?號
    var qs = location.search.length > 0 ? location.search.substring(1) : '';
    //按 & 字符串拆分數組
    var items = qs.split('&');
    var item = null, name = null, value = null;
    //遍歷
    for (var i = 0; i < items.length; i++) {
        item = items[i].split('=');
        name = item[0];
        value = item[1];
        //把鍵值對存放到數組中去
        args[name] = value;
    }
    return args;
}
```

```
var args = getArgs();
alert(args['id']);
alert(args['search']);

location.assign('http://www.baidu.com');    //跳轉到指定的 URL

location.reload();                  //最有效的重新加載,有可能從緩存加載
location.reload(true);              //強制加載,從服務器源頭重新加載

location.replace('http://www.baidu.com');   //可以避免產生跳轉前的歷史記錄
```

三、history 對象

history 對象是 window 對象的屬性,它保存著用戶上網的記錄,從窗口被打開的那一刻算起。

history **對象的屬性**

屬性	描述 URL 中的哪部分
length	history 對象中的記錄數

history **對象的方法**

方法	功能
back()	前往瀏覽器歷史條目前一個 URL,類似後退
forward()	前往瀏覽器歷史條目下一個 URL,類似前進
go(num)	瀏覽器在 history 對象中向前或向後

```
function back() {              //跳轉到前一個 URL
    history.back();
}

function forward() {           //跳轉到下一個 URL
    history.forward();
}

function go(num) {             //跳轉指定歷史記錄的 URL
    history.go(num);
}
```

PS:可以通過判斷 history.length == 0,得到是否有歷史記錄。

第 18 章
瀏覽器檢測

學習要點：

1. navigator 對象
2. 客戶端檢測

由於每個瀏覽器都具有自己獨到的擴展，所以在開發階段來判斷瀏覽器是一個非常重要的步驟。雖然瀏覽器開發商在公共接口方面投入了很多精力，努力地去支持最常用的公共功能；但在現實中，瀏覽器之間的差異以及不同瀏覽器的「怪癖」卻是非常多的，因此，客戶端檢測除了是一種補救措施，更是一種行之有效的開發策略。

一、navigator 對象

最早由 Netscape Navigator2.0 引入的 navigator 對象，現在已經成為識別客戶端瀏覽器的事實標準。與之前的 BOM 對象一樣，每個瀏覽器中的 navigator 對象也都有一套自己的屬性。

navigator 對象的屬性或方法

屬性或方法	說明	IE	Firefox	Safari/Chrome	Opera
appCodeName	瀏覽器的名稱，通常是 Mozilla，即使在非 Mozilla 瀏覽器中也是如此	3.0+	1.0+	1.0+	7.0+
appName	完整的瀏覽器名稱	3.0+	1.0+	1.0+	7.0+
appMinorVersion	次版本信息	4.0+	—	—	9.5+
appVersion	瀏覽器的版本，一般不與實際的瀏覽器版本對應	3.0+	1.0+	1.0+	7.0+
buildID	瀏覽器編譯版本	—	2.0+	—	—
cookieEnabled	表示 cookie 是否啟用	4.0+	1.0+	1.0+	7.0+
cpuClass	客戶端計算機中使用的 CPU 類型（x86、68K、Alpha、PPC、other）	4.0+	—	—	—

續上表

屬性或方法	說明	IE	Firefox	Safari/Chrome	Opera
javaEnabled( )	表示當前瀏覽器中是否啟用了 Java	4.0+	1.0+	1.0+	7.0+
language	瀏覽器的主語言	–	1.0+	1.0+	7.0+
mimeTypes	在瀏覽器中註冊的 MIME 類型數組	4.0+	1.0+	1.0+	7.0+
onLine	表示瀏覽器是否連接到了因特網	4.0+	1.0+	–	9.5+
opsProfile	似乎早就不用了，無法查詢	4.0+	–	–	–
oscpu	客戶端計算機的操作系統或使用的 CPU	–	1.0+	–	–
platform	瀏覽器所在的系統平臺	4.0+	1.0+	1.0+	7.0+
plugins	瀏覽器中安裝的插件信息的數組	4.0+	1.0+	1.0+	7.0+
preference( )	設置用戶的首選項	–	1.5+	–	–
product	產品名稱（如 Gecko）	–	1.0+	1.0+	–
productSub	關於產品的次要信息（如 Gecko 的版本）	–	1.0+	1.0+	–
registerContentHandler( )	針對特定的 MIME 類型將一個站點註冊為處理程序	–	2.0+	–	–
registerProtocolHandler( )	針對特定的協議將一個站點註冊為處理程序	–	2.0	–	–
securityPolicy	已經廢棄，安全策略的名稱	–	1.0+	–	–
systemLanguage	操作系統的語言	4.0+	–	–	–
taintEnabled( )	已經廢棄，表示是否運行變量被修改	4.0+	1.0+	–	7.0+
userAgent	瀏覽器的用戶代理字符串	3.0+	1.0+	1.0+	7.0+
userLanguage	操作系統的默認語言	4.0+	–	–	7.0+
userProfile	借以訪問用戶個人信息的對象	4.0+	–	–	–
vendor	瀏覽器的品牌	–	1.0+	1.0+	–
verdorSub	有關供應商的次要信息	–	1.0+	1.0+	–

1. 瀏覽器及版本號

不同的瀏覽器支持的功能、屬性和方法各有不同。比如 IE 和 Firefox 顯示的頁面可能就會有所略微不同。

　　alert('瀏覽器名稱:' + navigator.appName)；
　　alert('瀏覽器版本:' + navigator.appVersion)；
　　alert('瀏覽器用戶代理字符串:' + navigator.userAgent)；
　　alert('瀏覽器所在的系統:' + navigator.platform)；

2. 瀏覽器嗅探器

瀏覽器嗅探器是一段程序，有了它，瀏覽器檢測就變得簡單了。我們這裡提供了一個 browserdetect.js 文件，用於判斷瀏覽器的名稱、版本號及操作系統。

調用方式	說明
BrowserDetect.browser	瀏覽器的名稱，例如 Firefox、IE
BrowserDetect.version	瀏覽器的版本，比如 7、11
BrowserDetect.OS	瀏覽器所宿主的操作系統，比如 Windows、Linux

```
alert( BrowserDetect.browser );      //名稱
alert( BrowserDetect.version );      //版本
alert( BrowserDetect.OS );           //系統
```

3. 檢測插件

插件是一類特殊的程序。它可以擴展瀏覽器的功能，通過下載安裝完成。比如在線音樂、視頻動畫等插件。

navigator 對象的 plugins 屬性，這一個數組存儲在瀏覽器已安裝插件的完整列表。

屬性	含義
name	插件名
filename	插件的磁盤文件名
length	plugins 數組的元素個數
description	插件的描述信息

```
//列出所有的插件名
for ( var i = 0; i < navigator.plugins.length; i ++) {
    document.write( navigator.plugins[i].name + '<br />');
}

//檢測非 IE 瀏覽器插件是否存在
function hasPlugin( name ) {
    var name = name.toLowerCase();
    for ( var i = 0; i < navigator.plugins.length; i ++) {
        if ( navigator.plugins[i].name.toLowerCase().indexOf( name ) > -1 ) {
            return true;
        }
    }
    return false;
}
```

```
alert( hasPlugin( 'Flash' ) ) ;          //檢測 Flash 是否存在
alert( hasPlugin( 'java' ) )             //檢測 Java 是否存在
```

4. ActiveX

IE 瀏覽器沒有插件,但提供了 ActiveX 控件。ActiveX 控件一種在 Web 頁面中嵌入對象或組件的方法。

由於在 JS 中,我們無法把所有已安裝的 ActiveX 控件遍歷出來,但我們還是可以去驗證是否安裝了此控件。

```
//檢測 IE 中的控件
function hasIEPlugin( name ) {
    try {
        new ActiveXObject( name ) ;
        return true;
    } catch ( e ) {
        return false;
    }
}

//檢測 Flash
alert( hasIEPlugin( 'ShockwaveFlash.ShockwaveFlash' ) ) ;
```

PS:ShockwaveFlash.ShockwaveFlash 是 IE 中代表 FLASH 的標示符,你需要檢查哪種控件,必須先獲取它的標示符。

```
//跨瀏覽器檢測是否支持 Flash
function hasFlash( ) {
    var result = hasPlugin( 'Flash' ) ;
    if ( ! result ) {
        result = hasIEPlugin( 'ShockwaveFlash.ShockwaveFlash' ) ;
    }
    return result;
}

//檢測 Flash
alert( hasFlash( ) ) ;
```

5. MIME 類型

MIME 是指多用途因特網郵件擴展。它是通過因特網發送郵件消息的標準格式。現在也被用於在因特網中交換各種類型的文件。

PS:mimeType[ ]數組在 IE 中不產生輸出。

mimeType **對象的屬性**

屬性	含義
type	MIME 類型名
description	MIME 類型的描述信息
enabledPlugin	指定 MIME 類型配置好的 plugin 對象引用
suffixes	MIME 類型所有可能的文件擴展名

```
//遍歷非 IE 下所有 MIME 類型信息
for ( var i = 0; i < navigator.mimeTypes.length; i++) {
    if ( navigator.mimeTypes[i].enabledPlugin ! = null) {
        document.write('<dl>');
        document.write('<dd>類型名稱:' + navigator.mimeTypes[i].type + '</dd>');
        document.write('<dd>類型引用:' + navigator.mimeTypes[i].enabledPlugin.name + '</dd>');
        document.write('<dd>類型描述:' + navigator.mimeTypes[i].description + '</dd>');
        document.write('<dd>類型后綴:' + navigator.mimeTypes[i].suffixes + '</dd>');
        document.write('</dl>')
    }
}
```

二、客戶端檢測

客戶端檢測一共分為三種,分別為:能力檢測、怪癖檢測和用戶代理檢測,通過這三種檢測方案,我們可以充分的瞭解當前瀏覽器所處系統、所支持的語法、所具有的特殊性能。

1. 能力檢測

能力檢測又稱作特性檢測,檢測的目標不是識別特定的瀏覽器,而是識別瀏覽器的能力。能力檢測不必估計特定的瀏覽器,只需要確定當前的瀏覽器是否支持特定的能力,就可以給出可行的解決方案。

```
//BOM 章節的一段程序
var width = window.innerWidth;           //如果是非 IE 瀏覽器

if ( typeof width ! = 'number' ) {       //如果是 IE,就使用 document
    if ( document.compatMode == 'CSS1Compat' ) {
        width = document.documentElement.clientWidth;
    } else {
        width = document.body.clientWidth;   //非標準模式使用 body
```

        }
    }

PS：上面其實有兩塊地方使用了能力檢測，第一個就是是否支持 innerWidth 的檢測，第二個就是是否是標準模式的檢測，這兩個都是能力檢測。

2. 怪癖檢測（bug 檢測）

與能力檢測類似，怪癖檢測的目標是識別瀏覽器的特殊行為。但與能力檢測確認瀏覽器支持什麼能力不同，怪癖檢測是想要知道瀏覽器存在什麼缺陷（bug）。

bug 一般屬於個別瀏覽器獨有，大多數新版本的瀏覽器已被修復。在后續的開發過程中，如果遇到瀏覽器 bug 我們再詳細探討。

```
var box = {
    toString : function () {}          //創建一個 toString()，和原型中重名了
};
for (var o in box) {
    alert(o);                          //IE 瀏覽器的一個 bug，不識別了
}
```

3. 用戶代理檢測

用戶代理檢測通過檢測用戶代理字符串來確定實際使用的瀏覽器。在每一次 HTTP 請求過程中，用戶代理字符串是作為回應首部發送的，而且該字符串可以通過 JavaScript 的 navigator.userAgent 屬性訪問。

用戶代理檢測，主要通過 navigator.userAgent 來獲取用戶代理字符串的，通過這組字符串，我們來獲取當前瀏覽器的版本號、瀏覽器名稱、系統名稱。

PS：在服務器端，通過檢測用戶代理字符串確定用戶使用的瀏覽器是一種比較廣為接受的做法。但在客戶端，這種測試被當作是一種萬不得已的做法，且飽受爭議，其優先級排在能力檢測或怪癖檢測之后。飽受爭議的原因，是因為它具有一定的欺騙性。

document.write(navigator.userAgent);   //得到用戶代理字符串

Firefox14.0.1

Mozilla/5.0 (Windows NT 5.1; rv:14.0) Gecko/20100101 Firefox/14.0.1

Firefox3.6.28

Mozilla/5.0 (Windows; U; Windows NT 5.1; zh-CN; rv:1.9.2.28) Gecko/20120306 Firefox/3.6.28

Chrome20.0.1132.57 m

Mozilla/5.0 (Windows NT 5.1) AppleWebKit/536.11 (KHTML, like Gecko) Chrome/20.0.1132.57 Safari/536.11

Safari5. 1. 7

Mozilla/5.0（Windows NT 5.1）AppleWebKit/534.57.2（KHTML, like Gecko）Version/5.1.7 Safari/534.57.2

IE7.0

Mozilla/4.0（compatible；MSIE 7.0；Windows NT 5.1；.NET CLR 1.1.4322；.NET CLR 2.0.50727；.NET CLR 3.0.4506.2152；.NET CLR 3.5.30729）

IE8.0

Mozilla/4.0（compatible；MSIE 8.0；Windows NT 5.1；Trident/4.0；.NET CLR 1.1.4322；.NET CLR 2.0.50727；.NET CLR 3.0.4506.2152；.NET CLR 3.5.30729）

IE6.0

Mozilla/4.0（compatible；MSIE 6.0；Windows NT 5.1；.NET CLR 1.1.4322；.NET CLR 2.0.50727；.NET CLR 3.0.4506.2152；.NET CLR 3.5.30729）

Opera12.0

Opera/9.80（Windows NT 5.1；U；zh-cn）Presto/2.10.289 Version/12.00

Opera7.54

Opera/7.54（Windows NT 5.1；U）[en]

Opera8

Opera/8.0（Window NT 5.1；U；en）

Konqueror（Linux 集成，基於 KHTML 呈現引擎的瀏覽器）

Mozilla/5.0（compatible；Konqueror/3.5；SunOS）KHTML/3.5.0（like Gecko）

只要仔細地閱讀這些字符串，我們可以發現，這些字符串包含了瀏覽器的名稱、版本和宿主的操作系統。

每個瀏覽器有它自己的呈現引擎。所謂呈現引擎，就是用來排版網頁和解釋瀏覽器的引擎。通過代理字符串，我們歸納出瀏覽器對應的引擎：

(1) IE——Trident，IE8 體現出來了，之前的未體現；

(2) Firefox —— Gecko；

(3) Opera —— Presto，舊版本根本無法體現呈現引擎；

(4) Chrome —— WebKit WebKit 是 KHTML 呈現引擎的一個分支，后獨立開來；

(5) Safari —— WebKit；

(6) Konqueror —— KHTML。

由上面的情況得知，我們需要檢測呈現引擎可以分為五大類：IE、Gecko、WebKit、

KHTML 和 Opera。

```
    var client = function () {            //創建一個對象

        var engine = {                    //呈現引擎
            ie : false,
            gecko : false,
            webkit : false,
            khtml : false,
            opera : false,

            ver : 0                       //具體的版本號
        };

        return {
            engine : engine               //返回呈現引擎對象
        };
    }();                                  //自我執行

    alert( client.engine.ie );            //獲取 ie
```

以上的代碼實現了五大引擎的初始化工作,分別給予 true 的初值,並且設置版本號為 0。

下面我們首先要做的是判斷 Opera,因為 Opera 瀏覽器支持 window.opera 對象,通過這個對象,我們可以很容易地獲取到 Opera 的信息。

```
    for ( var p in window.opera ) {       //獲取 window.opera 對象信息
        document.write( p + " <br />" );
    }

    if ( window.opera ) {                 //判斷 opera 瀏覽器
        engine.ver = window.opera.version();    //獲取 opera 呈現引擎版本
        engine.opera = true;              //設置真
    }
```

接下來,我們通過正則表達式來獲取 WebKit 引擎和它的版本號。

```
    else if (/AppleWebKit\/(\S+)/.test(ua)) {   //正則 WebKit
        engine.ver = RegExp['$_1'];       //獲取 WebKit 版本號
        engine.webkit = true;
    }
```

然后,我們通過正則表達式來獲取 KHTML 引擎和它的版本號。由於這款瀏覽器基於 Linux,我們無法測試。

```
//獲取 KHTML 和它的版本號
else if (/KHTML\/(\S+)/.test(ua) || /Konqueror\/([^;]+)/.test(ua)) {
    engine.ver = RegExp['$1'];
    engine.khtml = true;
}
```

下面,我們通過正則表達式來獲取 Gecko 引擎和它的版本號:

```
else if (/rv:([^\)]+)\) Gecko\/\d{8}/.test(ua)) {    //獲取 Gecko 和它的版本號
    engine.ver = RegExp['$1'];
    engine.gecko = true;
}
```

最后,我們通過正則表達式來獲取 IE 的引擎和它的版本號。因為 IE8 之前沒有呈現引擎,所以,我們只有通過"MSIE"這個共有的字符串來獲取。

```
else if (/MSIE ([^;]+)/.test(ua)) {    //獲取 IE 和它的版本號
    engine.ver = RegExp['$1'];
    engine.ie = true;
}
```

上面獲取各個瀏覽器的引擎和引擎的版本號,但大家也發現了,其實有些確實是瀏覽器的版本號。所以,下面,我們需要進行瀏覽器名稱的獲取和瀏覽器版本號的獲取。

根據目前的瀏覽器市場份額,我們可以給一下瀏覽器做檢測:IE、Firefox、konq、opera、chrome、safari。

```
var browser = {                        //瀏覽器對象
    ie : false,
    firefox : false,
    konq : false,
    opera : false,
    chrome : false,
    safari : false,

    ver : 0,                           //具體版本
    name : ''                          //具體的瀏覽器名稱
};
```

對於獲取 IE 瀏覽器的名稱和版本,可以直接如下:

```
else if (/MSIE ([^;]+)/.test(ua)) {
    engine.ver = browser.ver = RegExp['$1'];    //設置版本
    engine.ie = browser.ie = true;              //填充保證為 true
```

```
    browser.name = 'Internet Explorer';    //設置名稱
}
```

對於獲取 Firefox 瀏覽器的名稱和版本,可以如下:
```
else if (/rv:([^\)]+)\) Gecko\/\d{8}/.test(ua)) {
    engine.ver = RegExp['$1'];
    engine.gecko = true;
    if (/Firefox\/(\S+)/.test(ua)) {
        browser.ver = RegExp['$1'];      //設置版本
        browser.firefox = true;           //填充保證為 true
        browser.name = 'Firefox';         //設置名稱
    }
}
```

對於獲取 Chrome 和 safari 瀏覽器的名稱和版本,可以如下:
```
else if (/AppleWebKit\/(\S+)/.test(ua)) {
    engine.ver = RegExp['$1'];
    engine.webkit = parseFloat(engine.ver);
    if (/Chrome\/(\S+)/.test(ua)) {
        browser.ver = RegExp['$1'];
        browser.chrome = true;
        browser.name = 'Chrome';
    } else if (/Version\/(\S+)/.test(ua)) {
        browser.ver = RegExp['$1'];
        browser.chrome = true;
        browser.name = 'Safari';
    }
}
```

PS:對於 Safari3 之前的低版本,需要做 WebKit 的版本號近似映射。而這裡,我們將不去深究,已提供代碼。

瀏覽器的名稱和版本號,我們已經準確地獲取到,最后,我們想要去獲取瀏覽器宿主的操作系統。
```
var system = {                    //操作系統
    win : false,                  //windows
    mac : false,                  //Mac
    x11 : false                   //Unix、Linux
};
```

```
var p = navigator.platform;              //獲取系統
system.win = p.indexOf('Win') == 0;      //判斷是不是 Windows
system.mac = p.indexOf('Mac') == 0;      //判斷是不是 mac
system.x11 = (p == 'X11') || (p.indexOf('Linux') == 0)    //判斷是不是
Unix、Linux
```

PS:這裡我們也可以通過用戶代理字符串獲取到 windows 相關的版本,這裡我們就不去深究了,提供代碼和對應列表。

Windows 版本	IE4+	Gecko	Opera < 7	Opera 7+	WebKit
95	"Windows 95"	"Win95"	"Windows 95"	"Windows 95"	n/a
98	"Windows 98"	"Win98"	"Windows 98"	"Windows 98"	n/a
NT4.0	"Windows NT"	"WinNT4.0"	"Windows NT 4.0"	"Windows NT 4.0"	n/a
2000	"Windows NT 5.0"	"Windows NT5.0"	"Windows 2000"	"Windows NT 5.0"	n/a
ME	"Win 9X 4.90"	"Win 9x 4.90"	"Windows ME"	"Win 9X 4.90"	n/a
XP	"Windows NT 5.1"	"Windows NT 5.1"	"Windows XP"	"Windows NT 5.1"	"Windows NT 5.1"
Vista	"Windows NT 6.0"	"Windows NT 6.0"	n/a	"Windows NT 6.0"	"Windows NT 6.0"
7	"Windows NT 6.1"	"Windows NT 6.1"	n/a	"Windows NT 6.1"	"Windows NT 6.1"

第 19 章
DOM 基礎

學習要點：

1. DOM 介紹
2. 查找元素
3. DOM 節點
4. 節點操作

DOM(Document Object Model)即文檔對象模型，針對 HTML 和 XML 文檔的 API(應用程序接口)。DOM 描繪了一個層次化的節點樹，運行開發人員添加、移除和修改頁面的某一部分。DOM 脫胎於 Netscape 及微軟公司創始的 DHTML(動態 HTML)，但現在它已經成為表現和操作頁面標記的真正跨平臺、語言中立的方式。

一、DOM 介紹

DOM 中的三個字母，D(文檔)可以理解為整個 Web 加載的網頁文檔；O(對象)可以理解為類似 window 對象之類的東西，可以調用屬性和方法，這裡我們說的是 document 對象；M(模型)可以理解為網頁文檔的樹形結構。

DOM 有三個等級，分別是 DOM1、DOM2、DOM3，並且 DOM1 在 1998 年 10 月成為 W3C 標準。DOM1 所支持的瀏覽器包括 IE6+、Firefox、Safari、Chrome 和 Opera1.7+。

PS：IE 中的所有 DOM 對象都是以 COM 對象的形式實現的，這意味著 IE 中的 DOM 可能會和其他瀏覽器有一定的差異。

1. 節點

加載 HTML 頁面時，Web 瀏覽器生成一個樹形結構，用來表示頁面內部結構。DOM 將這種樹形結構理解為由節點組成。

節點樹

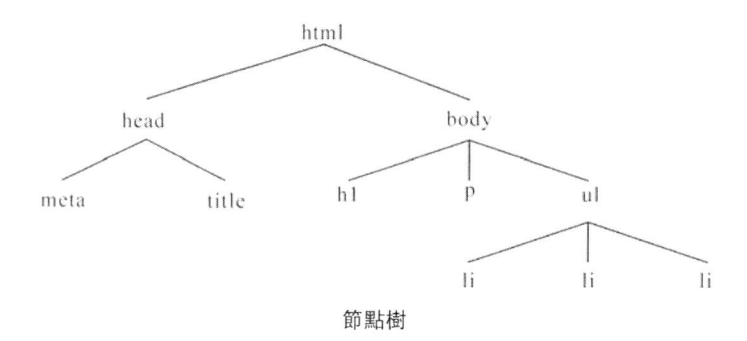

從上圖的樹形結構，我們理解幾個概念，html 標籤沒有父輩，沒有兄弟，所以 html 標籤為根標籤。head 標籤是 html 子標籤，meta 和 title 標籤之間是兄弟關係。如果把每個標籤當作一個節點的話，那麼這些節點組合成了一棵節點樹。

PS:后面我們經常把標籤稱作為元素，是同一個意思。

2. 節點種類:元素節點、文本節點、屬性節點

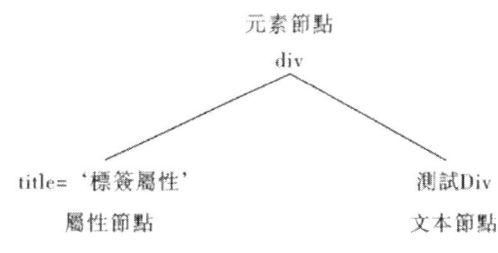

<div title="屬性節點">測試 Div</div>

二、查找元素

W3C 提供了比較方便簡單的定位節點的方法和屬性，以便我們快速地對節點進行操作。分別為：getElementById( )、getElementsByTagName( )、getElementsByName( )、getAttribute( )、setAttribute( ) 和 removeAttribute( )。

元素節點方法

方法	說明
getElementById( )	獲取特定 ID 元素的節點
getElementsByTagName( )	獲取相同元素的節點列表
getElementsByName( )	獲取相同名稱的節點列表
getAttribute( )	獲取特定元素節點屬性的值
setAttribute( )	設置特定元素節點屬性的值
removeAttribute( )	移除特定元素節點屬性

1. getElementById( )方法

getElementById( )方法，接受一個參數：獲取元素的 ID。如果找到相應的元素則返回該元素的 HTMLDivElement 對象，如果不存在，則返回 null。

document.getElementById('box');　　　//獲取 id 為 box 的元素節點

PS：上面的例子，默認情況返回 null，這無關是否存在 id="box" 的標籤，而是執行順序問題。解決方法：①把 script 調用標籤移到 html 末尾即可；②使用 onload 事件來處理 JS，等待 html 加載完畢再加載 onload 事件裡的 JS。

```
window.onload = function () {           //預加載 html 后執行
    document.getElementById('box');
};
```

PS：id 表示一個元素節點的唯一性，不能同時給兩個或以上的元素節點創建同一個命名的 id。某些低版本的瀏覽器會無法識別 getElementById( )方法，比如 IE5.0-，這時需要做一些判斷，可以結合上章的瀏覽器檢測來操作。

```
if (document.getElementById) {          //判斷是否支持 getElementById
    alert('當前瀏覽器支持 getElementById');
}
```

當我們通過 getElementById( )獲取到特定元素節點時，這個節點對象就被我們獲取到了，而通過這個節點對象，我們可以訪問它的一系列屬性。

元素節點屬性

屬性	說明
tagName	獲取元素節點的標籤名
innerHTML	獲取元素節點裡的內容，非 W3C DOM 規範

document.getElementById('box').tagName;　　　//DIV
document.getElementById('box').innerHTML;　　//測試 Div

HTML 屬性的屬性

屬性	說明
id	元素節點的 id 名稱
title	元素節點的 title 屬性值
style	CSS 內聯樣式屬性值
className	CSS 元素的類

document.getElementById('box').id;　　　　　　　//獲取 id
document.getElementById('box').id = 'person';　//設置 id

document.getElementById('box').title;　　　　　　　//獲取 title
document.getElementById('box').title = '標題'　　//設置 title

```
document.getElementById('box').style;            //獲取 CSSStyleDeclaration 對象
document.getElementById('box').style.color;      //獲取 style 對象中 color 的值
document.getElementById('box').style.color = 'red';//設置 style 對象中 color 的值

document.getElementById('box').className;        //獲取 class
document.getElementById('box').className = 'box';//設置 class

alert(document.getElementById('box').bbb);       //獲取自定義屬性的值,非 IE 不支持
```

2. getElementsByTagName() 方法

getElementsByTagName() 方法將返回一個對象數組 HTMLCollection(NodeList),這個數組保存著所有相同元素名的節點列表。

```
document.getElementsByTagName('*');              //獲取所有元素
```

PS:IE 瀏覽器在使用通配符的時候,會把文檔最開始的 html 的規範聲明當作第一個元素節點。

```
document.getElementsByTagName('li');             //獲取所有 li 元素,返回數組
document.getElementsByTagName('li')[0];          //獲取第一個 li 元素,HTMLLIElement
document.getElementsByTagName('li').item(0)      //獲取第一個 li 元素,HTMLLIElement
document.getElementsByTagName('li').length;      //獲取所有 li 元素的數目
```

PS:不管是 getElementById 還是 getElementsByTagName,在傳遞參數的時候,並不是所有瀏覽器都必須區分大小寫,為了防止不必要的錯誤和麻煩,我們必須堅持養成區分大小寫的習慣。

3. getElementsByName() 方法

getElementsByName() 方法可以獲取相同名稱(name)的元素,返回一個對象數組 HTMLCollection(NodeList)。

```
document.getElementsByName('add')                //獲取 input 元素
document.getElementsByName('add')[0].value       //獲取 input 元素的 value 值
document.getElementsByName('add')[0].checked     //獲取 input 元素的 checked 值
```

PS:對於並不是 HTML 合法的屬性,那麼在 JS 獲取的兼容性上也會存在差異,IE 瀏覽器支持本身合法的 name 屬性,而不合法的就會出現不兼容的問題。

4. getAttribute() 方法

getAttribute() 方法將獲取元素中某個屬性的值。它和直接使用.屬性獲取屬性值的方法有一定區別。

```
document.getElementById('box').getAttribute('id');     //獲取元素的 id 值
document.getElementById('box').id;                     //獲取元素的 id 值

document.getElementById('box').getAttribute('mydiv');  //獲取元素的自定義屬性值
document.getElementById('box').mydiv                   //獲取元素的自定義屬性值,非 IE 不支持

document.getElementById('box').getAttribute('class');      //獲取元素的 class 值,IE 不支持
document.getElementById('box').getAttribute('className');  //非 IE 不支持
```

PS:HTML 通用屬性 style 和 onclick,IE7 更低的版本 style 返回一個對象,onclick 返回一個函數式。雖然 IE8 已經修復這個 bug,但為了更好的兼容,開發人員只有盡可能避免使用 getAttribute( )訪問 HTML 屬性了,或者碰到特殊的屬性獲取做特殊的兼容處理。

5. setAttribute( )方法

setAttribute( )方法將設置元素中某個屬性和值。它需要接受兩個參數:屬性名和值。如果屬性本身已存在,那麼就會被覆蓋。

```
document.getElementById('box').setAttribute('align','center');  //設置屬性和值
document.getElementById('box').setAttribute('bbb','ccc');       //設置自定義的屬性和值
```

PS:在 IE7 及更低的版本中,使用 setAttribute( )方法設置 class 和 style 屬性是沒有效果的,雖然 IE8 解決了這個 bug,但還是不建議使用。

6. removeAttribute( )方法

removeAttribute( )可以移除 HTML 屬性。

```
document.getElementById('box').removeAttribute('style');   //移除屬性
```

PS:IE6 及更低版本不支持 removeAttribute( )方法。

三、DOM 節點

1. node 節點屬性

節點可以分為元素節點、屬性節點和文本節點,而這些節點又有三個非常有用的屬性,分別為 nodeName、nodeType 和 nodeValue。

信息節點屬性

節點類型	nodeName	nodeType	nodeValue
元素	元素名稱	1	null

續上表

節點類型	nodeName	nodeType	nodeValue
屬性	屬性名稱	2	屬性值
文本	#text	3	文本內容(不包含 html)

```
document.getElementById('box').nodeType;        //1,元素節點
```

2. 層次節點屬性

節點的層次結構可以劃分為父節點與子節點、兄弟節點兩種。當我們獲取其中一個元素節點的時候，就可以使用層次節點屬性來獲取與它相關層次的節點。

層次節點屬性

屬性	說明
childNodes	獲取當前元素節點的所有子節點
firstChild	獲取當前元素節點的第一個子節點
lastChild	獲取當前元素節點的最後一個子節點
ownerDocument	獲取該節點的文檔根節點，相當於 document
parentNode	獲取當前節點的父節點
previousSibling	獲取當前節點的前一個同級節點
nextSibling	獲取當前節點的后一個同級節點
attributes	獲取當前元素節點的所有屬性節點集合

3. childNodes 屬性

childeNodes 屬性可以獲取某一個元素節點的所有子節點,這些子節點包含元素子節點和文本子節點。

```
var box = document.getElementById('box');        //獲取一個元素節點
alert(box.childNodes.length);                    //獲取這個元素節點的所有子節點
alert(box.childNodes[0]);                        //獲取第一個子節點對象
```

PS:使用 childNodes[n] 返回子節點對象的時候,有可能返回的是元素子節點,比如 HTMLElement;也有可能返回的是文本子節點,比如 Text。元素子節點可以使用 nodeName 或者 tagName 獲取標籤名稱,而文本子節點可以使用 nodeValue 獲取。

```
for (var i = 0; i < box.childNodes.length; i++) {
    //判斷是元素節點,輸出元素標籤名
    if (box.childNodes[i].nodeType === 1) {
        alert('元素節點:' + box.childNodes[i].nodeName);
    //判斷是文本節點,輸出文本內容
    } else if (box.childNodes[i].nodeType === 3) {
        alert('文本節點:' + box.childNodes[i].nodeValue);
```

        }
    }

PS：在獲取到文本節點的時候，是無法使用 innerHTML 這個屬性輸出文本內容的。這個非標準的屬性必須在獲取元素節點的時候，才能輸出裡面包含的文本。
    alert(box.innerHTML);   //innerHTML 和 nodeValue 第一個區別

PS：innerHTML 和 nodeValue 第一個區別，就是取值的。那麼第二個區別就是賦值的時候，nodeValue 會把包含在文本裡的 HTML 轉義成特殊字符，從而達到形成單純文本的效果。
    box.childNodes[0].nodeValue = 'abc';   //結果為：abc
    box.innerHTML = 'abc';   //結果為：abc

4. firstChild 和 lastChild 屬性
firstChild 用於獲取當前元素節點的第一個子節點，相當於 childNodes[0]；lastChild 用於獲取當前元素節點的最后一個子節點，相當於 childNodes[box.childNodes.length-1]。
    alert(box.firstChild.nodeValue);   //獲取第一個子節點的文本內容
    alert(box.lastChild.nodeValue);   //獲取最后一個子節點的文本內容

5. ownerDocument 屬性
ownerDocument 屬性返回該節點的文檔對象根節點，返回的對象相當於 document。
    alert(box.ownerDocument === document);   //true，根節點

6. parentNode、previousSibling、nextSibling 屬性
parentNode 屬性返回該節點的父節點，previousSibling 屬性返回該節點的前一個同級節點，nextSibling 屬性返回該節點的后一個同級節點。
    alert(box.parentNode.nodeName);   //獲取父節點的標籤名
    alert(box.lastChild.previousSibling);   //獲取前一個同級節點
    alert(box.firstChild.nextSibling);   //獲取后一個同級節點

7. attributes 屬性
attributes 屬性返回該節點的屬性節點集合。
    document.getElementById('box').attributes   //NamedNodeMap
    document.getElementById('box').attributes.length;   //返回屬性節點個數
    document.getElementById('box').attributes[0];   //Attr,返回最后一個屬性節點
    document.getElementById('box').attributes[0].nodeType;   //2,節點類型
    document.getElementById('box').attributes[0].nodeValue;   //屬性值
    document.getElementById('box').attributes['id'];   //Attr,返回屬性為 id 的節點
    document.getElementById('box').attributes.getNamedItem('id');   //Attr

8. 忽略空白文本節點

```
var body = document.getElementsByTagName('body')[0];    //獲取 body 元素節點
alert(body.childNodes.length);                          //得到子節點個數,IE3 個,非 IE7 個
```

PS：在非 IE 中,標準的 DOM 具有識別空白文本節點的功能,所以在火狐瀏覽器是 7 個,而 IE 自動忽略了,如果要保持一致的子元素節點,需要手工忽略掉它。

```
function filterSpaceNode(nodes){
    var ret = [];                                //新數組
    for (var i = 0; i < nodes.length; i++){
        //如果識別到空白文本節點,就不添加數組
        if (nodes[i].nodeType == 3 && /^\s+$/.test(nodes[i].nodeValue)) continue;
        //把每次的元素節點,添加到數組裡
        ret.push(nodes[i]);
    }
    return ret;
}
```

PS：上面的方法,採用的忽略空白文件節點的方法,把得到元素節點累加到數組裡返回。那麼還有一種做法是,直接刪除空白節點即可。

```
function filterSpaceNode(nodes){
    for (var i = 0; i < nodes.length; i++){
        if (nodes[i].nodeType == 3 && /^\s+$/.test(nodes[i].nodeValue)){
            //得到空白節點之後,移到父節點上,刪除子節點
            nodes[i].parentNode.removeChild(nodes[i]);
        }
    }
    return nodes;
}
```

PS：如果 firstChild、lastChild、previousSibling 和 nextSibling 在獲取節點的過程中遇到空白節點,我們該怎麼處理掉呢？

```
function removeWhiteNode(nodes){
    for (var i = 0; i < nodes.childNodes.length; i++){
        if (nodes.childNodes[i].nodeType === 3 &&
            /^\s+$/.test(nodes.childNodes[i].nodeValue)){
            nodes.childNodes[i].parentNode.removeChild(nodes.childNodes[i]);
```

```
        }
    }
    return nodes;
}
```

四、節點操作

DOM 不單單可以查找節點，也可以創建節點、複製節點、插入節點、刪除節點和替換節點。

節點操作方法

方法	說明
write()	這個方法可以把任意字符串插入到文檔中
createElement()	創建一個元素節點
appendChild()	將新節點追加到子節點列表的末尾
createTextNode()	創建一個文件節點
insertBefore()	將新節點插入在前面
repalceChild()	將新節點替換舊節點
cloneNode()	複製節點
removeChild()	移除節點

1. write()方法

write()方法可以把任意字符串插入到文檔中去。

```
document.write('<p>這是一個段落！</p>');      //輸出任意字符串
```

2. createElement()方法

createElement()方法可以創建一個元素節點。

```
document.createElement('p');          //創建一個元素節點
```

3. appendChild()方法

appendChild()方法講一個新節點添加到某個節點的子節點列表的末尾上。

```
var box = document.getElementById('box');//獲取某一個元素節點
var p = document.createElement('p');     //創建一個新元素節點<p>
box.appendChild(p);                      //把新元素節點<p>添加子節點末尾
```

4. createTextNode()方法

createTextNode()方法創建一個文本節點。

```
var text = document.createTextNode('段落');//創建一個文本節點
p.appendChild(text);                      //將文本節點添加到子節點末尾
```

5. insertBefore( )方法
insertBefore( )方法可以把節點創建到指定節點的前面。
box.parentNode.insertBefore(p, box);   //把<div>之前創建一個節點

PS：insertBefore( )方法可以給當前元素的前面創建一個節點，但卻沒有提供給當前元素的后面創建一個節點。那麼，我們可以用已有的知識創建一個insertAfter( )函數。
```
function insertAfter(newElement, targetElement) {
    //得到父節點
    var parent = targetElement.parentNode;
    //如果最后一個子節點是當前元素，那麼直接添加即可
    if (parent.lastChild === targetElement) {
        parent.appendChild(newElement);
    } else {
    //否則,在當前節點的下一個節點之前添加
        parent.insertBefore(newElement, targetElement.nextSibling);
    }
}
```

PS：createElement 在創建一般元素節點的時候，瀏覽器的兼容性都還比較好。但在幾個特殊標籤上，比如 iframe、input 中的 radio 和 checkbox、button 元素中，可能會在 IE6,7 以下的瀏覽器存在一些不兼容。
```
var input = null;
if (BrowserDetect.browser == 'Internet Explorer' && BrowserDetect.version <= 7) {
    //判斷IE6,7,使用字符串的方式
    input = document.createElement("<input type=\"radio\" name=\"sex\">");
} else {
    //標準瀏覽器,使用標準方式
    input = document.createElement('input');
    input.setAttribute('type', 'radio');
    input.setAttribute('name', 'sex');
}
document.getElementsByTagName('body')[0].appendChild(input);
```

6. repalceChild( )方法
replaceChild( )方法可以把節點替換成指定的節點。
box.parentNode.replaceChild(p,box);   //把<div>換成了<p>

7. cloneNode( )方法
cloneNode( )方法可以把子節點複製出來。
var box = document.getElementById('box');

```
var clone = box.firstChild.cloneNode( true );    //獲取第一個子節點,true 表示複製內容
box.appendChild( clone );                        //添加到子節點列表末尾
```

8. removeChild( )方法

removeChild( )方法可以把

```
box.parentNode.removeChild( box );               //刪除指定節點
```

第 20 章
DOM 進階

學習要點：

1. DOM 類型
2. DOM 擴展
3. DOM 操作內容

DOM 自身存在很多類型，在 DOM 基礎課程中大部分都有所接觸，比如 Element 類型表示的是元素節點，再比如 Text 類型表示的是文本節點。DOM 也提供了一些擴展功能。

一、DOM 類型

DOM 基礎課程中，我們瞭解了 DOM 的節點並且瞭解怎樣查詢和操作節點，而本身這些不同的節點，又有著不同的類型。

DOM 類型

類型名	說明
Node	表示所有類型值的統一接口，IE 不支持
Document	表示文檔類型
Element	表示元素節點類型
Text	表示文本節點類型
Comment	表示文檔中的註釋類型
CDATASection	表示 CDATA 區域類型
DocumentType	表示文檔聲明類型
DocumentFragment	表示文檔片段類型
Attr	表示屬性節點類型

1. Node 類型

Node 接口是 DOM1 級就定義了，Node 接口定義了 12 個數值常量以表示每個節點的類型值。除了 IE 之外，所有瀏覽器都可以訪問這個類型。

Node 的常量

常量名	說明	nodeType 值
ELEMENT_NODE	元素	1
ATTRIBUTE_NODE	屬性	2
TEXT_NODE	文本	3
CDATA_SECTION_NODE	CDATA	4
ENTITY_REFERENCE_NODE	實體參考	5
ENTITY_NODE	實體	6
PROCESSING_INSTRUCETION_NODE	處理指令	7
COMMENT_NODE	註釋	8
DOCUMENT_NODE	文檔根	9
DOCUMENT_TYPE_NODE	doctype	10
DOCUMENT_FRAGMENT_NODE	文檔片段	11
NOTATION_NODE	符號	12

雖然這裡介紹了 12 種節點對象的屬性，用得多的其實也就幾個而已。

```
alert( Node.ELEMENT_NODE );      //1,元素節點類型值
alert( Node.TEXT_NODE );         //2,文本節點類型值
```

我們建議使用 Node 類型的屬性來代替 1,2 這些阿拉伯數字，有可能大家會覺得這樣很繁瑣。並且還有一個問題，就是 IE 不支持 Node 類型。

如果只有兩個屬性的話，用 1,2 來代替會特別方便，但如果屬性特別多的情況下，1，2,3,4,5,6,7,8,9,10,11,12,這時，你根本就分不清哪個數字代表的是哪個節點。當然，如果你只用 1 和 2 兩個節點，那就另當別論了。

IE 不支持，但我們可以模擬一個類，讓 IE 也支持。

```
if ( typeof Node == 'undefined' ) {    //IE 返回
    window.Node = {
        ELEMENT_NODE : 1,
        TEXT_NODE : 3
    };
}
```

2. Document 類型

Document 類型表示文檔或文檔的根節點，而這個節點是隱藏的，沒有具體的元素標籤。

```
document;                              //document
document.nodeType;                     //9,類型值
document.childNodes[0];                //DocumentType,第一個子節點對象
document.childNodes[0].nodeType;       //非 IE 為 10,IE 為 8
document.childNodes[1];                //HTMLHtmlElement
document.childNodes[1].nodeName;       //HTML
```

如果想直接得到 <html> 標籤的元素節點對象 HTMLHtmlElement,不必使用 childNodes 屬性這麼麻煩,使用 documentElement 即可。

```
document.documentElement;              //HTMLHtmlElement
```

在很多情況下,我們並不需要得到 <html> 標籤的元素節點,而需要得到更常用的 <body> 標籤,之前我們採用的是:document.getElementsByTagName('body')[0],那麼這裡提供一個更加簡便的方法:document.body。

```
document.body;                         //HTMLBodyElement
```

在 <html> 之前還有一個文檔聲明:<!DOCTYPE> 會作為某些瀏覽器的第一個節點來處理,這裡提供了一個簡便方法來處理:document.doctype。

```
document.doctype;                      //DocumentType
```

PS:IE8 中,如果使用子節點訪問,IE8 之前會解釋為註釋類型 Comment 節點,而 document.doctype 則會返回 null。

```
document.childNodes[0].nodeName        //IE 會是#Comment
```

在 Document 中有一些遺留的屬性和對象合集,可以快速地幫助我們精確地處理一些任務。

```
//屬性
document.title;                        //獲取和設置<title>標籤的值
document.URL;                          //獲取 URL 路徑
document.domain;                       //獲取域名,服務器端
document.referrer;                     //獲取上一個 URL,服務器端

//對象集合
document.anchors;                      //獲取文檔中帶 name 屬性的<a>元素集合
document.links;                        //獲取文檔中帶 href 屬性的<a>元素集合
document.applets;                      //獲取文檔中<applet>元素集合,已不用
document.forms;                        //獲取文檔中<form>元素集合
document.images;                       //獲取文檔中<img>元素集合
```

3. Element 類型

Element 類型用於表現 HTML 中的元素節點。在 DOM 基礎那章,我們已經可以對元素節點進行查找、創建等操作,元素節點的 nodeType 為 1,nodeName 為元素的標籤名。

元素節點對象在非 IE 瀏覽器可以返回它具體元素節點的對象類型。

元素對應類型表

元素名	類型
HTML	HTMLHtmlElement
DIV	HTMLDivElement
BODY	HTMLBodyElement
P	HTMLParamElement

PS:以上給出了部分對應,更多的元素對應類型,直接訪問調用即可。

4. Text 類型

Text 類型用於表現文本節點類型,文本不包含 HTML,或包含轉義后的 HTML。文本節點的 nodeType 為 3。

在同時創建兩個同一級別的文本節點的時候,會產生分離的兩個節點。

```
var box = document.createElement('div');
var text = document.createTextNode('Mr.');
var text2 = document.createTextNode(Lee!);
box.appendChild(text);
box.appendChild(text2);
document.body.appendChild(box);
alert(box.childNodes.length);           //2,兩個文本節點
```

PS:把兩個同鄰的文本節點合併在一起使用 normalize() 即可。

```
box.normalize();                        //合併成一個節點
```

PS:有合併就有分離,通過 splitText(num) 即可實現節點分離。

```
box.firstChild.splitText(3);            //分離一個節點
```

除了上面的兩種方法外,Text 還提供了一些別的 DOM 操作的方法如下:

```
var box = document.getElementById('box');
box.firstChild.deleteData(0,2);              //刪除從 0 位置的 2 個字符
box.firstChild.insertData(0,'Hello.');       //從 0 位置添加指定字符
box.firstChild.replaceData(0,2,'Miss');      //從 0 位置替換掉 2 個指定字符
box.firstChild.substringData(0,2);           //從 0 位置獲取 2 個字符,直接輸出
alert(box.firstChild.nodeValue);             //輸出結果
```

5. Comment 類型

Comment 類型表示文檔中的註釋。nodeType 是 8，nodeName 是#comment，nodeValue 是註釋的內容。

```
var box = document.getElementById('box');
alert(box.firstChild);                    //Comment
```

PS：在 IE 中，註釋節點可以使用！當作元素來訪問。

```
var comment = document.getElementsByTagName('!');
alert(comment.length);
```

6. Attr 類型

Attr 類型表示文檔元素中的屬性。nodeType 為 11，nodeName 為屬性名，nodeValue 為屬性值。DOM 基礎篇已經詳細介紹過，此處略。

二、DOM 擴展

1. 呈現模式

從 IE6 開始區分標準模式和混雜模式(怪異模式)，主要是看文檔的聲明。IE 為 document 對象添加了一個名為 compatMode 屬性，這個屬性可以識別 IE 瀏覽器的文檔處於什麼模式：如果是標準模式，則返回 CSS1Compat；如果是混雜模式，則返回 BackCompat。

```
if (document.compatMode == 'CSS1Compat') {
    alert(document.documentElement.clientWidth);
} else {
    alert(document.body.clientWidth);
}
```

PS：后來 Firefox、Opera 和 Chrome 都實現了這個屬性。從 IE8 后，又引入 documentMode 新屬性，因為 IE8 有三種呈現模式分別為標準模式 8、仿真模式 7、混雜模式 5。所以如果想測試 IE8 的標準模式，就判斷 document.documentMode > 7 即可。

2. 滾動

DOM 提供了一些滾動頁面的方法，如下：

```
document.getElementById('box').scrollIntoView();    //設置指定可見
```

3. children 屬性

由於子節點空白問題，IE 和其他瀏覽器解釋不一致。雖然可以過濾掉，但如果只是想得到有效子節點，可以使用 children 屬性，支持的瀏覽器為：IE5+、Firefox3.5+、Safari2+、Opera8+和 Chrome，這個屬性是非標準的。

```
var box = document.getElementById('box');
alert(box.children.length);              //得到有效子節點數目
```

4. contains( )方法

判斷一個節點是不是另一個節點的后代,我們可以使用 contains( )方法。這個方法是 IE 率先使用的,開發人員無須遍歷即可獲取此信息。

var box = document.getElementById('box');
alert(box.contains(box.firstChild));   //true

PS:早期的 Firefox 不支持這個方法,新版的支持了,其他瀏覽器也都支持,Safari2.x 瀏覽器支持的有問題,無法使用。所以,必須做兼容。

在 Firefox 的 DOM3 級實現中提供了一個替代的方法 compareDocumentPosition( )方法。這個方法確定兩個節點之間的關係。

var box = document.getElementById('box');
alert(box.compareDocumentPosition(box.firstChild));   //20

關係掩碼表

掩碼	節點關係
1	無關(節點不存在)
2	居前(節點在參考點之前)
4	居后(節點在參考點之后)
8	包含(節點是參考點的祖先)
16	被包含(節點是參考點的后代)

PS:為什麼會出現 20? 那是因為滿足了 4 和 16 兩項,最后相加了。為了能讓所有瀏覽器都可以兼容,我們必須寫一個兼容性的函數。

```
//傳遞參考節點(父節點),和其他節點(子節點)
function contains(refNode, otherNode) {
//判斷支持 contains,並且非 Safari 瀏覽器
if (typeof refNode.contains ! = 'undefined' &&
        ! (BrowserDetect.browser == 'Safari' && BrowserDetect.version < 3)) {
    return refNode.contains(otherNode);
//判斷支持 compareDocumentPosition 的瀏覽器,大於 16 就是包含
} else if (typeof refNode.compareDocumentPosition == 'function') {
    return !! (refNode.compareDocumentPosition(otherNode) > 16);
} else {
    //更低的瀏覽器兼容,通過遞歸一個個獲取它的父節點是否存在
    var node = otherNode.parentNode;
    do {
        if (node === refNode) {
```

```
                    return true;
            } else {
                    node = node.parentNode;
            }
        } while (node != null);
    }
    return false;
}
```

三、DOM 操作內容

雖然在之前我們已經學習了各種 DOM 操作的方法,這裡所介紹的是 innerText、innerHTML、outerText 和 outerHTML 等屬性。除了之前用過的 innerHTML 之外,其他三個還沒有涉及。

1. innerText 屬性
```
document.getElementById('box').innerText;          //獲取文本內容(如有 html 直接過濾掉)
document.getElementById('box').innerText = 'Mr.Lee';   //設置文本(如有 html 轉義)
```

PS:除了 Firefox 之外,其他瀏覽器均支持這個方法。但 Firefox 的 DOM3 級提供了另外一個類似的屬性:textContent,做上兼容即可通用。
```
document.getElementById('box').textContent;        //Firefox 支持
```

```
//兼容方案
function getInnerText(element) {
    return (typeof element.textContent == 'string') ?
                element.textContent : element.innerText;
}

function setInnerText(element, text) {
    if (typeof element.textContent == 'string') {
        element.textContent = text;
    } else {
        element.innerText = text;
    }
}
```

2. innerHTML 屬性
這個屬性之前就已經研究過,不拒絕 HTML。
```
document.getElementById('box').innerHTML;          //獲取文本(不過濾 HTML)
```

```
document.getElementById('box').innerHTML = '<b>123</b>';        //可解析 HTML
```

雖然 innerHTML 可以插入 HTML，但本身還是有一定的限制，也就是所謂的作用域元素，離開這個作用域就無效了。

```
box.innerHTML = "<script>alert('Lee');</script>";        //<script>元素不能被執行
box.innerHTML = "<style>background:red;</style>";        //<style>元素不能被執行
```

3. outerText

outerText 在取值的時候和 innerText 一樣，同時火狐不支持，而賦值方法相當危險，它不但替換了文本內容，還將元素直接抹去了。

```
var box = document.getElementById('box');
box.outerText = '<b>123</b>';
alert(document.getElementById('box'));        //null，建議不去使用
```

4. outerHTML

outerHTML 屬性取值和 innerHTML 一致，但和 outerText 一樣，也很危險，賦值之後會將元素抹去。

```
var box = document.getElementById('box');
box.outerHTML = '123';
alert(document.getElementById('box'));        //null，建議不去使用，火狐舊版未抹去
```

PS:關於最常用的 innerHTML 屬性和節點操作方法的比較，在插入大量 HTML 標記時使用 innerHTML 的效率明顯要高很多。因為在設置 innerHTML 時，會創建一個 HTML 解析器。這個解析器是瀏覽器級別的(C++編寫)，因此執行 JavaScript 會快得多。但是，創建和銷毀 HTML 解析器也會帶來性能損失。最好控制在最合理的範圍內，如下:

```
for (var i = 0; i < 10; i ++) {
    ul.innerHTML = '<li>item</li>';        //避免頻繁
}
//改
for (var i = 0; i < 10; i ++) {
    a = '<li>item</li>';                   //臨時保存
}
ul.innerHTML = a;
```

第 21 章
DOM 操作表格及樣式

學習要點：

1. 操作表格
2. 操作樣式

DOM 在操作生成 HTML 上，還是比較簡明的。不過，由於瀏覽器總是存在兼容和陷阱，導致最終的操作就不是那麼簡單方便了。本章主要瞭解一下 DOM 操作表格和樣式的一些知識。

一、操作表格

<table>標籤是 HTML 中結構最為複雜的一個，我們可以通過 DOM 來創建生成它，或者 HTML DOM 來操作它。(PS：HTML DOM 提供了更加方便快捷的方式來操作 HTML，有手冊)。

```
//需要操作的 table
<table border="1" width="300">
    <caption>人員表</caption>
    <thead>
        <tr>
            <th>姓名</th>
            <th>性別</th>
            <th>年齡</th>
        </tr>
    </thead>
    <tbody>
        <tr>
            <td>張三</td>
            <td>男</td>
            <td>20</td>
```

```
        </tr>
        <tr>
            <td>李四</td>
            <td>女</td>
            <td>22</td>
        </tr>
    </tbody>
    <tfoot>
        <tr>
            <td colspan="3">合計：N</td>
        </tr>
    </tfoot>
</table>

//使用 DOM 來創建這個表格
var table = document.createElement('table');
table.border = 1;
table.width = 300;

var caption = document.createElement('caption');
table.appendChild(caption);
caption.appendChild(document.createTextNode('人員表'));

var thead = document.createElement('thead');
table.appendChild(thead);

var tr = document.createElement('tr');
thead.appendChild(tr);

var th1 = document.createElement('th');
var th2 = document.createElement('th');
var th3 = document.createElement('th');

tr.appendChild(th1);
th1.appendChild(document.createTextNode('姓名'));
tr.appendChild(th2);
th2.appendChild(document.createTextNode('年齡'));

document.body.appendChild(table);
```

PS:使用 DOM 來創建表格其實已經沒有什麼難度。下面我們再使用 HTML DOM 來獲取和創建這個相同的表格。

HTML DOM 中,給這些元素標籤提供了一些屬性和方法

屬性或方法	說明
caption	保存著<caption>元素的引用
tBodies	保存著<tbody>元素的 HTMLCollection 集合
tFoot	保存著對<tfoot>元素的引用
tHead	保存著對<thead>元素的引用
rows	保存著對<tr>元素的 HTMLCollection 集合
createTHead( )	創建<thead>元素,並返回引用
createTFoot( )	創建<tfoot>元素,並返回引用
createCaption( )	創建<caption>元素,並返回引用
deleteTHead( )	刪除<thead>元素
deleteTFoot( )	刪除<tfoot>元素
deleteCaption( )	刪除<caption>元素
deleteRow(pos)	刪除指定的行
insertRow(pos)	向 rows 集合中的指定位置插入一行

<tbody>元素添加的屬性和方法

屬性或方法	說明
rows	保存著<tbody>元素中行的 HTMLCollection
deleteRow(pos)	刪除指定位置的行
insertRow(pos)	向 rows 集合中的指定位置插入一行,並返回引用

<tr>元素添加的屬性和方法

屬性或方法	說明
cells	保存著<tr>元素中單元格的 HTMLCollection
deleteCell(pos)	刪除指定位置的單元格
insertCell(pos)	向 cells 集合的指定位置插入一個單元格,並返回引用

PS:因為表格較為繁雜,層次也多,在使用之前所學習的 DOM 只是用來獲取某個元素會使人感到非常難受,所以使用 HTML DOM 會清晰很多。

```
//使用 HTML DOM 來獲取表格元素
var table = document.getElementsByTagName('table')[0];   //獲取 table 引用

//按照之前的 DOM 節點方法獲取<caption>
```

alert(table.children[0].innerHTML);   //獲取 caption 的內容

PS:這裡使用了 children[0]本身就忽略了空白,如果使用 firstChild 或者 childNodes[0]就需要更多的代碼。

//按 HTML DOM 來獲取表格的<caption>
alert(table.caption.innerHTML);   //獲取 caption 的內容

//按 HTML DOM 來獲取表頭表尾<thead>、<tfoot>
alert(table.tHead);   //獲取表頭
alert(table.tFoot);   //獲取表尾

//按 HTML DOM 來獲取表體<tbody>
alert(table.tBodies);   //獲取表體的集合

PS:在一個表格中<thead>和<tfoot>是唯一的,只能有一個。而<tbody>不是唯一的可以有多個,這樣導致最后返回的<thead>和<tfoot>是元素引用,而<tbody>返回的是元素集合。

//按 HTML DOM 來獲取表格的行數
alert(table.rows.length);   //獲取行數的集合,數量

//按 HTML DOM 來獲取表格主體裡的行數
alert(table.tBodies[0].rows.length);   //獲取主體的行數的集合,數量

//按 HTML DOM 來獲取表格主體內第一行的單元格數量(tr)
alert(table.tBodies[0].rows[0].cells.length);   //獲取第一行單元格的數量

//按 HTML DOM 來獲取表格主體內第一行第一個單元格的內容(td)
alert(table.tBodies[0].rows[0].cells[0].innerHTML); //獲取第一行第一個單元格的內容

//按 HTML DOM 來刪除標題、表頭、表尾、行、單元格
table.deleteCaption();   //刪除標題
table.deleteTHead();   //刪除<thead>
table.tBodies[0].deleteRow(0);   //刪除<tr>一行
table.tBodies[0].rows[0].deleteCell(0); //刪除<td>一個單元格

//按 HTML DOM 創建一個表格
var table = document.createElement('table');

```
table.border = 1;
table.width = 300;

table.createCaption().innerHTML = '人員表';

//table.createTHead();
//table.tHead.insertRow(0);
var thead = table.createTHead();
var tr = thead.insertRow(0);

var td = tr.insertCell(0);
td.appendChild(document.createTextNode('數據'));

var td2 = tr.insertCell(1);
td2.appendChild(document.createTextNode('數據2'));

document.body.appendChild(table);
```

PS：在創建表格的時候<table>、<tbody>、<th>沒有特定的方法，需要使用 document 來創建。也可以模擬已有的方法編寫特定的函數即可，例如：insertTH()之類的。

二、操作樣式

CSS 作為(X)HTML 的輔助，可以增強頁面的顯示效果。但不是每個瀏覽器都能支持最新的 CSS 能力。CSS 的能力和 DOM 級別密切相關，所以我們有必要檢測當前瀏覽器支持 CSS 能力的級別。

DOM1 級實現了最基本的文檔處理，DOM2 和 DOM3 在這個基礎上增加了更多的交互能力，這裡我們主要探討 CSS，DOM2 增加了 CSS 編程訪問方式和改變 CSS 樣式信息。

DOM 一致性檢測

功能	版本號	說明
Core	1.0、2.0、3.0	基本的 DOM，用於表現文檔節點樹
XML	1.0、2.0、3.0	Core 的 XML 擴展，添加了對 CDATA 等支持
HTML	1.0、2.0	XML 的 HTML 擴展，添加了對 HTML 特有元素支持
Views	2.0	基於某些樣式完成文檔的格式化
StyleSheets	2.0	將樣式表關聯到文檔
CSS	2.0	對層疊樣式表 1 級的支持
CSS2	2.0	對層疊樣式表 2 級的支持
Events	2.0	常規的 DOM 事件

續上表

功能	版本號	說明
UIEvents	2.0	用戶界面事件
MouseEvents	2.0	由鼠標引發的事件（如：click）
MutationEvents	2.0	DOM 樹變化時引發的事件
HTMLEvents	2.0	HTML4.01 事件
Range	2.0	用於操作 DOM 樹中某個範圍的對象和方法
Traversal	2.0	遍歷 DOM 樹的方法
LS	3.0	文件與 DOM 樹之間的同步加載和保存
LS-Async	3.0	文件與 DOM 樹之間的異步加載和保存
Valuidation	3.0	在確保有效的前提下修改 DOM 樹的方法

```
//檢測瀏覽器是否支持 DOM1 級 CSS 能力或 DOM2 級 CSS 能力
alert('DOM1 級 CSS 能力：' + document.implementation.hasFeature('CSS','2.0'));
alert('DOM2 級 CSS 能力：' + document.implementation.hasFeature('CSS2','2.0'));
```

PS：這種檢測方案在 IE 瀏覽器上不精確，IE6 中，hasFeature() 方法只為 HTML 和版本 1.0 返回 true，其他所有功能均返回 false。但 IE 瀏覽器還是支持最常用的 CSS2 模塊。

4. 訪問元素的樣式

任何 HTML 元素標籤都會有一個通用的屬性：style。它會返回 CSSStypeDeclaration 對象。下面我們看幾個最常見的行內 style 樣式的訪問方式：

CSS 屬性及 JavaScript 調用

CSS 屬性	JavaScript 調用
color	style.color
font-size	style.fontSize
float	非 IE：style.cssFloat
float	IE：style.styleFloat

```
var box = document.getElementById('box');        //獲取 box
box.style.cssFloat.style;                         //CSSStyleDeclaration
box.style.cssFloat.style.color;                   //red
box.style.cssFloat.style.fontSize;                //20px
box.style.cssFloat || box.style.styleFloat;      //left,非 IE 用 cssFloat,IE 用 styleFloat
```

PS：以上取值方式也可以賦值，最后一種賦值可以如下：
```
typeof box.style.cssFloat ! = 'undefined' ?
box.style.cssFloat = 'right' : box.style.styleFloat = 'right';
```

DOM2 級樣式規範為 style 定義了一些屬性和方法

屬性或方法	說明
cssText	訪問或設置 style 中的 CSS 代碼
length	CSS 屬性的數量
parentRule	CSS 信息的 CSSRule 對象
getPropertyCSSValue(name)	返回包含給定屬性值的 CSSValue 對象
getPropertyPriority(name)	如果設置了! important,則返回,否則返回空字符串
item(index)	返回指定位置 CSS 屬性名稱
removeProperty(name)	從樣式中刪除指定屬性
setProperty(name,v,p)	給屬性設置為相應的值,並加上優先權

```
box.style.cssText;                              //獲取 CSS 代碼
//box.style.length;                             //3,IE 不支持
//box.style.removeProperty('color');            //移除某個 CSS 屬性,IE 不支持
//box.style.setProperty('color','blue');        //設置某個 CSS 屬性,IE 不支持
```

PS:Firefox、Safari、Opera9+、Chrome 支持這些屬性和方法。IE 只支持 cssText,而 getPropertyCSSValue() 方法只有 Safari3+ 和 Chrome 支持。

PS:style 屬性僅僅只能獲取行內的 CSS 樣式,對於另外兩種形式內聯<style>和連結<link>方式則無法獲取到。

雖然可以通過 style 來獲取單一值的 CSS 樣式,但對於複合值的樣式信息,就需要通過計算樣式來獲取。DOM2 級樣式,window 對象下提供了 getComputedStyle() 方法。接受兩個參數,需要計算的樣式元素,第二個偽類(:hover),如果沒有偽類,就填 null。

PS:IE 不支持這個 DOM2 級的方法,但有個類似的屬性可以使用 currentStyle 屬性。

```
var box = document.getElementById('box');
var style = window.getComputedStyle ?
            window.getComputedStyle(box, null) : null || box.currentStyle;
alert(style.color);                     //顏色在不同的瀏覽器會有 rgb() 格式
alert(style.border);                    //不同瀏覽器不同的結果
alert(style.fontFamily);                //計算顯示複合的樣式值
alert(box.style.fontFamily);            //空
```

PS:border 屬性是一個綜合屬性,所以它在 Chrome 顯示了,Firefox 為空,IE 為 undefined。所謂綜合性屬性,就是 XHTML 課程裡的簡寫形式,所以,DOM 在獲取 CSS 的時候,最好採用完整寫法兼容性最好,比如:border-top-color 之類的。

操作樣式表

使用 style 屬性可以設置行內的 CSS 樣式,而通過 id 和 class 調用是最常用的方法。

box.id = 'pox';   //把 ID 改變會帶來災難性的問題
box.className = 'red';   //通過 className 關鍵字來設置樣式

在添加 className 的時候,我們想給一個元素添加多個 class 是沒有辦法的,后面一個必將覆蓋掉前面一個,所以必須來寫個函數:

```
//判斷是否存在這個 class
function hasClass(element, className) {
    return element.className.match(new RegExp('(\\s|^)'+className+'(\\s|$)'));
}

//添加一個 class,如果不存在的話
function addClass(element, className) {
    if (!hasClass(element, className)) {
        element.className += " "+className;
    }
}

//刪除一個 class,如果存在的話
function removeClass(element, className) {
    if (hasClass(element, className)) {
        element.className = element.className.replace(
            new RegExp('(\\s|^)'+className+'(\\s|$)'),' ');
    }
}
```

之前我們使用 style 屬性,僅僅只能獲取和設置行內的樣式,如果是通過內聯<style>或連結<link>提供的樣式規則就無可奈何了,然后我們又學習了 getComputedStyle 和 currentStyle,這只能獲取卻無法設置。

CSSStyleSheet 類型表示通過<link>元素和<style>元素包含的樣式表。

document.implementation.hasFeature('StyleSheets', '2.0') //是否支持 DOM2 級樣式表
document.getElementsByTagName('link')[0];   //HTMLLinkElement
document.getElementsByTagName('style')[0]; //HTMLStyleElement

這兩個元素本身返回的是 HTMLLinkElement 和 HTMLStyleElement 類型,但 CSSStyleSheet 類型更加通用一些。得到這個類型非 IE 使用 sheet 屬性,IE 使用 styleSheet;

var link = document.getElementsByTagName('link')[0];
var sheet = link.sheet || link.styleSheet; //得到 CSSStyleSheet

屬性或方法	說明
disabled	獲取和設置樣式表是否被禁用
href	如果是通過<link>包含的,則樣式表為 URL,否則為 null
media	樣式表支持的所有媒體類型的集合
ownerNode	指向擁有當前樣式表節點的指針
parentStyleSheet	@import 導入的情況下,得到父 CSS 對象
title	ownerNode 中 title 屬性的值
type	樣式表類型字符串
cssRules	樣式表包含樣式規則的集合,IE 不支持
ownerRule	@import 導入的情況下,指向表示導入的規則,IE 不支持
deleteRule(index)	刪除 cssRules 集合中指定位置的規則,IE 不支持
insertRule(rule, index)	向 cssRules 集合中指定位置插入 rule 字符串,IE 不支持

```
sheet.disabled;                    //false,可設置為 true
sheet.href;                        //css 的 URL
sheet.media;                       //MediaList,集合
sheet.media[0];                    //第一個 media 的值
sheet.title;                       //得到 title 屬性的值
sheet.cssRules                     //CSSRuleList,樣式表規則集合
sheet.deleteRule(0);               //刪除第一個樣式規則
sheet.insertRule("body{background-color:red}", 0);    //在第一個位置添加一個樣式規則
```

PS:除了幾個不用和 IE 不支持的我們忽略了,還有三個有 IE 對應的另一種方式:
```
sheet.rules;                       //代替 cssRules 的 IE 版本
sheet.removeRule(0);               //代替 deleteRule 的 IE 版本
sheet.addRule("body", "background-color:red", 0);    //代替 insertRule 的 IE 版本
```

除了剛才的方法可以得到 CSSStyleSheet 類型,還有一種方法是通過 document 的 styleSheets 屬性來獲取。
```
document.styleSheets;              //StyleSheetList,集合
var sheet = document.styleSheets[0];    //CSSStyleSheet,第一個樣式表對象
```

為了添加 CSS 規則,並且兼容所有瀏覽器,我們必須寫一個函數:
```
var sheet = document.styleSheets[0];
insertRule(sheet, "body", "background-color:red;", 0);

function insertRule(sheet, selectorText, cssText, position){
```

```
        //如果是非 IE
        if ( sheet.insertRule ) {
            sheet.insertRule( selectorText + "{" + cssText + "}", position );
        //如果是 IE
        } else if ( sheet.addRule ) {
            sheet.addRule( selectorText, cssText, position );
        }
    }
```

為了刪除 CSS 規則,並且兼容所有瀏覽器,我們必須寫一個函數:

```
var sheet = document.styleSheets[0];
deleteRule( sheet, 0 );

function deleteRule( sheet, index ) {
        //如果是非 IE
        if ( sheet.deleteRule ) {
            sheet.deleteRule( index );
        //如果是 IE
        } else if ( sheet.removeRule ) {
            sheet.removeRule( index );
        }
    }
```

通過 CSSRules 屬性(非 IE)和 rules 屬性(IE),我們可以獲得樣式表的規則集合列表。這樣我們就可以對每個樣式進行具體的操作了。

```
var sheet = document.styleSheets[0];        //CSSStyleSheet
var rules = sheet.cssRules || sheet.rules;//CSSRuleList,樣式表的規則集合列表
var rule = rules[0];                        //CSSStyleRule,樣式表第一個規則
```

CSSStyleRule 可以使用的屬性

屬性	說明
cssText	獲取當前整條規則對應的文本,IE 不支持
parentRule	@import 導入的,返回規則或 null,IE 不支持
parentStyleSheet	當前規則的樣式表,IE 不支持
selectorText	獲取當前規則的選擇符文本
style	返回 CSSStyleDeclaration 對象,可以獲取和設置樣式
type	表示規則的常量值,對於樣式規則,值為 1,IE 不支持

```
rule.cssText;                       //當前規則的樣式文本
rule.selectorText;                  //#box,樣式的選擇符
```

  rule.style.color;   //red,得到具體樣式值

  PS:Chrome 瀏覽器在本地運行時會出現問題,rules 會變成 null,只要把它放到服務器上允許即可正常。

  總結:三種操作 CSS 的方法,第一種 style 行內,可讀可寫;第二種行內、內聯和連結,使用 getComputedStyle 或 currentStyle,可讀不可寫;第三種 cssRules 或 rules,內聯和連結可讀可寫。

第 22 章
DOM 元素尺寸和位置

學習要點:

1. 獲取元素 CSS 大小
2. 獲取元素實際大小
3. 獲取元素周邊大小

本章,我們主要討論一下頁面中的某一個元素的各種大小和各種位置的計算方式,以便更好地理解它。

一、獲取元素 CSS 大小

1. 通過 style 內聯獲取元素的大小
```
var box = document.getElementById('box');    //獲取元素
box.style.width;                             //200px、空
box.style.height;                            //200px、空
```

PS:style 獲取只能獲取到行內 style 屬性的 CSS 樣式中的寬和高,如果有獲取;如果沒有則返回空。

2. 通過計算獲取元素的大小
```
var style = window.getComputedStyle ?
                window.getComputedStyle(box, null) : null || box.currentStyle;
style.width;                      //1424px、200px、auto
style.height;                     //18px、200px、auto
```

PS:通過計算獲取元素的大小,無關你是不是行內、內聯或者連結,它經過計算后得到的結果返回出來。如果本身設置大小,它會返回元素的大小,如果本身沒有設置,非 IE 瀏覽器會返回默認的大小,IE 瀏覽器返回 auto。

3. 通過 CSSStyleSheet 對象中的 cssRules (或 rules) 屬性獲取元素大小
```
var sheet = document.styleSheets[0];        //獲取 link 或 style
var rule = (sheet.cssRules || sheet.rules)[0];   //獲取第一條規則
rule.style.width;                            //200px、空
rule.style.height;                           //200px、空
```

PS：cssRules (或 rules) 只能獲取到內聯和連結樣式的寬和高，不能獲取到行內和計算後的樣式。

總結：以上的三種 CSS 獲取元素大小的方法，只能獲取元素的 CSS 大小，卻無法獲取元素本身實際的大小。比如加上了內邊距、滾動條、邊框之類的。

二、獲取元素實際大小

1. clientWidth 和 clientHeight

這組屬性可以獲取元素可視區的大小，可以得到元素內容及內邊距所占據的空間大小。
```
box.clientWidth;                             //200
box.clientHeight;                            //200
```

PS：返回了元素大小，但沒有單位，默認單位是 px，如果你強行設置了單位，比如 100em 之類，它還是會返回 px 的大小。(CSS 獲取的話，是照著你設置的樣式獲取)。

PS：對於元素的實際大小，clientWidth 和 clientHeight 理解方式如下：
(1) 增加邊框，無變化，為 200；
(2) 增加外邊距，無變化，為 200；
(3) 增加滾動條，最終值等於原本大小減去滾動條的大小，為 184；
(4) 增加內邊距，最終值等於原本大小加上內邊距的大小，為 220；

PS：如果說沒有設置任何 CSS 的寬和高度，那麼非 IE 瀏覽器會算上滾動條和內邊距計算後的大小，而 IE 瀏覽器則返回 0。

2. scrollWidth 和 scrollHeight

這組屬性可以獲取滾動內容的元素大小。
```
box.scrollWidth;                             //200
box.scrollWidth;                             //200
```

PS：返回了元素大小，默認單位是 px。如果沒有設置任何 CSS 的寬和高度，它會得到計算後的寬度和高度。

PS：對於元素的實際大小，scrollWidth 和 scrollHeight 理解如下：
(1) 增加邊框，不同瀏覽器有不同解釋：
① Firefox 和 Opera 瀏覽器會增加邊框的大小，220 x 220；

② IE、Chrome 和 Safari 瀏覽器會忽略邊框大小,200 x 200;
③ IE 瀏覽器只顯示它本來內容的高度,200 x 18。
（2）增加內邊距,最終值會等於原本大小加上內邊距大小,220 x 220,IE 為 220 x 38。
（3）增加滾動條,最終值會等於原本大小減去滾動條大小,184 x 184,IE 為 184 x 18。
（4）增加外邊距,無變化。
（5）增加內容溢出,Firefox、Chrome 和 IE 獲取實際內容高度,Opera 比前三個瀏覽器獲取的高度偏小,Safari 比前三個瀏覽器獲取的高度偏大。

3. offsetWidth 和 offsetHeight
這組屬性可以返回元素實際大小,包含邊框、內邊距和滾動條。
box.offsetWidth;   //200
box.offsetHeight;   //200

PS:返回了元素大小,默認單位是 px。如果沒有設置任何 CSS 的寬和高度,它會得到計算後的寬度和高度。
PS:對於元素的實際大小,offsetWidth 和 offsetHeight 理解如下:
（1）增加邊框,最終值會等於原本大小加上邊框大小,為 220;
（2）增加內邊距,最終值會等於原本大小加上內邊距大小,為 220;
（3）增加外邊距,無變化。
（4）增加滾動條,無變化,不會減小;

PS:對於元素大小的獲取,一般是塊級（block）元素並且以設置了 CSS 大小的元素較為方便。如果是內聯元素（inline）或者沒有設置大小的元素就尤為麻煩,所以,建議使用的時候注意。

三、獲取元素周邊大小

1. clientLeft 和 clientTop
這組屬性可以獲取元素設置了左邊框和上邊框的大小。
box.clientLeft;   //獲取左邊框的長度
box.clientTop;   //獲取上邊框的長度

PS:目前只提供了 Left 和 Top 這組,並沒有提供 Right 和 Bottom。如果四條邊寬度不同的話,可以直接通過計算後的樣式獲取,或者採用以上三組獲取元素大小的減法求得。

2. offsetLeft 和 offsetTop
這組屬性可以獲取當前元素相對於父元素的位置。
box.offsetLeft;   //50
box.offsetTop;   //50

PS:獲取元素當前相對於父元素的位置,最好將它設置為定位 position:absolute;否則不同的瀏覽器會有不同的解釋。

PS:加上邊框和內邊距不會影響它的位置,但加上外邊距會累加。

```
box.offsetParent;                    //得到父元素
```

PS:offsetParent 中,如果本身父元素是<body>,非 IE 返回 body 對象,IE 返回 html 對象。如果兩個元素嵌套,如果上父元素沒有使用定位 position:absolute,那麼 offsetParent 將返回 body 對象或 html 對象。所以,在獲取 offsetLeft 和 offsetTop 時候,CSS 定位很重要。

如果說,在很多層次裡,外層已經定位,我們怎麼獲取裡層的元素距離 body 或 html 元素之間的距離呢? 也就是獲取任意一個元素距離頁面上的位置。那麼我們可以編寫函數,通過不停地向上回溯獲取累加來實現。

```
box.offsetTop + box.offsetParent.offsetTop;//只有兩層的情況下
```

如果多層的話,就必須使用循環或遞歸。

```
function offsetLeft(element) {
    var left = element.offsetLeft;          //得到第一層距離
    var parent = element.offsetParent;      //得到第一個父元素

    while (parent ! == null) {              //如果還有上一層父元素
        left += parent.offsetLeft;          //把本層的距離累加
        parent = parent.offsetParent;       //得到本層的父元素
    }                                       //然後繼續循環
    return left;
}
```

3. scrollTop 和 scrollLeft

這組屬性可以獲取滾動條被隱藏的區域大小,也可設置定位到該區域。
```
box.scrollTop;                       //獲取滾動內容上方的位置
box.scrollLeft;                      //獲取滾動內容左方的位置
```

如果要讓滾動條滾動到最初始的位置,那麼可以寫一個函數:
```
function scrollStart(element) {
    if (element.scrollTop ! = 0) element.scrollTop = 0;
}
```

第 23 章
動態加載腳本和樣式

學習要點：

1. 元素位置
2. 動態腳本
3. 動態樣式

本章主要講解上一章剩余的獲取元素位置的 DOM 方法、動態加載腳本和樣式。

一、元素位置

上一章已經通過幾組屬性可以獲取元素所需的位置，那麼這節課補充一個 DOM 的方法：getBoundingClientRect()。這個方法返回一個矩形對象，包含四個屬性：left、top、right 和 bottom。分別表示元素各邊與頁面上邊和左邊的距離。

```
var box = document.getElementById('box');       //獲取元素
alert(box.getBoundingClientRect().top);         //元素上邊距離頁面上邊的距離
alert(box.getBoundingClientRect().right);       //元素右邊距離頁面左邊的距離
alert(box.getBoundingClientRect().bottom);      //元素下邊距離頁面上邊的距離
alert(box.getBoundingClientRect().left);        //元素左邊距離頁面左邊的距離
```

PS：IE、Firefox3+、Opera9.5、Chrome、Safari 支持，在 IE 中，默認坐標從 (2,2) 開始計算，導致最終距離比其他瀏覽器多出兩個像素，我們需要做個兼容。

```
document.documentElement.clientTop;     //非 IE 為 0，IE 為 2
document.documentElement.clientLeft;    //非 IE 為 0，IE 為 2

function getRect(element) {
    var rect = element.getBoundingClientRect();
    var top = document.documentElement.clientTop;
    var left = document.documentElement.clientLeft;
```

```
            return {
                top : rect.top - top,
                bottom : rect.bottom - top,
                left : rect.left - left,
                right : rect.right - left
            }
}
```

PS：分別加上外邊距、內邊距、邊框和滾動條，用於測試所有瀏覽器是否一致。

二、動態腳本

當網站需求變大，腳本的需求也逐步變大。我們就不得不引入太多的 JS 腳本而降低了整站的性能，所以就出現了動態腳本的概念，在適當的時候加載相應的腳本。

比如：我們想在需要檢測瀏覽器的時候，再引入檢測文件。

```
var flag = true;                       //設置 true 再加載
if (flag) {
    loadScript('browserdetect.js');    //設置加載的 js
}

function loadScript(url) {
    var script = document.createElement('script');
    script.type = 'text/javascript';
    script.src = url;
    //document.head.appendChild(script); //document.head 表示<head>
    document.getElementsByTagName('head')[0].appendChild(script);
}
```

PS：document.head 調用，IE 不支持，會報錯！

```
//動態執行 js
var script = document.createElement('script');
script.type = 'text/javascript';
var text = document.createTextNode("alert('Lee')");   //IE 瀏覽器報錯
script.appendChild(text);
document.getElementsByTagName('head')[0].appendChild(script);
```

PS：IE 瀏覽器認為 script 是特殊元素，不能再訪問子節點。為了兼容，可以使用 text 屬性來代替。

```
script.text = "alert()";                //IE 可以支持了。
```

PS：當然，如果不支持 text，那麼就可以針對不同的瀏覽器特性來使用不同的方法。這裡就忽略寫法了。

三、動態樣式

為了動態的加載樣式表，比如切換網站皮膚。樣式表有兩種方式進行加載：一種是 <link> 標籤；另一種是 <style> 標籤。

```
//動態執行 link
var flag = true;
if (flag) {
    loadStyles('basic.css');
}

function loadStyles(url) {
    var link = document.createElement('link');
    link.rel = 'stylesheet';
    link.type = 'text/css';
    link.href = url;
    document.getElementsByTagName('head')[0].appendChild(link);
}

//動態執行 style
var flag = true;
if (flag) {
    var style = document.createElement('style');
    style.type = 'text/css';
    //var box = document.createTextNode('#box{background:red}'); IE 不支持
    //style.appendChild(box);
    document.getElementsByTagName('head')[0].appendChild(style);
    insertRule(document.styleSheets[0], '#box', 'background:red', 0);
}

function insertRule(sheet, selectorText, cssText, position) {
        //如果是非 IE
    if (sheet.insertRule) {
        sheet.insertRule(selectorText + "{" + cssText + "}", position);
        //如果是 IE
    } else if (sheet.addRule) {
        sheet.addRule(selectorText, cssText, position);
    }
}
```

第 24 章
事件入門

學習要點：

1. 事件介紹
2. 內聯模型
3. 腳本模型
4. 事件處理函數

JavaScript 事件是由訪問 Web 頁面的用戶引起的一系列操作，例如：用戶點擊。當用戶執行某些操作的時候，再去執行一系列代碼。

一、事件介紹

事件一般是用於瀏覽器和用戶操作進行交互。最早是在 IE 和 Netscape Navigator 中出現，作為分擔服務器端運算負載的一種手段。直到幾乎所有的瀏覽器都支持事件處理。而 DOM2 級規範開始嘗試以一種符合邏輯的方式標準化 DOM 事件。IE9、Firefox、Opera、Safari 和 Chrome 全都已經實現了「DOM2 級事件」模塊的核心部分。IE8 之前瀏覽器仍然使用其專有事件模型。

JavaScript 有三種事件模型：內聯模型、腳本模型和 DOM2 模型。

二、內聯模型

這種模型是最傳統接單的一種處理事件的方法。在內聯模型中，事件處理函數是 HTML 標籤的一個屬性，用於處理指定事件。雖然內聯在早期使用較多，但它是和 HTML 混寫的，並沒有與 HTML 分離。

```
//在 HTML 中把事件處理函數作為屬性執行 JS 代碼
<input type = " button"  value = " 按鈕"  onclick = " alert ( ' Lee ') ; "    />    //注意單雙引號
```

```
//在 HTML 中把事件處理函數作為屬性執行 JS 函數
<input type="button" value="按鈕" onclick="box();" />    //執行 JS 的函數
PS:函數不得放到 window.onload 裡面,這樣就看不見了。
```

三、腳本模型

由於內聯模型違反了 HTML 與 JavaScript 代碼層次分離的原則。為瞭解決這個問題,我們可以在 JavaScript 中處理事件。這種處理方式就是腳本模型。

```
var input = document.getElementsByTagName('input')[0];    //得到 input 對象
input.onclick = function () {           //匿名函數執行
    alert('Lee');
};
```

PS:通過匿名函數,可以直接觸發對應的代碼,也可以通過指定的函數名賦值的方式來執行函數(賦值的函數名不要跟著括號)。

```
input.onclick = box;                    //把函數名賦值給事件處理函數
```

四、事件處理函數

JavaScript 可以處理的事件類型為:鼠標事件、鍵盤事件、HTML 事件。

JavaScript 事件處理函數及其使用列表

事件處理函數	影響的元素	何時發生
onabort	圖像	當圖像加載被中斷時
onblur	窗口、框架、所有表單對象	當焦點從對象上移開時
onchange	輸入框、選擇框和文本區域	當改變一個元素的值且失去焦點時
onclick	連結、按鈕、表單對象、圖像映射區域	當用戶單擊對象時
ondblclick	連結、按鈕、表單對象	當用戶雙擊對象時
ondragdrop	窗口	當用戶將一個對象拖放到瀏覽器窗口時
onError	腳本	當腳本中發生語法錯誤時
onfocus	窗口、框架、所有表單對象	當單擊鼠標或者將鼠標移動聚焦到窗口或框架時
onkeydown	文檔、圖像、連結、表單	當按鍵被按下時
onkeypress	文檔、圖像、連結、表單	當按鍵被按下然后松開時
onkeyup	文檔、圖像、連結、表單	當按鍵被松開時
onload	主題、框架集、圖像	文檔或圖像加載后
onunload	主體、框架集	文檔或框架集卸載后
onmouseout	連結	當圖標移除連結時
onmouseover	連結	當鼠標移到連結時

續上表

事件處理函數	影響的元素	何時發生
onmove	窗口	當瀏覽器窗口移動時
onreset	表單復位按鈕	單擊表單的 reset 按鈕
onresize	窗口	當選擇一個表單對象時
onselect	表單元素	當選擇一個表單對象時
onsubmit	表單	當發送表格到服務器時

PS:所有的事件處理函數都會由兩個部分組成,on + 事件名稱,如 click 事件的事件處理函數就是:onclick。在這裡,我們主要談論腳本模型的方式來構建事件,違反分離原則的內聯模式,我們忽略掉。

對於每一個事件,它都有自己的觸發範圍和方式,如果超出了觸發範圍和方式,事件處理將失效。

1. 鼠標事件,頁面所有元素都可觸發
click:當用戶單擊鼠標按鈕或按下回車鍵時觸發。
```
input.onclick = function () {
    alert('Lee');
};
```

dblclick:當用戶雙擊主鼠標按鈕時觸發。
```
input.ondblclick = function () {
    alert('Lee');
};
```

mousedown:當用戶按下了鼠標還未彈起時觸發。
```
input.onmousedown = function () {
    alert('Lee');
};
```

mouseup:當用戶釋放鼠標按鈕時觸發。
```
input.onmouseup = function () {
    alert('Lee');
};
```

mouseover:當鼠標移到某個元素上方時觸發。
```
input.onmouseover = function () {
    alert('Lee');
```

};

mouseout：當鼠標移出某個元素上方時觸發。
```
input.onmouseout = function () {
    alert('Lee');
};
```

mousemove：當鼠標指針在元素上移動時觸發。
```
input.onmousemove = function () {
    alert('Lee');
};
```

2. 鍵盤事件

keydown：當用戶按下鍵盤上任意鍵觸發，如果按住不放，會重複觸發。
```
onkeydown = function () {
    alert('Lee');
};
```

keypress：當用戶按下鍵盤上的字符鍵觸發，如果按住不放，會重複觸發。
```
onkeypress = function () {
    alert('Lee');
};
```

keyup：當用戶釋放鍵盤上的鍵觸發。
```
onkeyup = function () {
alert('Lee');
};
```

3. HTML 事件

load：當頁面完全加載後在 window 上面觸發，或當框架集加載完畢後在框架集上觸發。
```
window.onload = function () {
    alert('Lee');
};
```

unload：當頁面完全卸載後在 window 上面觸發，或當框架集卸載後在框架集上觸發。
```
window.onunload = function () {
    alert('Lee');
};
```

select：當用戶選擇文本框（input 或 textarea）中的一個或多個字符觸發。
```
input.onselect = function () {
    alert('Lee');
};
```

change：當文本框（input 或 textarea）內容改變且失去焦點后觸發。
```
input.onchange = function () {
    alert('Lee');
};
```

focus：當頁面或者元素獲得焦點時在 window 及相關元素上面觸發。
```
input.onfocus = function () {
    alert('Lee');
};
```

blur：當頁面或元素失去焦點時在 window 及相關元素上觸發。
```
input.onblur = function () {
    alert('Lee');
};
```

submit：當用戶點擊提交按鈕在 <form> 元素上觸發。
```
form.onsubmit = function () {
    alert('Lee');
};
```

reset：當用戶點擊重置按鈕在 <form> 元素上觸發。
```
form.onreset = function () {
    alert('Lee');
};
```

resize：當窗口或框架的大小變化時在 window 或框架上觸發。
```
window.onresize = function () {
    alert('Lee');
};
```

scroll：當用戶滾動帶滾動條的元素時觸發。
```
window.onscroll = function () {
    alert('Lee');
};
```

第 25 章
事件對象

學習要點:

1. 事件對象
2. 鼠標事件
3. 鍵盤事件
4. W3C 與 IE

JavaScript 事件的一個重要方面是它們擁有一些相對一致的特點,可以給你的開發提供更多的強大功能。最方便和強大的就是事件對象,它們可以幫你處理鼠標事件和鍵盤敲擊方面的情況,此外還可以修改一般事件的捕獲/冒泡流的函數。

一、事件對象

事件處理函數的一個標準特性是,以某些方式訪問的事件對象包含有關於當前事件的上下文信息。

事件處理由三部分組成:對象、事件處理函數、函數。例如:單擊文檔任意處。

```
document.onclick = function ( ) {
    alert('Lee');
};
```

PS:以上程序的名詞解釋:click 表示一個事件類型,單擊。onclick 表示一個事件處理函數或綁定對象的屬性(或者叫事件監聽器、偵聽器)。document 表示一個綁定的對象,用於觸發某個元素區域。function( )匿名函數是被執行的函數,用於觸發后執行。

除了用匿名函數的方法作為被執行的函數,也可以設置成獨立的函數。

```
document.onclick = box;            //直接賦值函數名即可,無須括號
function box( ) {
    alert('Lee');
}
```

this 關鍵字和上下文

在面向對象那章我們瞭解到：在一個對象裡，由於作用域的關係，this 代表著離它最近對象。

```
var input = document.getElementsByTagName('input')[0];
input.onclick = function () {
    alert(this.value);                  //HTMLInputElement, this 表示 input 對象
};
```

從上面的拆分，我們並沒有發現本章的重點：事件對象。那麼事件對象是什麼？它在哪裡呢？當觸發某個事件時，會產生一個事件對象，這個對象包含著所有與事件有關的信息。包括導致事件的元素、事件的類型以及其他與特定事件相關的信息。

事件對象，我們一般稱為 event 對象，這個對象是瀏覽器通過函數把這個對象作為參數傳遞過來的。那麼首先，我們就必須驗證一下，在執行函數中沒有傳遞參數，是否可以得到隱藏的參數。

```
function box() {                        //普通空參函數
    alert(arguments.length);            //0, 沒有得到任何傳遞的參數
}

input.onclick = function () {           //事件綁定的執行函數
    alert(arguments.length);            //1, 得到一個隱藏參數
};
```

通過上面兩組函數中，我們發現，通過事件綁定的執行函數是可以得到一個隱藏參數的。說明，瀏覽器會自動分配一個參數，這個參數其實就是 event 對象。

```
input.onclick = function () {
    alert(arguments[0]);                //MouseEvent, 鼠標事件對象
};
```

上面這種做法比較累，那麼比較簡單的做法是：直接通過接收參數來得到。

```
input.onclick = function (evt) {        //接受 event 對象，名稱不一定非要 event
    alert(evt);                         //MouseEvent, 鼠標事件對象
};
```

直接接收 event 對象，是 W3C 的做法，IE 不支持，IE 自己定義了一個 event 對象，直接在 window.event 獲取即可。

```
input.onclick = function (evt) {
    var e = evt || window.event;        //實現跨瀏覽器兼容獲取 event 對象
    alert(e);
};
```

二、鼠標事件

鼠標事件是 Web 上面最常用的一類事件，畢竟鼠標還是最主要的定位設備。那麼通過事件對象可以獲取到鼠標按鈕信息和屏幕坐標獲取等。

1. 鼠標按鈕

只有在主鼠標按鈕被單擊時(常規一般是鼠標左鍵)才會觸發 click 事件，因此檢測按鈕的信息並不是必要的。但對於 mousedown 和 mouseup 事件來說，則在其 event 對象存在一個 button 屬性，表示按下或釋放按鈕。

非 IE(W3C)中的 button 屬性

值	說明
0	表示主鼠標按鈕(常規一般是鼠標左鍵)
1	表示中間的鼠標按鈕(鼠標滾輪按鈕)
2	表示次鼠標按鈕(常規一般是鼠標右鍵)

IE 中的 button 屬性

值	說明
0	表示沒有按下按鈕
1	表示主鼠標按鈕(常規一般是鼠標左鍵)
2	表示次鼠標按鈕(常規一般是鼠標右鍵)
3	表示同時按下了主、次鼠標按鈕
4	表示按下了中間的鼠標按鈕
5	表示同時按下了主鼠標按鈕和中間的鼠標按鈕
6	表示同時按下了次鼠標按鈕和中間的鼠標按鈕
7	表示同時按下了三個鼠標按鈕

PS:在絕大部分情況下，我們最多只使用主次中三個單擊鍵，IE 給出的其他組合鍵一般無法使用上。所以，我們只需要做以上這三種兼容即可。

```
function getButton(evt){          //跨瀏覽器左中右鍵單擊相應
    var e = evt || window.event;
    if(evt){                       //Chrome 瀏覽器支持 W3C 和 IE
        return e.button;           //要注意判斷順序
    } else if(window.event){
        switch(e.button){
            case 1:
                return 0;
            case 4:
```

```
                    return 1;
                case 2 :
                    return 2;
            }
        }
    }

    document.onmouseup = function ( evt ) { //調用
        if ( getButton( evt ) = = 0 ) {
            alert('按下了左鍵！');
        } else if ( getButton( evt ) = = 1 ) {
            alert('按下了中鍵！');
        } else if ( getButton( evt ) = = 2 ) {
            alert('按下了右鍵！');
        }
    };
```

2. 可視區及屏幕坐標

事件對象提供了兩組來獲取瀏覽器坐標的屬性：一組是頁面可視區左邊；另一組是屏幕坐標。

坐標屬性

屬性	說明
clientX	可視區 X 坐標，距離左邊框的位置
clientY	可視區 Y 坐標，距離上邊框的位置
screenX	屏幕區 X 坐標，距離左屏幕的位置
screenY	屏幕區 Y 坐標，距離上屏幕的位置

```
    document.onclick = function ( evt ) {
        var e = evt || window.event;
        alert( e.clientX + ',' + e.clientY );
        alert( e.screenX + ',' + e.screenY );
    };
```

3. 修改鍵

有時，我們需要通過鍵盤上的某些鍵來配合鼠標來觸發一些特殊的事件。這些鍵為：Shfit、Ctrl、Alt 和 Meat(Windows 中就是 Windows 鍵，蘋果機中是 Cmd 鍵)，它們經常被用來修改鼠標事件和行為，所以叫修改鍵。

修改鍵屬性

屬性	說明
shiftKey	判斷是否按下了 Shfit 鍵
ctrlKey	判斷是否按下了 ctrlKey 鍵
altKey	判斷是否按下了 alt 鍵
metaKey	判斷是否按下了 windows 鍵,IE 不支持

```
function getKey(evt) {
    var e = evt || window.event;
    var keys = [];

    if (e.shiftKey) keys.push('shift');    //給數組添加元素
    if (e.ctrlKey) keys.push('ctrl');
    if (e.altKey) keys.push('alt');

    return keys;
}

document.onclick = function (evt) {
    alert(getKey(evt));
};
```

三、鍵盤事件

用戶在使用鍵盤時會觸發鍵盤事件。「DOM2 級事件」最初規定了鍵盤事件,結果又刪除了相應的內容。最終還是使用最初的鍵盤事件,不過 IE9 已經率先支持「DOM3」級鍵盤事件。

1. 鍵碼

在發生 keydown 和 keyup 事件時,event 對象的 keyCode 屬性中會包含一個代碼,與鍵盤上一個特定的鍵對應。對數字字母字符集,keyCode 屬性的值與 ASCII 碼中對應小寫字母或數字的編碼相同。字母中大小寫不影響。

```
document.onkeydown = function (evt) {
    alert(evt.keyCode);              //按任意鍵,得到相應的 keyCode
};
```

不同的瀏覽器在 keydown 和 keyup 事件中,會有一些特殊的情況:
在 Firefox 和 Opera 中,分號鍵時 keyCode 值為 59,也就是 ASCII 中分號的編碼;而 IE 和 Safari 返回 186,即鍵盤中按鍵的鍵碼。
PS:其他一些特殊情況由於瀏覽器版本太老和市場份額太低,這裡不做補充。

2. 字符編碼

Firefox、Chrome 和 Safari 的 event 對象都支持一個 charCode 屬性，這個屬性只有在發生 keypress 事件時才包含值，而且這個值是按下的那個鍵所代表字符的 ASCII 編碼。此時的 keyCode 通常等於 0 或者也可能等於所按鍵的編碼。IE 和 Opera 則是在 keyCode 中保存字符的 ASCII 編碼。

```
function getCharCode(evt) {
    var e = evt || window.event;
    if (typeof e.charCode == 'number') {
        return e.charCode;
    } else {
        return e.keyCode;
    }
}
```

PS：可以使用 String.fromCharCode() 將 ASCII 編碼轉換成實際的字符。

keyCode 和 charCode 區別如下：比如當按下「a」鍵(重視是小寫的字母)時，
在 Firefox 中會獲得
keydown：keyCode is 65   charCode is 0
keyup：   keyCode is 65   charCode is 0
keypress：keyCode is 0   charCode is 97

在 IE 中會獲得
keydown：keyCode is 65   charCode is undefined
keyup：   keyCode is 65   charCode is undefined
keypress：keyCode is 97   charCode is undefined

而當按下 shift 鍵時，在 Firefox 中會獲得
keydown：keyCode is 16   charCode is 0
keyup：keyCode is 16   charCode is 0

在 IE 中會獲得
keydown：keyCode is 16   charCode is undefined
keyup：keyCode is 16   charCode is undefined

keypress：不會獲得任何的 charCode 值，因為按 shift 並沒輸入任何的字符，並且也不會觸發 keypress 事務。

PS：在 keydown 事務裡面，事務包含了 keyCode － 用戶按下按鍵的物理編碼。
在 keypress 裡，keyCode 包含了字符編碼，即默示字符的 ASCII 碼。適用於所有的瀏覽器——除了火狐，它在 keypress 事務中的 keyCode 返回值為 0。

四、W3C 與 IE

在標準的 DOM 事件中，event 對象包含與創建它的特定事件有關的屬性和方法。觸發的事件類型不一樣，可用的屬性和方法也不一樣。

W3C 中 event 對象的屬性和方法

屬性/方法	類型	讀/寫	說明
bubbles	Boolean	只讀	表明事件是否冒泡
cancelable	Boolean	只讀	表明是否可以取消事件的默認行為
currentTarget	Element	只讀	其事件處理程序當前正在處理事件的那個元素
detail	Integer	只讀	與事件相關的細節信息
eventPhase	Integer	只讀	調用事件處理程序的階段：1 表示捕獲階段，2 表示「處理目標」，3 表示冒泡階段
preventDefault()	Function	只讀	取消事件的默認行為。如果 cancelabel 是 true，則可以使用這個方法
stopPropagation()	Function	只讀	取消事件的進一步捕獲或冒泡。如果 bubbles 為 true，則可以使用這個方法
target	Element	只讀	事件的目標
type	String	只讀	被觸發的事件的類型
view	AbstractView	只讀	與事件關聯的抽象視圖。等同於發生事件的 window 對象

IE 中 event 對象的屬性

屬性	類型	讀/寫	說明
cancelBubble	Boolean	讀/寫	默認值為 false，但將其設置為 true 就可以取消事件冒泡
returnValue	Boolean	讀/寫	默認值為 true，但將其設置為 false 就可以取消事件的默認行為
srcElement	Element	只讀	事件的目標
type	String	只讀	被觸發的事件類型

在這裡，我們只看所有瀏覽器都兼容的屬性或方法。首先第一個我們瞭解一下 W3C 中的 target 和 IE 中的 srcElement，都表示事件的目標。

```
function getTarget(evt) {
    var e = evt || window.event;
    return e.target || e.srcElement;     //兼容得到事件目標 DOM 對象
}

document.onclick = function (evt) {
    var target = getTarget(evt);
    alert(target);
};
```

1. 事件流

事件流是描述的從頁面接受事件的順序,當幾個都具有事件的元素層疊在一起的時候,那麼你點擊其中一個元素,並不是只有當前被點擊的元素會觸發事件,而層疊在你點擊範圍的所有元素都會觸發事件。事件流包括兩種模式:冒泡和捕獲。

2. 事件冒泡

事件冒泡,是從裡往外逐個觸發。事件捕獲,是從外往裡逐個觸發。那麼現代的瀏覽器默認情況下都是冒泡模型,而捕獲模式則是早期的 Netscape 默認情況。而現在的瀏覽器要使用 DOM2 級模型的事件綁定機制才能手動定義事件流模式。

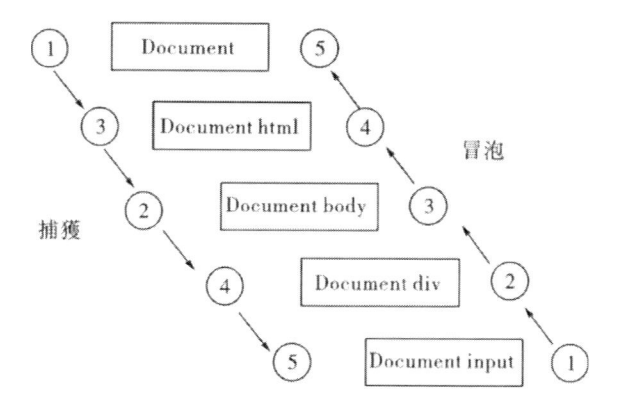

```
document.onclick = function () {
    alert('我是 document');
};
document.documentElement.onclick = function () {
alert('我是 html');
};
document.body.onclick = function () {
    alert('我是 body');
};
document.getElementById('box').onclick = function () {
    alert('我是 div');
};
document.getElementsByTagName('input')[0].onclick = function () {
    alert('我是 input');
};
```

在阻止冒泡的過程中,W3C 和 IE 採用的不同的方法,那麼我們必須做一下兼容。

```
function stopPro(evt) {
    var e = evt || window.event;
    window.event ? e.cancelBubble = true : e.stopPropagation();
}
```

第 26 章
事件綁定及深入

學習要點：
1. 傳統事件綁定的問題
2. W3C 事件處理函數
3. IE 事件處理函數
4. 事件對象的其他補充

事件綁定分為兩種：一種是傳統事件綁定(內聯模型、腳本模型)，另一種是現代事件綁定(DOM2 級模型)。現代事件綁定在傳統事件綁定上提供了更強大更方便的功能。

一、傳統事件綁定的問題

傳統事件綁定有內聯模型和腳本模型，內聯模型我們不做討論，基本很少去用。先來看一下腳本模型。腳本模型將一個函數賦值給一個事件處理函數。

```
var box = document.getElementById(' box ');    //獲取元素
box.onclick = function () {                    //元素點擊觸發事件
    alert(' Lee ');
};
```

問題一：一個事件處理函數觸發兩次事件
```
window.onload = function () {                  //第一組程序項目或第一個 JS 文件
    alert(' Lee ');
};

window.onload = function () {                  //第二組程序項目或第二個 JS 文件
    alert(' Mr.Lee ');
};
```

當兩組程序或兩個 JS 文件同時執行的時候，后面一個會把前面一個完全覆蓋掉，導致前面的 window.onload 完全失效。

解決覆蓋問題,我們可以這樣去解決:
```
window.onload = function ( ) {          //第一個要執行的事件,會被覆蓋
    alert(' Lee ');
};

if ( typeof window.onload == 'function' ) {   //判斷之前是否有 window.onload
    var saved = null;                   //創建一個保存器
    saved = window.onload;              //把之前的 window.onload 保存起來
}

window.onload = function ( ) {          //最終一個要執行事件
    if ( saved ) saved( );              //執行之前一個事件
    alert(' Mr.Lee ');                  //執行本事件的代碼
};
```

問題二:事件切換器
```
box.onclick = toBlue;                   //第一次執行 boBlue( )
function toRed( ) {
    this.className = 'red';
    this.onclick = toBlue;              //第三次執行 toBlue( ),然后來回切換
}

function toBlue( ) {
    this.className = 'blue';
    this.onclick = toRed;               //第二次執行 toRed( )
}
```

這個切換器在擴展的時候,會出現一些問題:
1. 如果增加一個執行函數,那麼會被覆蓋
```
box.onclick = toAlert;                  //被增加的函數
box.onclick = toBlue;                   //toAlert 被覆蓋了
```

2. 如果解決覆蓋問題,就必須包含同時執行,但又出現新問題
```
box.onclick = function ( ) {            //包含進去,但可讀性降低
    toAlert( );                         //第一次不會被覆蓋,但第二次又被覆蓋
    toBlue.call( this );                //還必須把 this 傳遞到切換器裡
};
```

綜上出現的問題:覆蓋問題、可讀性問題、this 傳遞問題。我們來創建一個自定義的事件處理函數,來解決以上幾個問題。

```
function addEvent(obj, type, fn) {           //取代傳統事件處理函數
    var saved = null;                         //保存每次觸發的事件處理函數
    if (typeof obj['on' + type] == 'function') {   //判斷是不是事件
        saved = obj['on' + type];             //如果有,保存起來
    }
    obj['on' + type] = function () {          //然后執行
        if (saved) saved();                    //執行上一個
        fn.call(this);                         //執行函數,把 this 傳遞過去
    };
}

addEvent(window, 'load', function () {         //執行到了
    alert('Lee');
});
addEvent(window, 'load', function () {         //執行到了
    alert('Mr.Lee');
});
```

PS:以上編寫的自定義事件處理函數,還有一個問題沒有處理,就是兩個相同函數名的函數誤註冊了兩次或多次,那麼應該把多余的屏蔽掉。這就需要我們把事件處理函數進行遍歷,如果有同樣名稱的函數名就不添加即可(這裡就不做了)。

```
addEvent(window, 'load', init);               //註冊第一次
addEvent(window, 'load', init);               //註冊第二次,應該忽略
function init() {
    alert('Lee');
}
```

用自定義事件函數註冊到切換器上查看效果:
```
addEvent(window, 'load', function () {
    var box = document.getElementById('box');
    addEvent(box, 'click', toBlue);
});

function toRed() {
    this.className = 'red';
    addEvent(this, 'click', toBlue);
}
```

```
function toBlue( ) {
    this.className = 'blue';
    addEvent(this, 'click', toRed);
}
```

PS:當你單擊很多次切換后,瀏覽器直接卡死,或者彈出一個錯誤:too much recursion（太多的遞歸）。主要的原因是,每次切換事件的時候,都保存下來,沒有把無用的移除,導致越積越多,最后卡死。

```
function removeEvent(obj, type) {
    if (obj['on' + type]) obj['on' + type] = null;    //刪除事件處理函數
}
```

以上的刪除事件處理函數只不過是一刀切的刪除了,這樣雖然解決了卡死和太多遞歸的問題。但其他的事件處理函數也一併被刪除了,導致最后得不到自己想要的結果。如果想要只刪除指定的函數中的事件處理函數,那就需要遍歷,查找（這裡就不做了）。

二、W3C 事件處理函數

「DOM2 級事件」定義了兩個方法,用於添加事件和刪除事件處理程序的操作:addEventListener( ) 和 removeEventListener( )。所有 DOM 節點中都包含這兩個方法,並且它們都接受三個參數;事件名、函數、冒泡或捕獲的布爾值（true 表示捕獲,false 表示冒泡）。

```
window.addEventListener('load', function () {
    alert('Lee');
}, false);

window.addEventListener('load', function () {
    alert('Mr.Lee');
}, false);
```

PS:W3C 的現代事件綁定比我們自定義的好處就是:①不需要自定義了;②可以屏蔽相同的函數;③可以設置冒泡和捕獲。

```
window.addEventListener('load', init, false);//第一次執行了
window.addEventListener('load', init, false);//第二次被屏蔽了
function init( ) {
    alert('Lee');
}
```

1. 事件切換器

```
window.addEventListener('load', function () {
    var box = document.getElementById('box');
```

```
    box.addEventListener('click', function() {    //不會被誤刪
        alert('Lee');
    }, false);
    box.addEventListener('click', toBlue, false);  //引入切換也不會太多遞歸卡死
}, false);

function toRed() {
    this.className = 'red';
    this.removeEventListener('click', toRed, false);
    this.addEventListener('click', toBlue, false);
}

function toBlue() {
    this.className = 'blue';
    this.removeEventListener('click', toBlue, false);
    this.addEventListener('click', toRed, false);
}
```

2. 設置冒泡和捕獲階段

我們上一章瞭解了事件冒泡，即從裡到外觸發。我們也可以通過 event 對象來阻止某一階段的冒泡。那麼 W3C 現代事件綁定可以設置冒泡和捕獲。

```
document.addEventListener('click', function() {
    alert('document');
}, true);                              //把布爾值設置成 true,則為捕獲
box.addEventListener('click', function() {
    alert('Lee');
}, true);                              //把布爾值設置成 false,則為冒泡
```

三、IE 事件處理函數

IE 實現了與 DOM 中類似的兩個方法:attachEvent() 和 detachEvent()。這兩個方法接受相同的參數:事件名稱和函數。

在使用這兩組函數的時候，先把區別說一下:①IE 不支持捕獲，只支持冒泡;②IE 添加事件不能屏蔽重複的函數;③IE 中的 this 指向的是 window 而不是 DOM 對象;④在傳統事件上,IE 是無法接受到 event 對象的,但使用了 attachEvent() 卻可以,但有些區別。

```
window.attachEvent('onload', function() {
    var box = document.getElementById('box');
    box.attachEvent('onclick', toBlue);
});
```

```
function toRed() {
    var that = window.event.srcElement;
    that.className = 'red';
    that.detachEvent('onclick', toRed);
    that.attachEvent('onclick', toBlue);
}

function toBlue() {
    var that = window.event.srcElement;
    that.className = 'blue';
    that.detachEvent('onclick', toBlue);
    that.attachEvent('onclick', toRed);
}
```

PS：IE 不支持捕獲，無解。IE 不能屏蔽，需要單獨擴展或者自定義事件處理。IE 不能傳遞 this，可以 call 過去。

```
window.attachEvent('onload', function() {
    var box = document.getElementById('box');
    box.attachEvent('onclick', function() {
        alert(this === window);      //this 指向的 window
    });
});

window.attachEvent('onload', function() {
    var box = document.getElementById('box');
    box.attachEvent('onclick', function() {
        toBlue.call(box);            //把 this 直接 call 過去
    });
});

function toThis() {
    alert(this.tagName);
}
```

在傳統綁定上，IE 無法像 W3C 那樣通過傳參接受 event 對象，但如果使用了 attachEvent() 卻可以。

```
box.onclick = function(evt) {
    alert(evt);                      //undefined
}
```

```
box.attachEvent('onclick', function(evt){
    alert(evt);                         //object
    alert(evt.type);                    //click
});

box.attachEvent('onclick', function(evt){
    alert(evt.srcElement === box);          //true
    alert(window.event.srcElement === box); //true
});
```

最后，為了讓 IE 和 W3C 可以兼容這個事件切換器，我們可以寫成如下方式：

```
function addEvent(obj, type, fn){       //添加事件兼容
    if(obj.addEventListener){
        obj.addEventListener(type, fn);
    }else if(obj.attachEvent){
        obj.attachEvent('on' + type, fn);
    }
}

function removeEvent(obj, type, fn){    //移除事件兼容
    if(obj.removeEventListener){
        obj.removeEventListener(type, fn);
    }else if(obj.detachEvent){
        obj.detachEvent('on' + type, fn);
    }
}

function getTarget(evt){                //得到事件目標
    if(evt.target){
        return evt.target;
    }else if(window.event.srcElement){
        return window.event.srcElement;
    }
}
```

PS：調用忽略，IE 兼容的事件，如果要傳遞 this，改成 call 即可。

PS：IE 中的事件綁定函數 attachEvent() 和 detachEvent() 可能在實踐中不去使用，有幾個原因：①IE9 就將全面支持 W3C 中的事件綁定函數；②IE 的事件綁定函數無法傳遞 this；③IE 的事件綁定函數不支持捕獲；④同一個函數註冊綁定后，沒有屏蔽掉；⑤有內存泄漏的問題。至於怎麼替代，我們將在以后的課程中探討。

四、事件對象的其他補充

在 W3C 提供了一個屬性：relatedTarget；這個屬性可以在 mouseover 和 mouseout 事件中獲取從哪裡移入和從哪裡移出的 DOM 對象。

```
box.onmouseover = function ( evt ) {        //鼠標移入 box
    alert( evt.relatedTarget );             //獲取移入 box 最近的那個元素對象
}                                           //span

box.onmouseout = function ( evt ) {         //鼠標移出 box
    alert( evt.relatedTarget );             //獲取移出 box 最近的那個元素對象
}                                           //span
```

IE 提供了兩組分別用於移入移出的屬性：fromElement 和 toElement，分別對應 mouseover 和 mouseout。

```
box.onmouseover = function ( evt ) {                     //鼠標移入 box
    alert( window.event.fromElement.tagName );           //獲取移入 box 最近的那個元素對象 span
}

box.onmouseout = function ( evt ) {                      //鼠標移入 box
    alert( window.event.toElement.tagName );             //獲取移入 box 最近的那個元素對象 span
}
```

PS：fromElement 和 toElement 如果分別對應相反的鼠標事件，沒有任何意義。

剩下要做的就是跨瀏覽器兼容操作：
```
function getTarget( evt ) {
    var e = evt || window.event;                    //得到事件對象
    if ( e.srcElement ) {                           //如果支持 srcElement，表示 IE
        if ( e.type == 'mouseover' ) {              //如果是 over
            return e.fromElement;                   //就使用 from
        } else if ( e.type == 'mouseout' ) {        //如果是 out
            return e.toElement;                     //就使用 to
        }
    } else if ( e.relatedTarget ) {                 //如果支持 relatedTarget，表示 W3C
        return e.relatedTarget;
    }
}
```

有時我們需要阻止事件的默認行為,比如:一個超連結的默認行為就是點擊然后跳轉到指定的頁面。因此,阻止默認行為就可以屏蔽跳轉的這種操作,而實現自定義操作。取消事件默認行為還有一種不規範的做法,就是返回 false。

```
link.onclick = function () {
    alert('Lee');
    return false;                    //直接給個假,就不會跳轉了。
};
```

PS:雖然 return false 可以實現這個功能,但有漏洞:第一,必須寫到最后,這樣導致中間的代碼執行后,有可能執行不到 return false;第二,return false 寫到最前,那麼之后的自定義操作就失效了。所以,最好的方法應該是在最前面就阻止默認行為,並且后面還能執行代碼。

```
link.onclick = function (evt) {
    evt.preventDefault();            //W3C,阻止默認行為,放哪裡都可以
    alert('Lee');
};

link.onclick = function (evt) {      //IE,阻止默認行為
    window.event.returnValue = false;
    alert('Lee');
};
```

跨瀏覽器兼容
```
function preDef(evt) {
    var e = evt || window.event;
    if (e.preventDefault) {
        e.preventDefault();
    } else {
        e.returnValue = false;
    }
}
```

上下文菜單事件:contextmenu,當我們右擊網頁的時候,會自動出現 windows 自帶的菜單。那麼我們可以使用 contextmenu 事件來修改我們指定的菜單,但前提是把右擊的默認行為取消掉。

```
addEvent(window, 'load', function () {
    var text = document.getElementById('text');
    addEvent(text, 'contextmenu', function (evt) {
        var e = evt || window.event;
        preDef(e);
```

```
        var menu = document.getElementById('menu');
        menu.style.left = e.clientX + 'px';
        menu.style.top = e.clientY + 'px';
        menu.style.visibility = 'visible';

        addEvent(document, 'click', function() {
            document.getElementById('myMenu').style.visibility = 'hidden';
        });
    });
});
```

PS:contextmenu 事件很常用,這直接導致瀏覽器兼容性較為穩定。

卸載前事件:beforeunload,這個事件可以幫助在離開本頁的時候給出相應的提示,「離開」或者「返回」操作。

```
addEvent(window, 'beforeunload', function(evt) {
    preDef(evt);
});
```

鼠標滾輪(mousewheel)和 DOMMouseScroll,用於獲取鼠標上下滾輪的距離。

```
addEvent(document, 'mousewheel', function(evt) {    //非火狐
    alert(getWD(evt));
});
addEvent(document, 'DOMMouseScroll', function(evt) {    //火狐
    alert(getWD(evt));
});

function getWD(evt) {
    var e = evt || window.event;
    if (e.wheelDelta) {
        return e.wheelDelta;
    } else if (e.detail) {
        return -evt.detail * 30;        //保持計算的統一
    }
}
```

PS:通過瀏覽器檢測可以確定火狐只執行 DOMMouseScroll。

DOMContentLoaded 事件和 readystatechange 事件,有關 DOM 加載方面的事件,關於這兩個事件的內容非常多且繁雜,我們先點明在這裡,在課程中使用的時候詳細討論。

第 27 章
表單處理

學習要點：

1. 表單介紹
2. 文本框腳本
3. 選擇框腳本

為了分擔服務器處理表單的壓力，JavaScript 提供了一些解決方案，從而大大打破了處處依賴服務器的局面。

一、表單介紹

在 HTML 中，表單是由 <form> 元素來表示的，而在 JavaScript 中，表單對應的則是 HTMLFormElement 類型。HTMLFormElement 繼承了 HTMLElement，因此它擁有 HTML 元素具有的默認屬性，並且還獨有自己的屬性和方法：

HTMLFormElement 屬性和方法

屬性或方法	說明
acceptCharset	服務器能夠處理的字符集
action	接受請求的 URL
elements	表單中所有控件的集合
enctype	請求的編碼類型
length	表單中控件的數量
name	表單的名稱
target	用於發送請求和接受回應的窗口名稱
reset( )	將所有表單重置
submit( )	提交表單

獲取表單<form>對象的方法有很多種，如下：
document.getElementById('myForm');   //使用 ID 獲取<form>元素

```
document.getElementsByTagName('form')[0];    //使用獲取第一個元素方式獲取
document.forms[0];                            //使用 forms 的數字下標獲取元素
document.forms['yourForm'];                   //使用 forms 的名稱下標獲取元素
document.yourForm;                            //使用 name 名稱直接獲取元素
```

PS:最後一種方法使用 name 名稱直接獲取元素,已經不推薦使用,這是向下兼容的早期用法。問題頗多,比如有兩個相同名稱的,變成數組;而且這種方式以後有可能會不兼容。

1. 提交表單

通過事件對象,可以阻止 submit 的默認行為,submit 事件的默認行為就是攜帶數據跳轉到指定頁面。

```
addEvent(fm, 'submit', function(evt){
    preDef(evt);
});
```

我們可以使用 submit() 方法來自定義觸發 submit 事件,也就是說,並不一定非要點擊 submit 按鈕才能提交。

```
if(e.ctrlKey && e.keyCode == 13) fm.submit();    //判斷按住了 ctrl 和 enter 鍵觸發
```

PS:在表單中盡量避免使用 name="submit" 或 id="submit" 等命名,這會和 submit() 方法發生衝突導致無法提交。

提交數據最大的問題就是重複提交表單。因為各種原因,當一條數據提交到服務器的時候會出現延遲等長時間沒反應,導致用戶不停地點擊提交,從而使得重複提交了很多相同的請求,或造成錯誤或寫入數據庫多條相同信息。

```
addEvent(fm, 'submit', function(evt){    //模擬延遲
    preDef(evt);
    setTimeout(function(){
        fm.submit();
    }, 3000);
});
```

有兩種方法可以解決這種問題:第一種就是提交之後,立刻禁用點擊按鈕;第二種就是提交之後取消後續的表單提交操作。

```
document.getElementById('sub').disabled = true;    //將按鈕禁用

var flag = false;                        //設置一個監聽變量
if(flag == true) return                  //如果存在返回退出事件
flag = true;                             //否則確定是第一次,設置為 true
```

PS:在某些瀏覽器,F5 只能起到緩存刷新的效果,有可能獲取不到真正的源頭更新的數據。那麼使用 ctrl+F5 就可以把源頭給刷出來。

2. 重置表單

用戶點擊重置按鈕時,表單會被初始化。雖然這個按鈕還得以保留,但目前的 Web 已經很少去使用了。因為用戶已經填寫好各種數據,不小心點了重置就會全部清空,用戶體驗極差。

有兩種方法調用 reset 事件:第一個就是直接 type = " reset" 即可;第二個就是使用 fm. reset() 方法調用即可。

```
<input type = "reset"  value = "重置" />        //不需要 JS 代碼即可實現
addEvent(document,'click', function () {
    fm.reset();                                 //使用 JS 方法實現重置
});
addEvent(fm,'reset', function () {              //獲取重置按鈕
    //
});
```

3. 表單字段

如果想訪問表單元素,可以使用之前章節講到的 DOM 方法訪問。但使用原生的 DOM 訪問雖然比較通用,但不是很便利。表單處理中,我們建議使用 HTML DOM,它有自己的 elements 屬性,該屬性是表單中所有元素的集合。

```
fm.elements[0];                     //獲取第一個表單字段元素
fm.elements['user'];                //獲取 name 是 user 的表單字段元素
fm.elements.length;                 //獲取所有表單字段的數量
```

如果多個表單字段都使用同一個 name,那麼就會返回該 name 的 NodeList 表單列表。

```
fm.elements['sex'];                 //獲取相同 name 表單字段列表
```

PS:我們是通過 fm.elements[0] 來獲取第一個表單字段的,但也可以使用 fm[0] 直接訪問第一個字段。因為 fm[0] 訪問方式是為了向下兼容的,所以,我們建議大家使用 elements 屬性來獲取。

(1) 共有的表單字段屬性

除了 <fieldset> 元素之外,所有表單字段都擁有相同的一組屬性。由於 <input> 類型可以表示多種表單字段,因此有些屬性只適用於某些字段。以下羅列出共有的屬性:

屬性或方法	說明
disabled	布爾值,表示當前字段是否被禁用

續上表

屬性或方法	說明
form	指向當前字段所屬表單的指針,只讀
name	當前字段的名稱
readOnly	布爾值,表示當前字段是否只讀
tabIndex	表示當前字段的切換
type	當前字段的類型
value	當前字段的值

這些屬性其實就是 HTML 表單裡的屬性,在 XHTML 課程中已經詳細講解過,這裡不一個個贅述,重點看幾個最常用的。

```
fm.elements[0].value;                    //獲取和設置 value
fm.elements[0].form == fm;               //查看當前字段所屬表單
fm.elements[0].disabled = true;          //禁用當前字段
fm.elements[0].type = 'checkbox';        //修改字段類型,極不推薦
```

除了<fieldset>字段之外,所有表單字段都有 type 屬性。對於<input>元素,這個值等於 HTML 屬性的 type 值。對於非<input>元素,這個 type 的屬性值如下:

元素說明	HTML 標籤	type 屬性的值
單選列表	<select>...</select>	select-one
多選列表	<select multiple>...</select>	select-multiple
自定義按鈕	<button>...</button>	button
自定義非提交按鈕	<button type="button">...</button>	button
自定義重置按鈕	<button type="reset">...</button>	reset
自定義提交按鈕	<button type="submit">...</button>	submit

PS:<input>和<button>元素的 type 屬性是可以動態修改的,而<select>元素的 type 屬性則是只讀的(在不必要的情況下,建議不修改 type)。

(2)共有的表單字段方法

每個表單字段都有兩個方法:foucs( )和 blur( )。

方法	說明
focus( )	將焦點定位到表單字段裡
blur( )	從元素中將焦點移走

```
fm.elements[0].focus( );                 //將焦點移入
fm.elements[0].blur( );                  //將焦點移出
```

（3）共有的表單字段事件

表單共有的字段事件有以下三種：

事件名	說明
blur	當字段失去焦點時觸發
change	對於\<input\>和\<textarea\>元素，在改變 value 並失去焦點時觸發；對於\<select\>元素，在改變選項時觸發
focus	當前字段獲取焦點時觸發

```
addEvent(textField, 'focus', function () {      //緩存 blur 和 change 再測試一下
    alert('Lee');
});
```

PS：關於 blur 和 change 事件的關係，並沒有嚴格的規定。在某些瀏覽器中，blur 事件會先於 change 事件發生；而在其他瀏覽器中，則恰好相反。

二、文本框腳本

在 HTML 中，有兩種方式來表現文本框：一種是單行文本框\<input type="text"\>；另一種是多行文本框\<textarea\>。雖然\<input\>在字面上有 value 值，而\<textarea\>卻沒有，但都可以通過 value 獲取它們的值。

```
var textField = fm.elements[0];
var areaField = fm.elements[1];
alert(textField.value + ',' + areaField.value);  //得到 value 值
```

PS：使用表單的 value 是最推薦使用的，它是 HTML DOM 中的屬性，不建議使用標準 DOM 的方法。也就是說不要使用 getAttribute() 獲取 value 值。原因很簡單，對 value 屬性的修改，不一定會反應在 DOM 中。

除了 value 值，還有一個屬性對應的是 defaultValue，可以得到原本的 value 值，不會因為值的改變而變化。

```
alert(textField.defaultValue);              //得到最初的 value 值
```

1. 選擇文本

使用 select() 方法，可以將文本框裡的文本選中，並且將焦點設置到文本框中。

```
textField.select();                     //選中文本框中的文本
```

2. 選擇部分文本

在使用文本框內容的時候，我們有時要直接選定部分文本，這個行為還沒有標準。Firefox 的解決方案是：setSelectionRange() 方法。這個方法接受兩個參數：索引和長度。

```
textField.setSelectionRange(0,1);                    //選擇第一個字符
textField.focus();                                   //焦點移入

textField.setSelectionRange(0, textField.value.length);  //選擇全部
textField.focus();                                   //焦點移入
```

除了 IE,其他瀏覽器都支持這種寫法(IE9+支持),那麼 IE 想要選擇部分文本,可以使用 IE 的範圍操作。

```
var range = textField.createTextRange();      //創建一個文本範圍對象
range.collapse(true);                         //將指針移到起點
range.moveStart('character', 0);              //移動起點,character 表示逐字移動
range.moveEnd('character', 1);                //移動終點,同上
range.select();                               //焦點選定
```

PS:關於 IE 範圍的詳細講解,我們將在今后的課程中繼續討論,並且 W3C 也有自己的範圍。

```
//選擇部分文本實現跨瀏覽器兼容
function selectText(text, start, stop) {
    if (text.setSelectionRange) {
        text.setSelectionRange(start, stop);
        text.focus();
    } else if (text.createTextRange) {
        var range = text.createTextRange();
        range.collapse(true);
        range.moveStart('character', start);
        range.moveEnd('character', stop - start);  //IE 用終點減去起點得到字符數
        range.select();
    }
}
```

使用 select 事件,可以選中文本框文本后觸發。

```
addEvent(textField, 'select', function() {
    alert(this.value);                  //IE 事件需要傳遞 this 才可以這麼寫
});
```

3. 取得選擇的文本

如果我們想要取得選擇的那個文本,就必須使用一些手段。目前位置,沒有任何規範解決這個問題。Firefox 為文本框提供了兩個屬性:selectionStart 和 selectionEnd。

```
addEvent(textField, 'select', function() {
```

```
        alert(this.value.substring(this.selectionStart, this.selectionEnd));
    });
```

除了 IE，其他瀏覽器均支持這兩個屬性(IE9+已支持)。IE 不支持，而提供了另一個方案：selection 對象，屬於 document。這個對象保存著用戶在整個文檔範圍內選擇的文本信息，導致我們需要做瀏覽器兼容。

```
function getSelectText(text) {
    if (typeof text.selectionStart == 'number') {         //非 IE
        return text.value.substring(text.selectionStart, text.selectionEnd);
    } else if (document.selection) {                       //IE
        return document.selection.createRange().text;      //獲取 IE 選擇的文本
    }
}
```

PS：有一個最大的問題，就是 IE 在觸發 select 事件的時候，在選擇一個字符后立即觸發，而其他瀏覽器是選擇想要的字符釋放鼠標鍵后才觸發。所以，如果使用 alert() 的話，導致跨瀏覽器的不兼容。我們沒有辦法讓瀏覽器行為保持統一，但可以通過不去使用 alert() 來解決。

```
    addEvent(textField, 'select', function () {
        //alert(getSelectText(this));                      //導致用戶行為結果不一致
        document.getElementById('box').innerHTML = getSelectText(this);
    });
```

4. 過濾輸入

為了使文本框輸入指定的字符，我們必須對輸入進的字符進行驗證。有一種做法是判斷字符是否合法，這是提交后操作的。那麼我們還可以在提交前限制某些字符，過濾輸入。

```
    addEvent(areaField, 'keypress', function (evt) {
        var e = evt || window.event;
        var charCode = getCharCode(evt);                   //得到字符編碼
        if (!/\d/.test(String.fromCharCode(charCode)) && charCode > 8) {   //條件
阻止默認
            preDef(evt);
        }
    });
```

PS：前半段條件判斷只有數字才可以輸入，導致常規按鍵，比如光標鍵、退格鍵、刪除鍵等無法使用。部分瀏覽器比如 Firfox，需要解放這些鍵，而非字符觸發的編碼均為 0；在 Safari3 之前的瀏覽器，也會被阻止，而它對應的字符編碼全部為 8，所以最后就加上 charCode > 8 的判斷即可。

PS：當然，這種過濾還是比較脆落的，我們還希望能夠阻止裁剪、複製、粘貼和中文字符輸入操作才能真正屏蔽掉這些。

如果要阻止裁剪、複製和粘貼，那麼我們可以在剪貼板相關的事件上進行處理，JavaScript 提供了六組剪貼板相關的事件：

事件名	說明
copy	在發生複製操作時觸發
cut	在發生裁剪操作時觸發
paste	在發生粘貼操作時觸發
beforecopy	在發生複製操作前觸發
beforecut	在發生裁剪操作前觸發
beforepaste	在發生粘貼操作前觸發

由於剪貼板沒有標準，導致不同的瀏覽器有不同的解釋。Safari、Chrome 和 Firefox 中，凡是 before 前綴的事件，都需要在特定條件下觸發。而 IE 則會在操作時之前觸發帶 before 前綴的事件。

如果我們想要禁用裁剪、複製、粘貼，那麼只要阻止默認行為即可。

```
addEvent(areaField, 'cut', function (evt) {    //阻止裁剪
    preDef(evt);
});
addEvent(areaField, 'copy', function (evt) {   //阻止複製
    preDef(evt);
});
addEvent(areaField, 'paste', function (evt) {  //阻止粘貼
    preDef(evt);
});
```

當我們裁剪和複製的時候，我們可以訪問剪貼板裡的內容，但問題是 FireFox、Opera 瀏覽器不支持訪問剪貼板。並且，不同的瀏覽器也有自己不同的理解。所以，這裡我們就不再贅述。

最後一個問題影響到可能會影響輸入的因素就是：輸入法。我們知道，中文輸入法，它的原理是在輸入法面板上先存儲文本，按下回車就寫入英文文本，按下空格就寫入中文文本。

有一種解決方案是通過 CSS 來禁止調出輸入法：

```
style = "ime-mode:disabled"                    //CSS 直接編寫
areaField.style.imeMode = 'disabled';          //或在 JS 裡設置也可以
```

PS：但我們也發現，Chrome 瀏覽器卻無法禁止輸入法調出。所以，為瞭解決谷歌瀏

覽器的問題,最好還要使用正則驗證已輸入的文本。
```
addEvent(areaField, 'keyup', function (evt) {          //keyup 彈起的時候
    this.value = this.value.replace(/[^\d]/g, '');    //把非數字都替換成空
});
```

5. 自動切換焦點

為了增加表單字段的易用性,很多字段在滿足一定條件時(比如長度),就會自動切換到下一個字段上繼續填寫。

```
<input type = "text" name = "user1" maxlength = "1" />    //只能寫 1 個
<input type = "text" name = "user2" maxlength = "2" />    //只能寫 2 個
<input type = "text" name = "user3" maxlength = "3" />    //只能寫 3 個

function tabForward (evt) {
    var e = evt || window.event;
    var target = getTarget(evt);
    //判斷當前長度是否和指定長度一致
    if (target.value.length == target.maxLength) {
        //遍歷所有字段
        for (var i =0; i < fm.elements.length; i ++) {
            //找到當前字段
            if (fm.elements[i] == target) {
                //就把焦點移入下一個
                fm.elements[i + 1].focus();
                //中途返回
                return;
            }
        }
    }
}
```

三、選擇框腳本

選擇框是通過<select>和<option>元素創建的,除了通用的一些屬性和方法外,HTMLSelectElement 類型還提供了如下屬性和方法:

HTMLSelectElement 對象

屬性/方法	說明
add(new,rel)	插入新元素,並指定位置
multiple	布爾值,是否允許多項選擇
options	<option>元素的 HTMLColletion 集合

續上表

屬性/方法	說明
remove(index)	移除給定位置的選項
selectedIndex	基於 0 的選中項的索引,如果沒有選中項,則值為-1
size	選擇框中可見的行數

在 DOM 中,每個<option>元素都有一個 HTMLOptionElement 對象,以便訪問數據,這個對象有如下一些屬性:

HTMLOptionElement 對象

屬性	說明
index	當前選項在 options 集合中的索引
label	當前選項的標籤
selected	布爾值,表示當前選項是否被選中
text	選項的文本
value	選項的值

```
var city = fm.elements['city'];            //HTMLSelectElement
alert(city.options);                       //HTMLOptionsCollection
alert(city.options[0]);                    //HTMLOptionElement
alert(city.type);                          //select-one
```

PS:選擇框裡的 type 屬性有可能是:select-one,也有可能是:select-multiple,這取決於 HTML 代碼中有沒有 multiple 屬性。

```
alert(city.options[0].firstChild.nodeValue);      //上海 t,獲取 text 值,不推薦的做法
alert(city.options[0].getAttribute('value'));     //上海 v,獲取 value 值,不推薦的做法

alert(city.options[0].text);                      //上海 t,獲取 text 值,推薦
alert(city.options[0].value);                     //上海 v,獲取 value 值,推薦
```

PS:操作 select 時,最好使用 HTML DOM,因為所有瀏覽器兼容得很好。而如果使用標準 DOM,會因為不同的瀏覽器導致不同的結果。

PS:當選項沒有 value 值的時候,IE 會返回空字符串,其他瀏覽器會返回 text 值。

1. 選擇選項

對於只能選擇一項的選擇框,使用 selectedIndex 屬性最為簡單。

```
addEvent(city, 'change', function () {
    alert(this.selectedIndex);                    //得到當前選項的索引,從 0 開始
    alert(this.options[this.selectedIndex].text); //得到當前選項的 text 值
```

```
    alert(this.options[this.selectedIndex].value);    //得到當前選項的 value 值
});
```
PS:如果是多項選擇,它始終返回的是第一個項。

```
city.selectedIndex = 1;                    //設置 selectedIndex 可以定位某個索引
```

通過 option 的屬性(布爾值),也可以設置某個索引,設置為 true 即可。
```
city.options[0].selected = true;           //設置第一個索引
```

而 selected 和 selectedIndex 在用途上最大的區別是:selected 是返回的布爾值,所以一般用於判斷上;而 selectedIndex 是數值,一般用於設置和獲取。
```
addEvent(city, 'change', function () {
    if (this.options[2].selected == true) {   //判斷第三個選項是否被選定
        alert('選擇正確!');
    }
});
```

2. 添加選項
如需動態地添加選項,我們有兩種方案:DOM 和 Option 構造函數。
```
var option = document.createElement('option');
option.appendChild(document.createTextNode('北京 t'));
option.setAttribute('value', '北京 v')
city.appendChild(option);
```

使用 Option 構造函數創建:
```
var option = new Option('北京 t', '北京 v');
city.appendChild(option);                  //IE 出現 bug
```

使用 add() 方法來添加選項:
```
var option = new Option('北京 t', '北京 v');
city.add(option, 0);                       //0,表示添加到第一位
```

PS:在 DOM 規定,add()中兩個參數是必須的,如果不確定索引,那麼第二個參數設置 null 即可,即默認移入最後一個選項。但這是 IE 中規定第二個參數是可選的,所以設置 null 表示放入不存在的位置,導致失蹤,為了兼容性,我們傳遞 undefined 即可兼容。
```
city.add(option, null);                    //IE 不顯示了
city.add(option, undefined);               //兼容了
```

3. 移除選項
有三種方式可以移除某一個選項:DOM 移除、remove()方法移除和 null 移除。
```
city.removeChild(city.options[0]);         //DOM 移除
```

```
city.remove(0);                              //remove()移除,推薦
city.options[0] = null;                      //null 移除
```

PS:當第一項移除后,下面的項往上頂,所以不停地移除第一項,即可全部移除。

4. 移動選項

如果有兩個選擇框,把第一個選擇框裡的第一項移到第二個選擇框裡,並且第一個選擇框裡的第一項被移除。

```
var city = fm.elements['city'];              //第一個選擇框
var info = fm.elements['info'];              //第二個選擇框
info.appendChild(city.options[0]);           //移動,被自我刪除
```

5. 排列選項

選擇框提供了一個 index 屬性,可以得到當前選項的索引值,和 selectedIndex 的區別是:一個是選擇框對象的調用;另一個是選項對象的調用。

```
var option1 = city.options[1];
city.insertBefore(option1, city.options[option1.index - 1]);   //往下移動移位
```

6. 單選按鈕

通過 checked 屬性來獲取單選按鈕的值。

```
for (var i = 0; i < fm.sex.length; i ++) {   //循環單選按鈕
    if (fm.sex[i].checked == true) {         //遍歷每一個找出選中的那個
        alert(fm.sex[i].value);              //得到值
    }
}
```

PS:除了 checked 屬性之外,單選按鈕還有一個 defaultChecked 按鈕,它獲取的是原本的 checked 按鈕對象,而不會因為 checked 的改變而改變。

```
if (fm.sex[i].defaultChecked == true) {
    alert(fm.sex[i].value);
}
```

7. 復選按鈕

通過 checked 屬性來獲取復選按鈕的值。復選按鈕也具有 defaultChecked 屬性。

```
var love = "";
for (var i = 0; i < fm.love.length; i ++) {
    if (fm.love[i].checked == true) {
        love += fm.love[i].value;
    }
}
alert(love);
```

第 28 章
錯誤處理與調試

學習要點：

1. 瀏覽器錯誤報告
2. 錯誤處理
3. 錯誤事件
4. 錯誤處理策略
5. 調試工具

JavaScript 在錯誤處理調試上一直存在軟肋，如果腳本出錯，給出的提示經常也讓人摸不著頭腦。ECMAScript 第三版為瞭解決這個問題引入了 try...catch 和 throw 語句以及一些錯誤類型，讓開發人員能更加適時地處理錯誤。

一、瀏覽器錯誤報告

隨著瀏覽器的不斷升級，JavaScript 代碼的調試能力也逐漸變強。IE、Firefox、Safari、Chrome 和 Opera 等瀏覽器，都具備報告 JavaScript 錯誤的機制。只不過，瀏覽器一般面向的是普通用戶，默認情況下會隱藏此類信息。

IE：在默認情況下，左下角會出現錯誤報告，雙擊這個圖標，可以看到錯誤消息對話框。如果開啓禁止腳本調試，那麼出錯的時候，會彈出錯誤調試框。設置方法為：工具->Internet Options 選項->高級->禁用腳本調試，取消勾選即可。

Firefox：在默認情況下，錯誤不會通過瀏覽器給出提示，但在后臺的錯誤控制臺可以查看。查看方法為：工具->[Web 開發者]->Web 控制臺|錯誤控制臺。除了瀏覽器自帶的工具，開發人員為 Firefox 提供了一個強大的插件：Firebug。它不但可以提示錯誤，還可以調試 JavaScript 和 CSS、DOM、網路連結錯誤等。

Safari：在默認情況下，錯誤不會通過瀏覽器給出提示。所以，我們需要開啓它。查看方法為：顯示菜單欄->編輯->偏好設置->高級->在菜單欄中顯示開發->顯示 Web 檢查器|顯示錯誤控制器。

Opera：在默認情況下，錯誤會被隱藏起來。打開錯誤記錄的方式為：顯示菜單欄->查看->開發者工具->錯誤控制臺。

Chrome：在默認情況下，錯誤會被隱藏起來。打開錯誤記錄的方法為：工具->JavaScript 控制臺。

二、錯誤處理

良好的錯誤處理機制可以及時的提醒用戶，知道發生了什麼事，而不會驚慌失措。為此，作為開發人員，我們必須理解在處理 JavaScript 錯誤的時候，都有哪些手段和工具可以利用。

try-catch 語句

ECMA262 第三版引入了 try-catch 語句，作為 JavaScript 中處理異常的一種標準方式。

```
try {                                   //嘗試著執行 try 包含的代碼
    window.abcdefg();                   //不存在的方法
} catch (e) {                           //如果有錯誤，執行 catch，e 是異常對象
    alert('發生錯誤啦,錯誤信息為:' + e); //直接打印調用 toString()方法
}
```

在 e 對象中，ECMA-262 還規定了兩個屬性：message 和 name，分別打印出信息和名稱。

```
alert('錯誤名稱:' + e.name);
alert('錯誤名稱:' + e.message);
```

PS：Opera9 之前的版本不支持這個屬性。並且 IE 提供了和 message 完全相同的 description 屬性、還添加了 number 屬性提示內部錯誤數量。Firefox 提供了 fileName(文件名)、lineNumber(錯誤行號)和 stack(棧跟蹤信息)。Safari 添加了 line(行號)、sourceId(內部錯誤代碼)和 sourceURL(內部錯誤 URL)。所以，要跨瀏覽器使用，那麼最好只使用通用的 message。

1. finally 子句

finally 語句作為 try-catch 的可選語句，不管是否發生異常處理，都會執行。並且不管 try 或是 catch 裡包含 return 語句，也不會阻止 finally 執行。

```
try {
    window.abcdefg();
} catch (e) {
    alert('發生錯誤啦,錯誤信息為:' + e.stack);
} finally {                             //總是會被執行
    alert('我都會執行！');
}
```

PS:finally 的作用一般是為了防止出現異常后,無法往下再執行的備用。也就是說,如果有一些清理操作,那麼出現異常后,就執行不到清理操作,那麼可以把這些清理操作放到 finally 裡即可。

2. 錯誤類型

執行代碼時可能會發生的錯誤有很多種。每種錯誤都有對應的錯誤類型,ECMA-262 定義了七種錯誤類型:① Error;② EvalError;③ RangeError;④ ReferenceError;⑤ SyntaxError;⑥ TypeError;⑦ URIError。

其中,Error 是基類型(其他六種類型的父類型),其他類型繼承自它。Error 類型很少見,一般由瀏覽器拋出的。這個基類型主要用於開發人員拋出自定義錯誤。

PS:拋出的意思,就是當前錯誤無法處理,丟給另外一個人,比如丟給一個錯誤對象。

```
new Array(-5);                          //拋出 RangeError(範圍)
```
錯誤信息為:RangeError: invalid array length(無效的數組的長度)
PS:RangeError 錯誤一般在數值超出相應範圍時觸發

```
var box = a;                            //拋出 ReferenceError(引用)
```
錯誤信息為:ReferenceError: a is not defined(a 是沒有定義的)
PS:ReferenceError 通常訪問不存在的變量產生這種錯誤

```
a $ b;                                  //拋出 SyntaxError(語法)
```
錯誤信息為:SyntaxError: missing ; before statement(失蹤;語句之前)
PS:SyntaxError 通常是語法錯誤導致的

```
new 10;                                 //拋出 TypeError(類型)
```
錯誤信息為:TypeError: 10 is not a constructor(10 不是一個構造函數)
PS:TypeError 通常是類型不匹配導致的

PS:EvalError 類型表示全局函數 eval() 的使用方式與定義的不同時拋出,但實際上並不能產生這個錯誤,所以實際上碰到的可能性不大。
PS:在使用 encodeURI() 和 decodeURI() 時,如果 URI 格式不正確時,會導致 URIError 錯誤。但因為 URI 的兼容性非常強,導致這種錯誤幾乎見不到。
alert(encodeURI('高寒'));

利用不同的錯誤類型,可以更加恰當地給出錯誤信息或處理。
```
try {
    new 10;
} catch (e) {
```

```
        if ( e instanceof TypeError ) {           //如果是類型錯誤,那就執行這裡
            alert('發生了類型錯誤,錯誤信息為:' + e.message );
        } else {
            alert('發生了未知錯誤!');
        }
    }
```

3. 善用 try-catch

在明明知道某個地方會產生錯誤,可以通過修改代碼來解決的地方,是不適合用 try-catch 的。或者是那種不同瀏覽器兼容性錯誤導致錯誤的也不太適合,因為可以通過判斷瀏覽器或者判斷這款瀏覽器是否存在此屬性和方法來解決。

```
    try {
        var box = document.getElementbyid('box');  //單詞大小寫錯誤,導致類型錯誤
    } catch ( e ) {                                //這種情況沒必要 try-catch
        alert( e );
    }


    try {
        alert( innerWidth );                       //W3C 支持,IE 報錯
    } catch ( e ) {
        alert( document.documentElement.clientWidth );  //兼容 IE
    }
```

PS:常規錯誤和這種瀏覽器兼容錯誤,我們都不建議使用 try-catch。因為常規錯誤可以修改代碼即可解決;瀏覽器兼容錯誤,可以通過普通 if 判斷即可。並且 try-catch 比一般語句消耗資源更多、負擔更大。所以,在萬不得已、無法修改代碼、不能通過普通判斷的情況下才去使用 try-catch,比如後面的 Ajax 技術。

4. 拋出錯誤

使用 catch 來處理錯誤信息,如果處理不了,我們就把它拋出丟掉。拋出錯誤,其實就是在瀏覽器顯示一個錯誤信息,只不過,錯誤信息可以自定義,更加精確和具體。

```
    try {
        new 10;
    } catch ( e ) {
        if ( e instanceof TypeError ) {
            throw new TypeError('實例化的類型導致錯誤!');  //直接中文解釋錯誤信息
        } else {
            throw new Error('拋出未知錯誤!');
        }
    }
```

PS:IE 瀏覽器只支持 Error 拋出的錯誤,其他錯誤類型不支持。

三、錯誤事件

error 事件是當某個 DOM 對象產生錯誤的時候觸發。
```
addEvent(window, 'error', function () {
    alert('發生錯誤啦！')
});

new 10;                              //寫在后面

<img src="123.jpg" onerror="alert('圖像加載錯誤！')" />
```

四、錯誤處理策略

由於 JavaScript 錯誤都可能導致網頁無法使用，所以何時搞清楚及為什麼發生錯誤至關重要。這樣，我們才能對此採取正確的應對方案。

1. 常見的錯誤類型
因為 JavaScript 是松散弱類型語言，很多錯誤的產生是在運行期間的。一般來說，需要關注三種錯誤：類型轉換錯誤、數據類型錯誤、通信錯誤。這三種錯誤一般會在特定的模式下或者沒有對值進行充分檢查的情況下發生。

2. 類型轉換錯誤
在一些判斷比較的時候，比如數組比較，有相等和全等兩種。
```
alert(1 == '1');                     //true
alert(1 === '1');                    //false
alert(1 == true);                    //true
alert(1 === true);                   //false
```
PS：由於這個特性，我們建議在這種會類型轉換的判斷，強烈推薦使用全等，以保證判斷的正確性。

```
var box = 10;                        //可以試試 0
if (box) {                           //10 自動轉換為布爾值為 true
    alert(box);
}
```
PS：因為 0 會自動轉換為 false，其實 0 也是數值，也是有值的，不應該認為是 false，所以我們要判斷 box 是不是數值再去打印。
```
var box = 0;
if (typeof box == 'number') {        //判斷 box 是 number 類型即可
    alert(box);
```

PS：typeof box == 'number'這裡也是用的相等,沒有用全等呀？原因是 typeof box 本身返回的就是類型的字符串,右邊也是字符串,那沒必要驗證類型,所以相等就夠了。

3. 數據類型錯誤

由於 JavaScript 是弱類型語言,在使用變量和傳遞參數之前,不會對它們進行比較來確保數據類型的正確。所以,這樣開發人員必須需要靠自己去檢測。

```
function getQueryString(url) {            //傳遞了非字符串,導致錯誤
    var pos = url.indexOf('?');
    return pos;
}
alert(getQueryString(1));
```

PS：為了避免這種錯誤的出現,我們應該使用類型比較。

```
function getQueryString(url) {
    if (typeof url == 'string') {         //判斷了指定類型,就不會出錯了
        var pos = url.indexOf('?');
        return pos;
    }
}
alert(getQueryString(1));
```

對於傳遞參數除了限制數字、字符串之外,我們對數組也要進行限制。

```
function sortArray(arr) {
    if (arr) {                            //只判斷布爾值遠遠不夠
        alert(arr.sort());
    }
}

var box = [3,5,1];
sortArray(box);
```

PS：只用 if (arr) 判斷布爾值,那麼數值、字符串、對象等都會自動轉換為 true,而這些類型調用 sort() 方法比如會產生錯誤,這裡提一下：空數組會自動轉換為 true 而非 false。

```
function sortArray(arr) {
    if (typeof arr.sort == 'function') {  //判斷傳遞過來 arr 是否有 sort 方法
        alert(arr.sort());                //就算這個繞過去了
        alert(arr.reverse());             //這個就又繞不過去了
    }
}
```

```
var box = {                              //創建一個自定義對象,添加 sort 方法
    sort : function () {}
};
sortArray(box);
```
PS:這段代碼本意是判斷 arr 是否有 sort 方法,因為只有數組有 sort 方法,從而判斷 arr 是數組。但忘記了自定義對象添加了 sort 方法就可以繞過這個判斷,且 arr 還不是數組。

```
function sortArray(arr) {
    if (arr instanceof Array) {          //使用 instanceof 判斷是 Array 最為合適
        alert(arr.sort());
    }
}

var box = [3,5,1];
sortArray(box);
```

4. 通信錯誤

在使用 url 進行參數傳遞時,經常會傳遞一些中文名的參數或 URL 地址,在后臺處理時會發生轉換亂碼或錯誤,因為不同的瀏覽器對傳遞的參數解釋是不同的,所以有必要使用編碼進行統一傳遞。

比如:? user=高寒&age=100
```
var url = '? user=' + encodeURIComponent('高寒') + '&age=100';    //編碼
```

PS:在 AJAX 章節中我們會繼續探討通信錯誤和編碼問題。

5. 調試技術

在 JavaScript 初期,瀏覽器並沒有針對 JavaScript 提供調試工具,所以開發人員就想出了一套自己的調試方法,比如 alert()。這個方法可以打印你懷疑的是否得到相應的值,或者放在程序的某處來看看是否能執行,得知之前的代碼無誤。
```
var num1 = 1;
var num2 = b;                            //在這段前后加上 alert('') 調試錯誤
var result = num1 + num2;
alert(result);
```

PS:使用 alert('') 來調試錯誤比較麻煩,重要裁剪和粘貼 alert(''),如果遺忘掉沒有刪掉用於調試的 alert('') 將特別頭疼。所以,我們現在需要更好的調試方法。

6. 將消息記錄到控制臺

IE8、Firefox、Opera、Chrome 和 Safari 都有 JavaScript 控制臺，可以用來查看 JavaScript 錯誤。對於 Firefox，需要安裝 Firebug，其他瀏覽器直接使用 console 對象寫入消息即可。

console 對象的方法

方法名	說明
error(message)	將錯誤消息記錄到控制臺
info(message)	將信息性消息記錄到控制臺
log(message)	將一般消息記錄到控制臺
warn(message)	將警告消息記錄到控制臺

```
console.error('錯誤！');              //紅色帶叉
console.info('信息！');               //白色帶信息號
console.log('日誌！');                //白色
console.warn('警告！');               //黃色帶感嘆號
```

PS：這裡以 Firefox 為標準，其他瀏覽器會稍有差異。

```
var num1 = 1;
console.log( typeof num1 );           //得到 num1 的類型
var num2 = 'b';
console.log( typeof num2 );           //得到 num2 的類型
var result = num1 + num2;
alert( result );                      //結果是 1b，匪夷所思
```

PS：我們誤把 num2 賦值成字符串了，其實應該是數值，導致最后的結果是 1b。那麼傳統調試就必須使用 alert(typeo num1) 來看看是不是數值類型，比較麻煩，因為 alert( ) 會阻斷后面的執行，看過之後還要刪，刪完估計一會兒又忘了，然后又要 alert(typeof num1) 來加深印象。如果用了 console.log 的話，所有要調試的變量一目了然，也不需要刪除，放著也沒事。

7. 將錯誤拋出

之前已經將結果錯誤的拋出，這裡不再贅述。

```
if ( typeof num2 ! = 'number' ) throw new Error('變量必須是數值！');
```

五、調試工具

IE8、Firefox、Chrome、Opera、Safari 都自帶了自己的調試工具，而開發人員只習慣了 Firefox 一種，所以很多情況下，在 Firefox 開發調試，然后去其他瀏覽器做兼容。其實 Firebug 工具提供了一種 Web 版的調試工具：Firebug lite。

以下是網頁版直接調用調試工具的代碼：直接複製到瀏覽器網址即可。
javascript:(function(F,i,r,e,b,u,g,L,I,T,E){if(F.getElementById(b))return;E=F[i+'NS']&&F.documentElement.namespaceURI;E=E?F[i+'NS'](E,'script'):F[i]('script');E[r]('id',b);E[r]('src',I+g+T);E[r](b,u);(F[e]('head')[0]||F[e]('body')[0]).appendChild(E);E=new%20Image;E[r]('src',I+L);})(document,'createElement','setAttribute','getElementsByTagName','FirebugLite','4','firebug-lite.js','releases/lite/latest/skin/xp/sprite.png','https: //getfirebug.com/','#startOpened');

還有一種離線版，把 firebug-lite 下載好，載入工具即可，導致最終工具無法運行，其他瀏覽器運行完好。雖然 Web 版本的 Firebug Lite 可以跨瀏覽器使用 Firebug，但除了 Firefox 原生的之外，都不支持斷點、單步調試、監視、控制臺等功能。好在其他瀏覽器自己的調試器都有。

PS：Chrome 瀏覽器必須在服務器端方可有效。測試也發現，只能簡單調試，如果遇到錯誤，系統不能自動拋出錯誤給 firebug-lite。

1. 設置斷點
我們可以選擇 Script(腳本)，點擊要設置斷點的 JS 腳本處，即可設置斷點。當我們需要調試的時候，從斷點初開始模擬運行，發現代碼執行的流程和變化。

2. 單步調試
設置完斷點后，可以點擊單步調試，一步步看代碼執行的步驟和流程。上面有五個按鈕：
(1) 重新運行：重新單步調試；
(2) 斷繼：正常執行代碼；
(3) 單步進入：一步一步執行流程；
(4) 單步跳過：跳到下一個函數塊；
(5) 單步退出：跳出執行到內部的函數。

3. 監控
單擊「監控」選項卡上，可以查看在單步進入時，所有變量值的變化。你也可以新建監控表達式來重點查看自己所關心的變量。

4. 控制臺
顯示各種信息。之前已瞭解過。

PS：其他瀏覽器除 IE8 以上均可實現上述的調試功能，大家可以自己嘗試一下。而我們主要採用 Firebug 進行調試然后兼容到其他瀏覽器的做法以提高開發效率。

第 29 章
Cookie 與存儲

學習要點:

1. cookie
2. cookie 的局限性
3. 其他存儲

隨著 Web 越來越複雜,開發者急切地需要能夠本地化存儲的腳本功能。這個時候,第一個出現的方案:cookie 誕生了。cookie 的意圖是:在本地的客戶端的磁盤上以很小的文件形式保存數據。

一、Cookie

cookie 也叫 HTTP Cookie,最初是客戶端與服務器端進行會話使用的。比如,會員登錄,下次回訪網站時無須登錄了;或者是購物車,購買的商品沒有及時付款,過兩天發現購物車裡還有之前的商品列表。

HTTP Cookie 要求服務器對任意 HTTP 請求發送 Set-Cookie,因此,Cookie 的處理原則上需要在服務器環境下進行。當然,現在大部分瀏覽器在客戶端也能實現 Cookie 的生成和獲取(目前 Chrome 不可以在客戶端操作,其他瀏覽器均可)。

cookie 由名/值對形式的文本組成:name=value。完整格式為:
name=value;[expires=date];[path=path];[domain=somewhere.com];[secure]
中括號是可選,name=value 是必選。
document.cookie = 'user=' + encodeURIComponent('高寒');   //編碼寫入
alert(decodeURIComponent(document.cookie));   //解碼讀取

expires=date 失效時間,如果沒有聲明,則為瀏覽器關閉後即失效。聲明了失效時間,那麼時間到期後方能失效。
var date = new Date();   //創建一個
date.setDate(date.getDate() + 7);

```
document.cookie = "user=" + encodeURIComponent('高寒') +";expires=" + date;
```

PS:可以通過 Firefox 瀏覽器查看和驗證失效時間。如果要提前刪除 cookie 也非常簡單，只要重新創建 cookie 把時間設置當前時間之前即可:date.getDate( ) – 1 或 new Date(0)。

path=path 訪問路徑，當設置了路徑，那麼只有設置的那個路徑文件才可以訪問 cookie。

```
var path = '/E:/%E5%A4%87%E8%AF%BE%E7%AC%94%E8%AE%B0/JS1/29/demo';
document.cookie = "user=" + encodeURIComponent('高寒') + ";path=" + path;
```

PS:為了操作方便，我直接把路徑複製下來，並且增加了一個目錄以強調效果。

domain=domain 訪問域名，用於限制只有設置的域名才可以訪問，那麼沒有設置，會默認限制為創建 cookie 的域名。

```
var domain = 'yc60.com';
document.cookie = "user=" + encodeURIComponent('高寒') + ";domain=" + domain;
```

PS:如果定義了 yc60.com，那麼在這個域名下的任何網頁都可訪問，如果定義了 v.yc60.com，那麼只能在這個二級域名訪問該 cookie，而主域名和其他子域名則不能訪問。

PS:設置域名，必須在當前域名綁定的服務器上設置，如果在 yc60.com 服務器上隨意設置其他域名，則會無法創建 cookie。

secure 安全設置，指明必須通過安全的通信通道來傳輸(HTTPS)才能獲取 cookie。
```
document.cookie = "user=" + encodeURIComponent('高寒') + ";secure";
```

PS:https 安全通信連結需要單獨配置。

JavaScript 設置、讀取和刪除並不是特別的直觀方便，我們可以封裝成函數來方便調用。

```
//創建 cookie
function setCookie(name, value, expires, path, domain, secure) {
    var cookieText = encodeURIComponent(name) + '=' + encodeURIComponent(value);
    if (expires instanceof Date) {
        cookieText += '; expires=' + expires;
    }
    if (path) {
        cookieText += '; expires=' + expires;
```

```javascript
        }
        if (domain) {
            cookieText += '; domain=' + domain;
        }
        if (secure) {
            cookieText += '; secure';
        }
        document.cookie = cookieText;
    }

    //獲取 cookie
    function getCookie(name) {
        var cookieName = encodeURIComponent(name) + '=';
        var cookieStart = document.cookie.indexOf(cookieName);
        var cookieValue = null;

        if (cookieStart > -1) {
            var cookieEnd = document.cookie.indexOf(';', cookieStart);
            if (cookieEnd == -1) {
                cookieEnd = document.cookie.length;
            }
            cookieValue = decodeURIComponent(
                document.cookie.substring(cookieStart + cookieName.length, cookieEnd));
        }
        return cookieValue;
    }

    //刪除 cookie
    function unsetCookie(name) {
        document.cookie = name + "=; expires=" + new Date(0);
    }

    //失效天數,直接傳一個天數即可
    function setCookieDate(day) {
        if (typeof day == 'number' && day > 0) {
            var date = new Date();
            date.setDate(date.getDate() + day);
        } else {
```

```
            throw new Error('傳遞的 day 必須是一個天數,必須比 0 大');
        }
        return date;
    }
```

二、cookie 的局限性

cookie 雖然為持久保存客戶端用戶數據提供了方便,分擔了服務器存儲的負擔,但是仍有很多局限性。

第一:每個特定的域名下最多生成 20 個 cookie(根據不同的瀏覽器有所區別)。
(1) IE6 或更低版本最多 20 個 cookie。
(2) IE7 和之后的版本最多可以 50 個 cookie。IE7 最初也只能 20 個,之后因被升級不定后增加了。
(3) Firefox 最多 50 個 cookie。
(4) Opera 最多 30 個 cookie。
(5) Safari 和 Chrome 沒有做硬性限制。

PS:為了更好的兼容性,所以按照最低的要求來,也就是最多不得超過 20 個 cookie。當超過指定的 cookie 時,瀏覽器會清理掉早期的 cookie。IE 和 Opera 會清理近期最少使用的 cookie,Firefox 會隨機清理 cookie。

第二:cookie 的最大大約為 4096 字節(4k),為了更好的兼容性,一般不能超過 4095 字節即可。

第三:cookie 存儲在客戶端的文本文件,所以特別重要和敏感的數據是不建議保存在 cookie 的,比如銀行卡號、用戶密碼等。

三、其他存儲

IE 提供了一種存儲可以持久化用戶數據,叫做 userData,從 IE5.0 就開始支持。每個數據最多 128K,每個域名下最多 1M。這個持久化數據存放在緩存中,如果緩存沒有清理,那麼會一直存在。

```
<div style="behavior:url(#default#userData)" id="box"></div>

addEvent(window, 'load', function () {
    var box = document.getElementById('box');
    box.setAttribute('name', encodeURIComponent('高寒'));
    box.save('bookinfo');
```

```
    //box.removeAttribute('name');        //刪除 userDate
    //box.save('bookinfo');

    box.load('bookinfo');
    alert(decodeURIComponent(box.getAttribute('name')));
});
```

PS:這個數據文件也是保存在 cookie 目錄中,只要清除 cookie 即可。如果指定過期日期,則到期后自動刪除,如果沒有指定就是永久保存。

Web 存儲:

在比較高版本的瀏覽器,JavaScript 提供了 sessionStorage 和 globalStorage。在 HTML5 中提供了 localStorage 來取代 globalStorage。而瀏覽器最低版本為:IE8+、Firefox3.5+、Chrome 4+和 Opera10.5+。

PS:由於這三個對瀏覽器版本要求較高,我們就只簡單的在 Firefox 瞭解一下,有興趣的可以通過關鍵字搜索查詢。

```
//通過方法存儲和獲取
sessionStorage.setItem('name', '高寒');
alert(sessionStorage.getItem('name'));

//通過屬性存儲和獲取
sessionStorage.book = '高寒';
alert(sessionStorage.book);

//刪除存儲
sessionStorage.removeItem('name');
```

PS:由於 localStorage 代替了 globalStorage,所以在 Firefox、Opera 和 Chrome 目前的最新版本已不支持。

```
//通過方法存儲和獲取
localStorage.setItem('name', '高寒');
alert(localStorage.getItem('name'));

//通過屬性存儲和獲取
localStorage.book = '高寒';
alert(localStorage.book);
```

```
//刪除存儲
localStorage.removeItem('name');
```

PS:這三個對象都是永久保存的,保存在緩存裡,只有手工刪除或者清理瀏覽器緩存方可失效。在容量上也有一些限制,主要看瀏覽器的差異,Firefox3+、IE8+、Opera 為 5M,Chrome 和 Safari 為 2.5M。

第 30 章
XML

學習要點：

1. IE 中的 XML
2. DOM2 中的 XML
3. 跨瀏覽器處理 XML

隨著互聯網的發展，Web 應用程序的豐富，開發人員越來越希望能夠使用客戶端來操作 XML 技術。而 XML 技術一度成為存儲和傳輸結構化數據的標準。所以，本章就詳細探討一下 JavaScript 中使用 XML 的技術。

對於什麼是 XML、XML 是幹什麼用的，這裡就不再贅述了，在以往的 XHTML 或 PHP 課程中都有涉及，可以將其理解成一個微型的結構化的數據庫，保存一些小型數據用的。

一、IE 中的 XML

在統一的正式規範出來以前，瀏覽器對於 XML 的解決方案各不相同。DOM2 級提出了動態創建 XML DOM 規範，DOM3 進一步增強了 XML DOM。所以，在不同的瀏覽器實現 XML 的處理是一件比較麻煩的事情。

1. 創建 XMLDOM 對象

IE 瀏覽器是第一個原生支持 XML 的瀏覽器，而它是通過 ActiveX 對象實現的。這個對象，只有 IE 有，一般是 IE9 之前採用。微軟當年為了開發人員方便的處理 XML，創建了 MSXML 庫，但沒有讓 Web 開發人員通過瀏覽器訪問相同的對象。

```
var xmlDom = new ActiveXObject('MSXML2.DOMDocument');
```

ActiveXObject 類型

XML 版本字符串	說明
Microsoft.XmlDom	最初隨同 IE 發布，不建議使用
MSXML2.DOMDocument	腳本處理而更新的版本，僅在特殊情況作為備份用

續上表

XML 版本字符串	說明
MSXML2.DOMDocument.3.0	在 JavaScript 中使用,這是最低的建議版本
MSXML2.DOMDocument.4.0	腳本處理時並不可靠,使用這個版本導致安全警告
MSXML2.DOMDocument.5.0	腳本處理時並不可靠,使用這個版本導致安全警告
MSXML2.DOMDocument.6.0	腳本能夠可靠處理的最新版本

PS:在這六個版本中微軟只推薦三種:
(1) MSXML2.DOMDocument.6.0(最可靠最新的版本);
(2) MSXML2.DOMDocument.3.0(兼容性較好的版本);
(3) MSXML2.DOMDocument(僅針對 IE5.5 之前的版本)。

PS:這三個版本在不同的 windows 平臺和瀏覽器下會有不同的支持,那麼為了實現兼容,我們應該考慮這樣操作:按照 6.0->3.0->備用版本這條路線進行實現。

```
function createXMLDOM( ) {
    var version = [
                    'MSXML2.DOMDocument.6.0',
                    'MSXML2.DOMDocument.3.0',
                    'MSXML2.DOMDocument'
    ];
    for ( var i = 0; i < version.length; i ++) {
        try {
            var xmlDom = new ActiveXObject( version[i] );
            return xmlDom;
        } catch (e) {
            //跳過
        }
    }
    throw new Error('您的系統或瀏覽器不支持 MSXML!');    //循環后拋出錯誤
}
```

2. 載入 XML

如果已經獲取了 XMLDOM 對象,那麼可以使用 loadXML( ) 和 load( ) 這兩個方法分別載入 XML 字符串或 XML 文件。

　　xmlDom.loadXML('<root version="1.0"><user>Lee</user></root>');
　　alert(xmlDom.xml);

PS:loadXML 參數直接就是 XML 字符串,如果想效果更好,可以添加換行符\n。.xml 屬性可以序列化 XML,獲取整個 XML 字符串。

　　xmlDom.load('test.xml');   //載入一個 XML 文件

```
alert(xmlDom.xml);
```

當你已經可以加載了 XML,那麼你就可以用之前學習的 DOM 來獲取 XML 數據,比如標籤內的某個文本。

```
var user = xmlDom.getElementsByTagName('user')[0];   //獲取<user>節點
alert(user.tagName);                                  //獲取<user>元素標籤
alert(user.firstChild.nodeValue);                     //獲取<user>裡的值 Lee
```

DOM 不單單可以獲取 XML 節點,也可以創建。

```
var email = xmlDom.createElement('email');
xmlDom.documentElement.appendChild(email);
```

3. 同步及異步

load() 方法是用於服務器端載入 XML 的,並且限制在同一臺服務器上的 XML 文件。那麼在載入的時候有兩種模式:同步和異步。

所謂同步,就是在加載 XML 完成之前,代碼不會繼續執行,直到完全加載了 XML 再返回。好處就是簡單方便;壞處就是如果加載的數據停止回應或延遲太久,瀏覽器會一直堵塞從而造成假死狀態。

```
xmlDom.async = false;           //設置同步,false,可以用 PHP 測試假死
```

所謂異步,就是在加載 XML 時,JavaScript 會把任務丟給瀏覽器內部後臺去處理,不會造成堵塞,但要配合 readystatechange 事件使用,所以,通常我們都使用異步方式。

```
xmlDom.async = true;            //設置異步,默認
```

通過異步加載,我們發現獲取不到 XML 的信息。原因是,它並沒有完全加載 XML 就返回了,也就是說,在瀏覽器內部加載一點,返回一點;加載一點,返回一點……這個時候,我們需要判斷是否完全加載,並且可以使用了,再進行獲取輸出。

XML DOM 中 readystatechange 事件

就緒狀態	說明
1	DOM 正在加載
2	DOM 已經加載完數據
3	DOM 已經可以使用,但某些部分還無法訪問
4	DOM 已經完全可以
PS:readyState 可以獲取就緒狀態值	

```
var xmlDom = createXMLDOM();
xmlDom.async = true;                      //異步,可以不寫
xmlDom.onreadystatechange = function() {
    if (xmlDom.readyState == 4) {         //完全加載了,再去獲取 XML
```

```
        alert(xmlDom.xml);
    }
}
xmlDom.load('test.xml');                //放在后面重點體現異步的作用
```

PS:可以通過 readyState 來瞭解事件的執行次數,將 load( ) 方法放到最后不會因為代碼的順序而導致沒有加載。並且 load( ) 方法必須放在 onreadystatechange 之后,才能保證就緒狀態變化時調用該事件處理程序,因為要先觸發。用 PHP 來測試,在瀏覽器內部執行時,是否能操作,是否會假死。

PS:不能夠使用 this,不能夠用 IE 的事件處理函數,原因是 ActiveX 控件為了預防安全性問題。

PS:雖然可以通過 XML DOM 文檔加載 XML 文件,但公認的還是 XMLHttpRequest 對象比較好。這方面內容,我們在 Ajax 章節詳細瞭解。

4. 解析錯誤

在加載 XML 時,無論使用 loadXML( ) 或 load( ) 方法,都有可能遇到 XML 格式不正確的情況。為瞭解決這個問題,微軟的 XML DOM 提供了 parseError 屬性。

parseError 屬性對象

屬性	說明
errorCode	發生的錯誤類型的數字代號
filepos	發生錯誤文件中的位置
line	錯誤行號
linepos	遇到錯誤行號那一行上的字符的位置
reason	錯誤的解釋信息

```
if (xmlDom.parseError == 0){
    alert(xmlDom.xml);
}else{
    throw new Error('錯誤行號:' + xmlDom.parseError.line +
            '\n 錯誤代號:' + xmlDom.parseError.errorCode +
            '\n 錯誤解釋:' + xmlDom.parseError.reason);
}
```

二、DOM2 中的 XML

IE 可以實現了對 XML 字符串或 XML 文件的讀取,其他瀏覽器也各自實現了對 XML 處理功能。DOM2 級在 document.implementaion 中引入了 createDocument( ) 方法。IE9、

Firefox、Opera、Chrome 和 Safari 都支持這個方法。

1. 創建 XMLDOM 對象
```
var xmlDom = document.implementation.createDocument(",'root',null);    //創建 xmlDom
var user = xmlDom.createElement('user');                                //創建 user 元素
xmlDom.getElementsByTagName('root')[0].appendChild(user);               //添加到 root 下
var value = xmlDom.createTextNode('Lee');                               //創建文本
xmlDom.getElementsByTagName('user')[0].appendChild(value);              //添加到 user 下
alert(xmlDom.getElementsByTagName('root')[0].tagName);
alert(xmlDom.getElementsByTagName('user')[0].tagName);
alert(xmlDom.getElementsByTagName('user')[0].firstChild.nodeValue);
```

PS：由於 DOM2 中不支持 loadXML() 方法，所以，無法簡易的直接創建 XML 字符串。所以，只能採用以上的做法。

PS：createDocument() 方法需要傳遞三個參數，命名空間、根標籤名和文檔聲明，由於 JavaScript 管理命名空間比較困難，所以留空即可。文檔聲明一般根本用不到，直接 null 即可。命名空間和文檔聲明留空，表示創建 XMLDOM 對象不需要命名空間和文檔聲明。

PS：命名空間的用途是防止太多的重名而進行的分類，文檔類型表明此文檔符合哪種規範，而這裡創建 XMLDOM 不需要使用這兩個參數，所以留空即可。

2. 載入 XML
DOM2 只支持 load() 方法，載入一個同一臺服務器的外部 XML 文件。當然，DOM2 也有 async 屬性，來表面同步或異步，默認異步。
```
//同步情況下
var xmlDom = document.implementation.createDocument(",'root',null);
xmlDom.async = false;
xmlDom.load('test.xml');
alert(xmlDom.getElementsByTagName('user')[0].tagName);

//異步情況下
var xmlDom = document.implementation.createDocument(",'root',null);
xmlDom.async = true;
addEvent(xmlDom, 'load', function () {           //異步直接用 onload 即可
    alert(this.getElementsByTagName('user')[0].tagName);
});
xmlDom.load('test.xml');
```

PS：不管在同步或異步來獲取 load() 方法只有 Mozilla 的 Firefox 才能支持，只不過新版的 Opera 也是支持的，其他瀏覽器則不支持。

3. DOMParser 類型
由於 DOM2 沒有 loadXML() 方法直接解析 XML 字符串，所以提供了 DOMParser 類

型來創建 XML DOM 對象。IE9、Safari、Chrome 和 Opera 都支持這個類型。
```
var xmlParser = new DOMParser();           //創建 DOMParser 對象
var xmlStr = '<user>Lee</user></root>';    //XML 字符串
var xmlDom = xmlParser.parseFromString(xmlStr, 'text/xml');//創建 XML DOM 對象
alert(xmlDom.getElementsByTagName('user')[0].tagName);//獲取 user 元素標籤名
```

PS：XML DOM 對象是通過 DOMParser 對象中的 parseFromString 方法來創建的，兩個參數：XML 字符串和內容類型 text/xml。

4. XMLSerializer 類型
由於 DOM2 沒有序列化 XML 的屬性，所以提供了 XMLSerializer 類型來幫助序列化 XML 字符串。IE9、Safari、Chrome 和 Opera 都支持這個類型。
```
var serializer = new XMLSerializer();          //創建 XMLSerializer 對象
var xml = serializer.serializeToString(xmlDom); //序列化 XML
alert(xml);
```

5. 解析錯誤
在 DOM2 級處理 XML 發生錯誤時，並沒有提供特有的對象來捕獲錯誤，而是直接生成另一個錯誤的 XML 文檔，通過這個文檔可以獲取錯誤信息。
```
var errors = xmlDom.getElementsByTagName('parsererror');
if (errors.length > 0) {
    throw new Error('XML 格式有誤:' + errors[0].textContent);
}
```

PS：errors[0].firstChild.nodeValue 也可以使用 errors[0].textContent 來代替。

三、跨瀏覽器處理 XML

如果要實現跨瀏覽器處理 XML，就要思考以下幾個問題：
（1）load() 只有 IE、Firefox、Opera 支持，所以無法跨瀏覽器；
（2）獲取 XML DOM 對象順序問題，先判斷先進的 DOM2，然後再去判斷落后的 IE；
（3）針對不同的 IE 和 DOM2 級要使用不同的序列化；
（4）針對不同的報錯進行不同的報錯機制。

```
//首先，我們需要跨瀏覽器獲取 XML DOM
function getXMLDOM(xmlStr) {
    var xmlDom = null;

    if (typeof window.DOMParser != 'undefined') {      //W3C
        xmlDom = (new DOMParser()).parseFromString(xmlStr, 'text/xml');
        var errors = xmlDom.getElementsByTagName('parsererror');
```

```javascript
            if (errors.length > 0) {
                throw new Error('XML 解析錯誤:' + errors[0].firstChild.nodeValue);
            }
        } else if (typeof window.ActiveXObject != 'undefined') {        //IE
            var version = [
                            'MSXML2.DOMDocument.6.0',
                            'MSXML2.DOMDocument.3.0',
                            'MSXML2.DOMDocument'
            ];
            for (var i = 0; i < version.length; i ++) {
                try {
                    xmlDom = new ActiveXObject(version[i]);
                } catch (e) {
                    //跳過
                }
            }
            xmlDom.loadXML(xmlStr);
            if (xmlDom.parseError != 0) {
                throw new Error('XML 解析錯誤:' + xmlDom.parseError.reason);
            }
        } else {
            throw new Error('您所使用的系統或瀏覽器不支持 XML DOM!');
        }

        return xmlDom;
    }

    //其次,我們還必須跨瀏覽器序列化 XML
    function serializeXML(xmlDom) {
        var xml = '';
        if (typeof XMLSerializer != 'undefined') {
            xml = (new XMLSerializer()).serializeToString(xmlDom);
        } else if (typeof xmlDom.xml != 'undefined') {
            xml = xmlDom.xml;
        } else {
            throw new Error('無法解析 XML!');
        }
        return xml;
    }
```

PS:由於兼容性序列化過程有一定的差異,可能返回的結果字符串會有一些不同。至於 load() 加載 XML 文件則因為只有部分瀏覽器支持而無法跨瀏覽器。

第 31 章
XPath

學習要點:

1. IE 中的 XPath
2. W3C 中的 XPath
3. XPath 跨瀏覽器兼容

　　XPath 是一種節點查找手段,對比之前使用標準 DOM 去查找 XML 中的節點方式,大大降低了查找難度,方便開發者使用。但是,DOM3 級以前的標準並沒有就 XPath 做出規範;直到 DOM3 在首次推薦到標準規範行列。大部分瀏覽器實現了這個標準,IE 則以自己的方式實現了 XPath。

一、IE 中的 XPath

　　在 IE8 及之前的瀏覽器中,XPath 是採用內置基於 ActiveX 的 XML DOM 文檔對象實現的。在每一個節點上提供了兩個方法:selectSingleNode( ) 和 selectNodes( )。
　　selectSingleNode( ) 方法接受一個 XPath 模式(也就是查找路徑),找到匹配的第一個節點並將它返回,沒有則返回 null。

```
var user = xmlDom.selectSingleNode('root/user');    //得到第一個 user 節點
alert(user.xml);                                     //查看 xml 序列
alert(user.tagName);                                 //節點元素名
alert(user.firstChild.nodeValue);                    //節點內的值
```

　　上下文節點:我們通過 xmlDom 這個對象實例調用方法,而 xmlDom 這個對象實例其實就是一個上下文節點,這個節點指針指向的是根,也就是 root 元素之前。那麼如果我們把這個指針指向 user 元素之前,那麼結果就會有所變化。

```
//通過 xmlDom,並且使用 root/user 的路徑
var user = xmlDom.selectSingleNode('root/user');
alert(user.tagName);                                 //user
```

```
//通過 xmlDom.documentElement,並且使用 user 路徑,省去了 root
var user = xmlDom.documentElement.selectSingleNode('user');
alert(user.tagName);                    //user

//通過 xmlDom,並且使用 user 路徑,省去了 root
var user = xmlDom.selectSingleNode('user');
alert(user.tagName);                    //找不到了,出錯
```

PS:xmlDom 和 xmlDom.documentElement 都是上下文節點,主要就是定位當前路徑查找的指針,而 xmlDom 對象實例的指針就是在最根上。

XPath 常用語法:

```
//通過 user[n]來獲取第 n+1 條節點,PS:XPath 其實是按 1 為起始值的
var user = xmlDom.selectSingleNode('root/user[1]');
alert(user.xml);

//通過 text( )獲取節點內的值
var user = xmlDom.selectSingleNode('root/user/text( )');
alert(user.xml);
alert(user.nodeValue);

//通過//user 表示在整個 xml 獲取到 user 節點,不關心任何層次
var user = xmlDom.selectSingleNode('//user');
alert(user.xml);

//通過 root//user 表示在 root 包含的層次下獲取到 user 節點,在 root 內不關心任何層次
var user = xmlDom.selectSingleNode('root//user');
alert(user.tagName);

//通過 root/user[@id=6]表示獲取 user 中 id=6 的節點
var user = xmlDom.selectSingleNode('root/user[@id=6]');
alert(user.xml);
```

PS:更多的 XPath 語法,可以參考 XPath 手冊或者 XML DOM 手冊進行參考,這裡只提供了最常用的語法。

selectSingleNode( )方法是獲取單一節點,而 selectNodes( )方法則是獲取一個節點集合。

```
var users = xmlDom.selectNodes('root/user');   //獲取 user 節點集合
alert(users.length);
```

alert(users[1].xml);

二、W3C 下的 XPath

在 DOM3 級 XPath 規範定義的類型中,最重要的兩個類型是 XPathEvaluator 和 XPathResult。其中,XPathEvaluator 用於在特定上下文對 XPath 表達式求值。

XPathEvaluator 的方法

方法	說明
createExpression(e, n)	將 XPath 表達式及命名空間轉化成 XPathExpression
createNSResolver(n)	根據 n 命名空間創建一個新的 XPathNSResolver 對象
evaluate(e, c, n, t, r)	結合上下文來獲取 XPath 表達式的值

W3C 實現 XPath 查詢節點比 IE 來的複雜,首先第一步就是需要得到 XPathResult 對象的實例。得到這個對象實例有兩種方法:一種是通過創建 XPathEvaluator 對象執行 evaluate() 方法;另一種是直接通過上下文節點對象(比如 xmlDom)來執行 evaluate() 方法。

//使用 XPathEvaluator 對象創建 XPathResult
var eva = new XPathEvaluator();
var result = eva.evaluate('root/user', xmlDom, null,
            XPathResult.ORDERED_NODE_ITERATOR_TYPE, null);
alert(result);

//使用上下文節點對象(xmlDom)創建 XPathResult
var result = xmlDom.evaluate('root/user', xmlDom, null,
            XPathResult.ORDERED_NODE_ITERATOR_TYPE, null);
alert(result);

相對而言,第二種簡單方便一點,但 evaluate 方法有五個屬性:①XPath 路徑;②上下文節點對象;③命名空間求解器(通常是 null);④返回結果類型;⑤保存結果的 XPathResult 對象(通常是 null)。

返回的結果類型有 10 種

常量	說明
XPathResult.ANY_TYPE	返回符合 XPath 表達式類型的數據
XPathResult.ANY_UNORDERED_NODE_TYPE	返回匹配節點的節點集合,但順序可能與文檔中的節點的順序不匹配
XPathResult.BOOLEAN_TYPE	返回布爾值
XPathResult.FIRST_ORDERED_NODE_TYPE	返回只包含一個節點的節點集合,且這個節點是在文檔中第一個匹配的節點

續上表

常量	說明
XPathResult.NUMBER_TYPE	返回數字值
XPathResult.ORDERED_NODE_ITERATOR_TYPE	返回匹配節點的節點集合，順序為節點在文檔中出現的順序，這是最常用到的結果類型
XPathResult.ORDERED_NODE_SNAPSHOT_TYPE	返回節點集合快照，在文檔外捕獲節點，這樣將來對文檔的任何修改都不會影響這個節點列表
XPathResult.STRING_TYPE	返回字符串值
XPathResult.UNORDERED_NODE_ITERATOR_TYPE	返回匹配節點的節點集合，不過順序可能不會按照節點在文檔中出現的順序排列
XPathResult.UNORDERED_NODE_SNAPSHOT_TYPE	返回節點集合快照，在文檔外捕獲節點，這樣將來對文檔的任何修改都不會影響這個節點列表

PS：上面的常量過於繁重，對於我們只需要學習瞭解，其實也就需要兩個：①獲取一個單一節；②獲取一個節點集合。

1. 獲取一個單一節點

```
var result = xmlDom.evaluate('root/user', xmlDom, null,
                    XPathResult.FIRST_ORDERED_NODE_TYPE, null);
if (result ! == null) {
    alert(result.singleNodeValue.tagName);   //singleNodeValue 屬性得到節點對象
}
```

2. 獲取一個節點集合

```
var result = xmlDom.evaluate('root/user', xmlDom, null,
                    XPathResult.ORDERED_NODE_ITERATOR_TYPE, null);
var nodes = [];
if (result ! == null) {
    while ((node = result.iterateNext()) ! == null) {
        nodes.push(node);
    }
}
```

PS：節點集合的獲取方式，是通過迭代器遍歷而來的，我們保存到數據中就模擬出與 IE 相似的風格。

三、XPath 跨瀏覽器兼容

如果要做 W3C 和 IE 的跨瀏覽器兼容，我們要思考幾個問題：①如果傳遞一個節點的下標，IE 是從 0 開始計算，W3C 從 1 開始計算，可以通過傳遞獲取下標進行增 1 減 1 的操作來進行;②獨有的功能放棄,以保證跨瀏覽器;③只獲取單一節點和節點列表即可,基本可以完成所有的操作。

```javascript
//跨瀏覽器獲取單一節點
function selectSingleNode(xmlDom, xpath) {
    var node = null;

    if (typeof xmlDom.evaluate != 'undefined') {
        var patten = /\[(\d+)\]/g;
        var flag = xpath.match(patten);
        var num = 0;
        if (flag !== null) {
            num = parseInt(RegExp.$1) + 1;
            xpath = xpath.replace(patten, '[' + num + ']');
        }
        var result = xmlDom.evaluate(xpath, xmlDom, null,
                        XPathResult.FIRST_ORDERED_NODE_TYPE, null);
        if (result !== null) {
            node = result.singleNodeValue;
        }
    } else if (typeof xmlDom.selectSingleNode != 'undefined') {
        node = xmlDom.selectSingleNode(xpath);
    }
    return node;
}

//跨瀏覽器獲取節點集合
function selectNodes(xmlDom, xpath) {
    var nodes = [];
    if (typeof xmlDom.evaluate != 'undefined') {
        var patten = /\[(\d+)\]/g;
        var flag = xpath.match(patten);
        var num = 0;
        if (flag !== null) {
            num = parseInt(RegExp.$1) + 1;
            xpath = xpath.replace(patten, '[' + num + ']');
        }
        var node = null;
        var result = xmlDom.evaluate('root/user', xmlDom, null,
                        XPathResult.ORDERED_NODE_ITERATOR_TYPE, null);
        if (result !== null) {
```

```javascript
            while ((node = result.iterateNext()) !== null) {
                nodes.push(node);
            }
        }
    } else if (typeof xmlDom.selectNodes != 'undefined') {
        nodes = xmlDom.selectNodes(xpath);
    }
    return nodes;
}
```

PS：在傳遞 xpath 路徑時，沒有做驗證判斷是否合法，有興趣的同學可以自行完成。
在 XML 還有一個重要章節是 XSLT 和 EX4，由於使用頻率的緣故，我們暫且不講。

第 32 章
JSON

學習要點：

1. JSON 語法
2. 解析和序列化

前兩章我們探討了 XML 的結構化數據，但開發人員覺得這種微型的數據結構還是過於繁瑣、冗長了。為瞭解決這個問題，JSON 的結構化數據出現了。JSON 是 JavaScript 的一個嚴格的子集，利用 JavaScript 中的一些模式來表示結構化數據。

一、JSON 語法

JSON 和 XML 類型，都是一種結構化的數據表示方式。所以，JSON 並不是 JavaScript 獨有的數據格式，其他很多語言都可以對 JSON 進行解析和序列化。

JSON 的語法可以表示三種類型的值：

（1）簡單值：可以在 JSON 中表示字符串、數值、布爾值和 null。但 JSON 不支持 JavaScript 中的特殊值 undefined。

（2）對象：顧名思義。

（3）數組：顧名思義。

1. 簡單值

"Lee" 這兩個量就是 JSON 的表示方法，一個是 JSON 數值，一個是 JSON 字符串。布爾值和 null 也是有效的形式。但實際運用中要結合對象或數組。

2. 對象

JavaScript 對象字面量表示法：

```
var box = {
    name : 'Lee',
    age : 100
};
```

而 JSON 中的對象表示法需要加上雙引號,並且不存在賦值運算和分號:

```
{
    "name" : "Lee",                    //使用雙引號,否則轉換會出錯
    "age" : 100
}
```

3. 數組

JavaScript 數組字面量表示法:
var box = [100, 'Lee', true];

而 JSON 中的數組表示法同樣沒有變量賦值和分號:
[100, "Lee", true]

一般比較常用的一種複雜形式是數組結合對象的形式:
```
[
    {
        "title" : "a",
        "num" : 1
    },
    {
        "title" : "b",
        "num" : 2
    },
    {
        "title" : "c",
        "num" : 3
    }
]
```

PS:一般情況下,我們可以把 JSON 結構數據保存到一個文本文件裡,然後通過 XMLHttpRequest 對象去加載它,得到這串結構數據字符串(XMLHttpRequest 對象將在 Aajx 章節中詳細探討)。所以,我們可以模擬這種過程。

模擬加載 JSON 文本文件的數據,並且賦值給變量。
var box = '[{"name" : "a","age" : 1},{"name" : "b","age" : 2}]';

PS;上面這短代碼模擬了 var box = load('demo.json');賦值過程。因為通過 load 加載的文本文件,不管內容是什麼,都必須是字符串。所以兩邊要加上雙引號。

其實 JSON 就是比普通數組多了兩邊的雙引號,普通數組如下:

```
var box = [{name : 'a', age : 1},{name : 'b', age : 2}];
```

二、解析和序列化

如果是載入的 JSON 文件,我們需要對其進行使用,那麼就必須對 JSON 字符串解析成原生的 JavaScript 值。當然,如果是原生的 JavaScript 對象或數組,也可以轉換成 JSON 字符串。

對於講 JSON 字符串解析為 JavaScript 原生值,早期採用的是 eval() 函數。但這種方法既不安全,可能還會執行一些惡意代碼。

```
var box = '[{"name" : "a","age" : 1},{"name" : "b","age" : 2}]';
alert(box);                              //JSON 字符串
var json = eval(box);                    //使用 eval() 函數解析
alert(json);                             //得到 JavaScript 原生值
```

ECMAScript5 對解析 JSON 的行為進行規範,定義了全局對象 JSON。支持這個對象的瀏覽器有 IE8+、Firefox3.5+、Safari4+、Chrome 和 Opera10.5+。不支持的瀏覽器也可以通過一個開源庫 json.js 來模擬執行。JSON 對象提供了兩個方法:一個是將原生 JavaScript 值轉換為 JSON 字符串:stringify();另一個是將 JSON 字符串轉換為 JavaScript 原生值:parse()。

```
var box = '[{"name" : "a","age" : 1},{"name" : "b","age" : 2}]';   //特別注意,鍵要用雙引號
alert(box);
var json = JSON.parse(box);              //不是雙引號,會報錯
alert(json);


var box = [{name : 'a', age : 1},{name : 'b', age : 2}];   //JavaScript 原生值
var json = JSON.stringify(box);          //轉換成 JSON 字符串
alert(json);                             //自動雙引號
```

在序列化 JSON 的過程中,stringify() 方法還提供了第二個參數:第一個參數可以是一個數組,也可以是一個函數,用於過濾結果;第二個參數則表示是否在 JSON 字符串中保留縮進。

```
var box = [{name : 'a', age : 1, height : 177},{name : 'b', age : 2, height : 188}];
var json = JSON.stringify(box, ['name', 'age'], 4);
alert(json);
```

PS:如果不需要保留縮進,則不填即可;如果不需要過濾結果,但又要保留縮進,則將過濾結果的參數設置為 null。如果採用函數,可以進行複雜的過濾。

```
var box = [{name : 'a', age : 1, height : 177},{name : 'b', age : 2, height :
```

```javascript
188}];
var json = JSON.stringify(box, function (key, value) {
    switch (key) {
        case 'name' :
            return 'Mr. ' + value;
        case 'age' :
            return value + '歲';
        default :
            return value;
    }
}, 4);
alert(json);
```

PS:保留縮進除了是普通的數字,也可以是字符。

還有一種方法可以自定義過濾一些數據,使用 toJSON() 方法,可以將某一組對象裡指定返回某個值。

```javascript
var box = [{name : 'a', age : 1, height : 177, toJSON : function () {
    return this.name;
}},{name : 'b',age : 2, height : 188, toJSON : function () {
    return this.name;
}}];
var json = JSON.stringify(box);
alert(json);
```

PS:由此可見序列化也有執行順序,首先先執行 toJSON() 方法;如果應用了第二個過濾參數,則執行這個方法;然後執行序列化過程,比如將鍵值對組成合法的 JSON 字符串,比如加上雙引號。如果提供了縮進,再執行縮進操作。

解析 JSON 字符串方法 parse() 也可以接受第二個參數,這樣可以在還原出 JavaScript 值的時候替換成自己想要的值。

```javascript
var box = '[{"name" : "a","age" : 1},{"name" : "b","age" : 2}]';
var json = JSON.parse(box, function (key, value) {
    if (key == 'name') {
        return 'Mr. ' + value;
    } else {
        return value;
    }
});
alert(json[0].name);
```

第 33 章
Ajax

學習要點：

1. XMLHttpRequest
2. GET 與 POST
3. 封裝 Ajax

2005 年 Jesse James Garrett 發表了一篇文章，標題為：「Ajax：A new Approach to Web Applications」。它在這篇文章裡介紹了一種技術，用它的話說，就叫：Ajax，是 Asynchronous JavaScript + XML 的簡寫。這種技術能夠向服務器請求額外的數據而無須卸載頁面（即刷新），會帶來更好的用戶體驗。一時間，Ajax 風靡全球。

一、XMLHttpRequest

Ajax 技術核心是 XMLHttpRequest 對象（簡稱 XHR），這是由微軟首先引入的一個特性，其他瀏覽器提供商后來都提供了相同的實現。在 XHR 出現之前，Ajax 式的通信必須借助一些 hack 手段來實現，大多數是使用隱藏的框架或內嵌框架。

XHR 的出現，提供了向服務器發送請求和解析服務器回應提供了流暢的接口。能夠以異步方式從服務器獲取更多的信息，這就意味著，用戶只要觸發某一事件，在不刷新網頁的情況下，更新服務器最新的數據。

雖然 Ajax 中的 x 代表的是 XML，但 Ajax 通信和數據格式無關，也就是說這種技術不一定使用 XML。

IE7+、Firefox、Opera、Chrome 和 Safari 都支持原生的 XHR 對象，在這些瀏覽器中創建 XHR 對象可以直接實例化 XMLHttpRequest 即可。

```
var xhr = new XMLHttpRequest();
alert(xhr);                        //XMLHttpRequest
```

如果是 IE6 及以下版本，那麼我們必須使用 ActiveX 對象通過 MSXML 庫來實現。在低版本 IE 瀏覽器可能會遇到三種不同版本的 XHR 對象，即 MSXML2.XMLHttp、MSXML2.

XMLHttp.3.0 和 MSXML2.XMLHttp.6.0。我們可以編寫一個函數。

```
function createXHR() {
    if (typeof XMLHttpRequest ! = 'undefined') {
        return new XMLHttpRequest();
    } else if (typeof ActiveXObject ! = 'undefined') {
        var versions = [
                        'MSXML2.XMLHttp.6.0',
                        'MSXML2.XMLHttp.3.0',
                        'MSXML2.XMLHttp'
        ];
        for (var i = 0; i < versions.length; i ++) {
            try {
                return new ActiveXObject(version[i]);
            } catch (e) {
                //跳過
            }
        }
    } else {
        throw new Error('您的瀏覽器不支持 XHR 對象!');
    }
}

var xhr = new createXHR();
```

在使用 XHR 對象時，先必須調用 open() 方法，它接受三個參數：要發送的請求類型（get，post）、請求的 URL 和表示是否異步。

```
xhr.open('get', 'demo.php', false);        //對於 demo.php 的 get 請求，false 同步
```

PS：demo.php 的代碼如下：
```
<? php echo Date('Y-m-d H:i:s')? >        //一個時間
```

open() 方法並不會真正發送請求，而只是啓動一個請求以備發送。通過 send() 方法進行發送請求，send() 方法接受一個參數，作為請求主體發送的數據。如果不需要則必須填 null。執行 send() 方法之后，請求就會發送到服務器上。

```
xhr.send(null);                            //發送請求
```

當請求發送到服務器端，收到回應后，回應的數據會自動填充 XHR 對象的屬性。一共有四個屬性：

屬性名	說明
responseText	作為回應主體被返回的文本
responseXML	如果回應主體內容類型是"text/xml"或"application/xml"，則返回包含回應數據的 XML DOM 文檔
status	回應的 HTTP 狀態
statusText	HTTP 狀態的說明

接受回應之後，第一步檢查 status 屬性，以確定回應已經成功返回。一般而言，HTTP 狀態代碼為 200 作為成功的標誌。除了成功的狀態代碼，還有一些別的：

HTTP 狀態碼	狀態字符串	說明
200	OK	服務器成功返回了頁面
400	Bad Request	語法錯誤導致服務器不識別
401	Unauthorized	請求需要用戶認證
404	Not found	指定的 URL 在服務器上找不到
500	Internal Server Error	服務器遇到意外錯誤，無法完成請求
503	ServiceUnavailable	由於服務器過載或維護導致無法完成請求

我們判斷 HTTP 狀態值即可，不建議使用 HTTP 狀態說明，因為在跨瀏覽器的時候，可能會不太一致。

```
addEvent(document, 'click', function () {
    var xhr = new createXHR();
    xhr.open('get', 'demo.php? rand=' + Math.random(), false);   //設置了同步
    xhr.send(null);
    if (xhr.status == 200) {                //如果返回成功了
        alert(xhr.responseText);            //調出服務器返回的數據
    } else {
        alert('數據返回失敗! 狀態代碼:' + xhr.status + '狀態信息:' + xhr.statusText);
    }
});
```

以上的代碼每次點擊頁面的時候，返回的時間都是時時的、不同的，說明都是通過服務器及時加載回的數據。那麼我們也可以測試一下在非 Ajax 情況下的情況，創建一個 demo2.php 文件，使用非 Ajax。

```
<script type="text/javascript" src="base.js"></script>
<script type="text/javascript">
    addEvent(document, 'click', function () {
        alert("<?php echo Date('Y-m-d H:i:s')? >");
    });
```

</script>

同步調用固然簡單,但使用異步調用才是我們真正常用的手段。使用異步調用的時候,需要觸發 readystatechange 事件,然后檢測 readyState 屬性即可。這個屬性有五個值:

值	狀態	說明
0	未初始化	尚未調用 open( ) 方法
1	啓動	已經調用 open( ) 方法,但尚未調用 send( ) 方法
2	發送	已經調用 send( ) 方法,但尚未接受回應
3	接受	已經接受到部分回應數據
4	完成	已經接受到全部回應數據,而且可以使用

```
addEvent(document, 'click', function ( ) {
    var xhr = new createXHR( );
    xhr.onreadystatechange = function ( ) {
        if (xhr.readyState == 4) {
            if (xhr.status == 200) {
                alert(xhr.responseText);
            } else {
                alert('數據返回失敗! 狀態代碼:' + xhr.status + '狀態信息:'
                                                        + xhr.statusText);
            }
        }
    };
    xhr.open('get', 'demo.php? rand=' + Math.random( ), true);
    xhr.send(null);
});
```

PS:使用 abort( ) 方法可以取消異步請求,放在 send( ) 方法之前會報錯。放在 responseText 之前會得到一個空值。

二、GET 與 POST

在提供服務器請求的過程中,有兩種方式,分別是 GET 和 POST。在 Ajax 使用的過程中,GET 的使用頻率要比 POST 高。

在瞭解這兩種請求方式前,我們先瞭解一下 HTTP 頭部信息,包含服務器返回的回應頭信息和客戶端發送出去的請求頭信息。我們可以獲取回應頭信息或者設置請求頭信息。我們可以在 Firefox 瀏覽器的 firebug 查看這些信息。

```
//使用 getResponseHeader( ) 獲取單個回應頭信息
alert(xhr.getResponseHeader('Content-Type'));
```

```
//使用 getAllResponseHeaders() 獲取整個回應頭信息
alert(xhr.getAllResponseHeaders());

//使用 setRequestHeader() 設置單個請求頭信息
xhr.setRequestHeader('MyHeader', 'Lee');   //放在 open 方法之后,send 方法之前
```

PS:我們只可以獲取服務器返回來回應頭信息,無法獲取向服務器提交的請求頭信息,自然自定義的請求頭,在 JavaScript 端是無法獲取到的。

1.GET 請求

GET 請求是最常見的請求類型,常用於向服務器查詢某些信息。必要時,可以將查詢字符串參數追加到 URL 的末尾,以便提交給服務器。

```
xhr.open('get', 'demo.php? rand=' + Math.random() + '&name=Koo', true);
```

通過 URL 后的問號給服務器傳遞鍵值對數據,服務器接收到返回回應數據。特殊字符傳參產生的問題可以使用 encodeURIComponent() 進行編碼處理,中文字符的返回及傳參,可以將頁面保存和設置為 utf-8 格式即可。

```
//一個通用的 URL 提交函數
function addURLParam(url, name, value) {
    url += (url.indexOf('?') == -1 ? '?' : '&');   //判斷的 url 是否有已有參數
    url += encodeURIComponent(name) + '=' + encodeURIComponent(value);
    alert(url);
    return url;
}
```

PS:當沒有 encodeURIComponent() 方法時,在一些特殊字符比如「&」,會出現錯誤導致無法獲取。

2. POST 請求

POST 請求可以包含非常多的數據,我們在使用表單提交的時候,很多就是使用的 POST 傳輸方式。

```
xhr.open('post', 'demo.php', true);
```

而發送 POST 請求的數據,不會跟在 URL 的尾巴上,而是通過 send() 方法向服務器提交數據。

```
xhr.send('name=Lee&age=100');
```

一般來說,向服務器發送 POST 請求由於解析機制的原因,需要進行特別的處理。因為 POST 請求和 Web 表單提交是不同的,需要使用 XHR 來模仿表單提交。

```
xhr.setRequestHeader('Content-Type', 'application/x-www-form-urlencoded');
```

PS：從性能上來講 POST 請求比 GET 請求消耗更多一些，用相同數據比較，GET 最多比 POST 快兩倍。

上一節課的 JSON 也可以使用 Ajax 來回調訪問。
```
var url = 'demo.json? rand=' + Math.random();
var box = JSON.parse(xhr.responseText);
```

三、封裝 Ajax

因為 Ajax 使用起來比較麻煩，主要就是參數問題，比如到底是使用 GET 還是 POST；到底是使用同步還是異步；等等，為此我們需要封裝一個 Ajax 函數，來方便我們調用。

```
function ajax(obj) {
    var xhr = new createXHR();
    obj.url = obj.url + '? rand=' + Math.random();
    obj.data = params(obj.data);
    if (obj.method === 'get') obj.url = obj.url.indexOf('?') == -1 ?
                               obj.url + '?' + obj.data : obj.url + '&' + obj.data;
    if (obj.async === true) {
        xhr.onreadystatechange = function () {
            if (xhr.readyState == 4) callback();
        };
    }
    xhr.open(obj.method, obj.url, obj.async);
    if (obj.method === 'post') {
        xhr.setRequestHeader('Content-Type', 'application/x-www-form-urlencoded');
        xhr.send(obj.data);
    } else {
        xhr.send(null);
    }
    if (obj.async === false) {
        callback();
    }
    function callback () {
        if (xhr.status == 200) {
            obj.success(xhr.responseText);           //回調
        } else {
            alert('數據返回失敗！狀態代碼:' + xhr.status + ',
                                狀態信息:' + xhr.statusText);
```

```javascript
            }
        }
    }

//調用 ajax
addEvent(document, 'click', function () {    //IE6 需要重寫 addEvent
    ajax({
        method : 'get',
        url : 'demo.php',
        data : {
            'name' : 'Lee',
            'age' : 100
        },
        success : function (text) {
            alert(text);
        },
        async : true
    });
});

//名值對編碼
function params(data) {
    var arr = [];
    for (var i in data) {
        arr.push(encodeURIComponent(i) + '=' + encodeURIComponent(data[i]));
    }
    return arr.join('&');
}
```

PS:封裝 Ajax 並不是一開始就形成以上的形態,需要經過多次變化而成。

第 34 章
綜合項目

項目 1　博客前端:理解 JavaScript 庫

學習要點:

1. 項目介紹
2. 理解 JavaScript 庫
3. 創建基礎庫

從本章開始,我們用之前的基礎知識寫一個項目,以鞏固之前所學。那麼,每個項目為了提高開發效率,我們需要創建一個庫來存放大量的重複調用的代碼。而在這裡,我們需要理解一些知識。

一、項目介紹

在現在流行的網站中,大量使用前端的 Web 應用,估計就是博客系統了。博客系統目前主要分為兩種:一種是博客,另一種是微博(一句話博客)。

(博客主頁)　　　　　　　　　　(微博主頁)

不管在博客和微博，都採用的大量的 JavaScript 特效，有圖片廣告、下拉菜單、表單驗證、彈窗、輪播器等一系列。那麼我們就創建一個項目，把上面各種應用較多的效果編寫出來。

二、理解 JavaScript 庫

什麼是 JavaScript 庫？JavaScript 庫就是把各種常用的代碼片段，組織起來放在一個 js 文件裡，組成一個包，這個包就是 JavaScript 庫。現如今有太多優秀的開源 JavaScript 庫，比如 jQuery、Prototype、Dojo、Extjs 等。這些 JavaScript 庫已經把最常用的代碼進行了有效的封裝，以方便我們開發，從而提高效率。

當然，這裡我們就不再探討這些開源 JavaScript 庫，那樣就太容易了一點。我們這裡需要探討的是自己創建一個 JavaScript 庫，雖然自己創建的可能沒有那些開源 JavaScript 庫功能強大，但在提升自己的 JavaScript 開發能力方面，有很大幫助。

三、創建基礎庫

我們可以創建一個庫，這是一個基礎庫，名字就叫做 base.js。我們準備在裡面編寫最常用的代碼，然後不斷地擴展封裝。

在最常用的代碼中，最最常用的，也許就是獲取節點方法。這裡我們可以編寫如下代碼：

```
//創建一個 base.js
var Base = {                          //整個庫可以是一個對象
    getId : function (id) {           //方法盡可能簡短而富有含義
        return document.getElementById(id);
    },
    getName : function (name) {
        return document.getElementsByName(name);
    },
    getTagName : function (tag) {
        return document.getElementsByTagName(tag);
    }
};

//前臺調用代碼
window.onload = function () {
    alert(Base.getId('box').innerHTML);
    alert(Base.getName('sex')[0].value);
    alert(Base.getTagName('div')[2].innerHTML);
};
```

PS：本項目為了更好的兼容性，我們採用 UTF-8，在 Notepad++上設置默認為 UTF-8 即可。此項目不是為了做一個博客或者微博，而是將裡面的各種效果拿出來模仿編寫。

項目 2　博客前端：封裝庫——連綴

學習要點：

1. 連綴介紹
2. 改寫庫對象

本章我們重點來介紹，在調用庫的時候，我們需要在前臺調用的時候能夠同時設置多個操作，比如設置 CSS、設置 innerHTML、設置 click 事件等。那麼本節課來討論這個問題。

一、連綴介紹

所謂連綴，最簡單的理解就是一句話同時設置一個或多個節點兩個或兩個以上的操作。比如：

$().getId('box').css('color','red').html('標題').click(function(){alert('a')});

連綴的好處，就是快速方便地設置節點的操作。

二、改寫庫對象

如果是實現操作連綴，那麼我們就需要改寫上一節課的對象寫法：var Base = {}，這種寫法無法在它的原型中添加方法，所以需要使用函數式對象寫法：

```
function Base() {
    //把返回的節點對象保存到一個 Base 對象的屬性數組裡
    this.elements = [];
    //獲取 id 節點
    this.getId = function (id) {
        this.elements.push(document.getElementById(id));
        return this;
    };
    //獲取 name 節點數組
    this.getName = function (name) {
        var names = document.getElementsByName(name);
        for (var i = 0; i < names.length; i ++) {
```

```
                this.elements.push(targs[i]);
            }
            return this;
        }
        //獲取元素節點數組
        this.getTagName = function (tag) {
            var tags = document.getElementsByTagName(tag);
            for (var i = 0; i < tags.length; i ++) {
                this.elements.push(tags);
            }
            return this;
        };
    }
```

PS:這種寫法的麻煩是,需要在前臺 new 出來,然后調用。但採用這種方式,我們可以在每個方法裡都返回這個對象,並且還可以在對象的原型裡添加方法,這些都是連綴操作最基本的要求。

```
    Base.prototype.click = function (fn) {
        for (var i = 0; i < this.elements.length; i ++) {
            this.elements[i].onclick = fn;
        }
        return this;
    };

    Base.prototype.css = function (attr, value) {
        for (var i = 0; i < this.elements.length; i ++) {
            this.elements[i].style[attr] = value;
        }
        return this;
    }

    Base.prototype.html = function (str) {
        for (var i = 0; i < this.elements.length; i ++) {
            this.elements[i].innerHTML = str;
        }
        return this;
    }
```

PS:為了避免在前臺 new 一個對象,我們可以在庫裡面直接 new。
```
    var $ = function () {
```

```
        return new Base();
};
```

項目3 博客前端:封裝庫——CSS[上]

學習要點:

1. 獲取內容
2. 繼續封裝 CSS

在使用庫的時候,我們通過 css 方法來設置某個或多個節點的樣式。這節課準備討論如何獲取內容和樣式,並且封裝一些 css 的其他方法。

一、獲取內容

在上一節課我們通過 html() 方法和 css() 方法可以設置標題內容和 CSS 樣式,但我們如何通過這兩個方法來獲取內容或樣式呢? 比如:

```
alert( $().getId('box').html() );           //獲取標題內容
alert( $().getId('box').css('fontSize') );  //獲取 CSS 樣式
```

要實現獲取內容,其實很簡單,只要判斷傳遞過來的參數即可。

```
//設置或獲取內容
Base.prototype.html = function (str) {
    for (var i = 0; i < this.elements.length; i++) {
        if (arguments.length == 0) {        //判斷沒有傳參
            return this.elements[i].innerHTML;   //返回內容
        } else {
            this.elements[i].innerHTML = str;
        }
    }
    return this;
};
```

如果要實現 CSS,那就有一些問題,如果只是行內的 style。所以,要獲取 link 或者<style>樣式的內容,就必須計算樣式來獲取。

```
//設置或獲取 CSS 樣式
Base.prototype.css = function (attr, value) {
    for (var i = 0; i < this.elements.length; i++) {
        if (arguments.length == 1) {
```

```
                if (typeof window.getComputedStyle! = 'undefined') {
                    return window.getComputedStyle(this.elements[i], null)[attr];
                } else if (typeof this.elements[i].currentStyle! = 'undefined') {
                    return this.elements[i].currentStyle[attr];
                }
            } else {
                this.elements[i].style[attr] = value;
            }
        }
        return this;
    }
```

二、繼續封裝 CSS

除了通過 ID 來獲取唯一性的節點,我們也可以通過 getClass() 方法來獲取相同的多個節點。

```
//獲取 CLASS 節點
Base.prototype.getClass = function (className) {
    var all = document.getElementsByTagName('*');
    for (var i = 0; i < all.length; i++) {
        if (all[i].className == className) {
            this.elements.push(all[i]);
        }
    }
    return this;
};
```

有時候,我們不需要把所有獲取到的 class 節點都設置 CSS,只需要某一個,我們可以篩選一下。

```
//獲取節點數組的某一個
Base.prototype.getElement = function (num) {
    var element = this.elements[num];
    this.elements = [];
    this.elements[0] = element;
    return this;
}
```

class 可以設置整個網頁,也就是說:可以多,也可以少。而我們要求在某一個區域下的所有 class,我們只需要傳遞相關的節點下即可。

//假定範圍區域只能是 ID

```
Base.prototype.getClass = function (className, idName) {
    var node = null;
    if (arguments.length == 2) {
        node = document.getElementById(idName);
    } else {
        node = document;
    }
    var all = node.getElementsByTagName('*');
};
```

項目4　博客前端:封裝庫——CSS[下]

學習要點:

1. 獲取節點問題
2. 繼續封裝 CSS

本節課,我們繼續封裝 CSS,主要探討添加 class 和移除 class。並且能夠添加 style 和 link 元素的 css 規則。

一、獲取節點問題

在獲取 ID、TagName、Class 節點上,我們把 this.elements 放到了外部,導致實例化的 this.elements 變成了公有化,所以,這個數組我們必須放到內部。

二、繼續封裝 CSS

在節點上添加一個 class,這個知識點我們在之前已經學習過:
```
//添加 CLASS
Base.prototype.addClass = function (className) {
    for (var i = 0; i < this.elements.length; i ++) {
        if (! this.elements[i].className.match( new RegExp('(\\s|^)' + className
            + '(\\s|$)'))) {
            this.elements[i].className += ' ' + className;
        }
    }
    return this;
}
```

```javascript
//移除 CLASS
Base.prototype.removeClass = function (className) {
    for (var i = 0; i < this.elements.length; i ++) {
        if (this.elements[i].className.match(new RegExp('(\\s|^)' + className + '(\\s|$)'))) {
            this.elements[i].className = this.elements[i].className.
                replace(new RegExp('(\\s|^)' + className + '(\\s|$)'), '');
        }
    }
    return this;
}

//設置 link 或 style 中的 CSS 規則
Base.prototype.addRule = function (num, selectorText, cssText, position) {
    var sheet = document.styleSheets[num];
    if (typeof sheet.insertRule != 'undefined') {
        sheet.insertRule(selectorText + "{" + cssText + "}", position);
    } else if (typeof sheet.addRule != 'undefined') {
        sheet.addRule(selectorText, cssText, position);
    }
};

//移除 link 或 style 中的 CSS 規則
Base.prototype.removeRule = function (num, index) {
    var sheet = document.styleSheets[num];
    if (typeof sheet.deleteRule != 'undefined') {
        sheet.deleteRule(index);
    } else if (typeof sheet.removeRule) {
        sheet.removeRule(index);
    }
    return this;
};
```

PS：在 Web 應用中，很少用到添加 CSS 規則和移除 CSS 規則，一般只用行內和 Class；因為添加和刪除原本的規則會破壞整個 CSS 的結構，所以使用需要非常小心。

項目 5　博客前端:封裝庫——下拉菜單

學習要點:

1. 界面設計
2. 設置效果

本節課,我們主要探討一下博客網站頂部下拉菜單的製作,其中會用到幾個知識點,鼠標移入移出的 hover( ) 方法、隱藏和顯示方法 hide( ) 和 show( )。

一、界面設計

創建一個頂部 header 局域,放入 logo 和個人中心,然后製作一個下拉菜單。

顏色參數:背景色:FBF7E1;移入背景色:FFCC00。

二、設置效果

創建下拉菜單,我們第一步需要把完整的顯示界面搭建起來;第二步,考慮需要隱藏的部分;第三步通過鼠標移入顯示隱藏部分,然后移出繼續隱藏。

```
//設置隱藏
Base.prototype.hide = function ( ) {
    for ( var i = 0; i < this.elements.length; i ++) {
        this.elements[ i ].style.display = 'none';
    }
    return this;
}

//設置顯示
Base.prototype.show = function ( ) {
    for ( var i = 0; i < this.elements.length; i ++) {
        this.elements[ i ].style.display = 'block';
```

```javascript
        }
        return this;
    }
    //設置鼠標移入移出
    Base.prototype.hover = function (over, out) {
        for (var i = 0; i < this.elements.length; i ++) {
            this.elements[i].onmouseover = over;
            this.elements[i].onmouseout = out;
        }
        return this;
    }
```

最後我們需要對「個人中心」本身使用 this 調用的時候,需要對類庫的構造部分進行擴展。

```javascript
//前臺調用
var $ = function (_this) {
    return new Base(_this);
}

//基礎庫
function Base(_this) {
    this.elements = [];
    if (_this ! = undefined) {          //這裡需要判斷 undefined 的對象
        this.elements[0] = _this;
    }
}

//前臺調用部分
$().getClass('member').hover(function () {
    $(this).css('background', 'url(images/arrow2.png) no-repeat 55px center');
    $().getClass('ul').show();
}, function () {
    $(this).css('background', 'url(images/arrow.png) no-repeat 55px center');
    $().getClass('ul').hide();
});
```

項目 6　博客前端：封裝庫——彈出登錄框

學習要點：

1. 界面設計
2. 設置效果

本節課，我們主要完成一個彈出登錄框的界面，主要特點有隱藏、顯示、瀏覽器窗口改變大小觸發事件、計算屏幕居中位置等功能。

一、界面設計

創建一個登錄界面，如下圖：

二、設置效果

第一步：需要定位，就是把登錄界面設置到屏幕的中央。
```
//設置物體水平垂直居中
Base.prototype.center = function (width, height) {
    for (var i = 0; i < this.elements.length; i ++) {
        this.elements[i].style.top = (document.documentElement.clientHeight
                                        - height) / 2 - 20 + 'px';
        this.elements[i].style.left = (document.documentElement.clientWidth
                                        - width) / 2 + 'px';
    }
    return this;
}
```

第二步：當瀏覽器改變窗口大小的時候，觸發居中
//觸發瀏覽器變動事件

```
Base.prototype.resize = function (fn) {
    window.onresize = fn;
    return this;
}

//前臺調用
var login = $().getId('login');
//登錄框
login.center(350, 250).resize(function () {
    login.center(350, 250);
});
//彈出登錄框
$().getClass('login').click(function () {
    login.css('display', 'block');
});
//登陸框關閉按鈕
$().getClass('close').click(function () {
    login.css('display', 'none');
});
```

項目7　博客前端:封裝庫——遮罩鎖屏

學習要點:

1. 界面設計
2. 設置效果

本節課,我們需要對彈出的窗口進行強調突出表現,那麼需要對周圍的元素進行遮罩。並且周圍的元素還不可以進行操作,又需要進行鎖屏。最後,我們需要對重複的代碼進行進一步封裝。

一、界面設計

創建一個登錄界面,如下圖:

二、設置效果

第一步:創建一個可以布滿整個瀏覽器的 div,將它 z-index 層結構設置為 9998,而 login 彈窗的 div 設置為 9999,高一層。這樣就可以鎖屏+遮罩。
畫布的 CSS 為:
filter: alpha(Opacity=30);   //IE 透明度
opacity:0.30;   //非 IE 透明度
z-index:9998;   //層高度

//鎖屏功能
Base.prototype.lock = function () {
    for (var i = 0; i < this.elements.length; i ++) {
        this.elements[i].style.width = getInner().width + 'px';
        this.elements[i].style.height = getInner().height + 'px';
        this.elements[i].style.display = 'block';
    }
}

第二步:鎖屏之后,我們點擊關閉窗口還需要解出鎖屏。
//解鎖功能
Base.prototype.unlock = function () {
    for (var i = 0; i < this.elements.length; i ++) {
        this.elements[i].style.display = 'none';
    }
}

第三步:當進行縮放的時候,必須注意鎖屏的畫布需要同時縮放。
var screen = $().getId('screen');
login.center(350, 250).resize(function () {

```
        login.center(350, 250);
if(login.css('display') ==      'block'){
        screen.lock();
    }
});
```

第四步:火狐使用 innerWidth,不支持的使用 document.documentElement.clientWidth。

PS:因為火狐瀏覽器使用 document.documentElement.clientWidth 會在縮放的時候出現白邊。把使用兩次以上或者估計以後會有兩次的,或者是為了代碼清晰度,可以分層封裝。

項目 8　博客前端:封裝庫——拖拽[上]

學習要點:

1. 界面設計
2. 設置效果

本節課,我們需要對彈窗的窗口實現拖拽功能,這節課我們分兩個部分,上集我們只探討將窗口實現拖拽即可,下集我們探討修繕拖拽,讓它的兼容性和缺陷進行修補。

一、界面設計

界面中的彈窗窗口可以拖到上面。

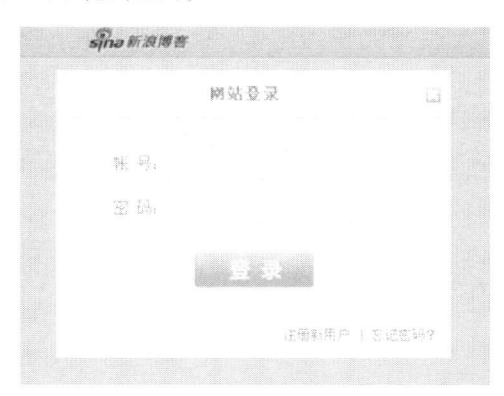

二、設置效果

由於我們彈窗的遮罩採用了 clientWidth 和 clientHeight,導致如果有滾動條,拖出的部分就會出現空白。我們可以嘗試使用 offset 或者 scroll 獲取實際或者滾動條區域的內容進行遮罩,或者彈窗後直接去掉滾動條,禁止拖動即可。

```
document.documentElement.style.overflow = 'hidden';    //禁止滾動條
document.documentElement.style.overflow = 'auto';      //還原默認滾動條狀態
```

如果要設置物體拖拽,那麼必須使用三個事件:mousedown、mousemove、mouseup。

```
//拖拽事件
for (var i = 0; i < this.elements.length; i ++) {
    this.elements[i].onmousedown = function (e) {
        var e = getEvent(e);
        var _this = this;
        var diffX = e.clientX - _this.offsetLeft;
        var diffY = e.clientY - _this.offsetTop;
        document.onmousemove = function (e) {
            var e = getEvent(e);
            _this.style.left = e.clientX - diffX + 'px';
            _this.style.top = e.clientY - diffY + 'px';
        }
        document.onmouseup = function () {
            this.onmousemove = null;
            this.onmouseup = null;
        }
    };
}
return this;

//獲取 event 對象
function getEvent(event) {
    return event || window.event;
}
```

項目 9　博客前端:封裝庫——拖拽[下]

學習要點:

1. 界面設計
2. 設置效果

本節課,我們將拖拽的一些問題進行修復。

一、界面設計

界面中的彈窗窗口可以拖到上面。

二、設置效果

第一個問題:低版本火狐在空的 div 拖拽的時候,有個 bug 會拖斷掉並且無法拖動,這個問題是火狐的默認行為,我們只需要取消這個默認行為即可解除這個 bug。

```
//阻止默認行為
function preDef( event ) {
    var e = getEvent( event );
    if ( typeof e.preventDefault ! = 'undefined') {
        e.preventDefault( );
    } else {
        e.returnValue = false;
    }
}
```

第二個問題:彈出窗口被拖出瀏覽器的邊緣會導致很多問題,比如出現滾動條、出現空白、不利於輸入等。所以,我們需要將其規定在可見的區域。

```
//設置不得超過瀏覽器邊緣
document.onmousemove = function ( e ) {
    var e = getEvent( e );
    var left = e.clientX - diffX;
    var top = e.clientY - diffY;

    if ( left < 0 ) {
        left = 0;
    } else if ( left > getInner( ).width - _this.offsetWidth ) {
        left = getInner( ).width - _this.offsetWidth;
    }

    if ( top < 0 ) {
```

```
            top = 0;
        } else if (top > getInner( ).height - _this.offsetHeight) {
            top = getInner( ).height - _this.offsetHeight;
        }

        _this.style.left = left + ' px ';
        _this.style.top = top + ' px ';
    }
```

第三個問題:IE 瀏覽器在拖出瀏覽器外部的時候,還是會出現空白。這個 bug 是 IE 獨有的,所以我們需要禁止這種行為。

IE 瀏覽器有兩個獨有的方法:setCapture 和 releaseCapture。這兩個方法可以讓鼠標滑動到瀏覽器外部也可以捕獲到事件,而我們的 bug 就是當鼠標移出瀏覽器的時候,限制超過的功能就失效了。

```
//鼠標鎖住時觸發(點擊住)
if (_this.setCapture) {
    _this.setCapture( );
}
//鼠標釋放時觸發(放開鼠標)
if (_this.releaseCapture) {
    _this.releaseCapture( );
}
```

第四個問題:當我們改變瀏覽器大小的時候,彈窗會自動水平垂直居中,而使用了拖拽效果後,改變瀏覽器大小,還是會水平居中,這樣的用戶體驗就不是很好了,我們需要的是拖到哪裡,就是哪裡,但拖放到右下角,然後又縮放時,還能全部顯示出來。

```
var element = this.elements[i];
window.onresize = function ( ) {
    if (element.offsetLeft > getInner( ).width - element.offsetWidth) {
        element.style.left = getInner( ).width - element.offsetWidth+" px";
    }
    if (element.offsetTop > getInner( ).height - element.offsetHeight) {
        element.style.top = getInner( ).height - element.offsetHeight+" px";
    }
};
```

項目 10　博客前端:封裝庫——事件綁定[上]

學習要點:

1. 問題所在
2. 設置代碼

本節課，我們主要探討一下事件綁定。在此之前我們使用的都是傳統的事件綁定。在本節點，我們想使用現代綁定對事件進行綁定和刪除。

一、問題所在

現代綁定中 W3C 使用的是：addEventListener 和 removeEventListener。IE 使用的是 attachEvent 和 detachEvent。我們知道 IE 的這兩個問題較多，並且伴隨內存泄漏。所以，解決這些問題非常有必要。
那麼我們希望解決非 IE 瀏覽器事件綁定哪些問題呢？
（1）支持同一元素的同一事件句柄可以綁定多個監聽函數；
（2）如果在同一元素的同一事件句柄上多次註冊同一函數，那麼第一次註冊後的所有註冊都被忽略；
（3）函數體內的 this 指向的應當是正在處理事件的節點（如當前正在運行事件句柄的節點）；
（4）監聽函數的執行順序應當是按照綁定的順序執行；
（5）在函數體內不用使用 event = event || window.event; 來標準化 Event 對象。

二、設置代碼

```
//跨瀏覽器添加事件
function addEvent(obj, type, fn) {
    if (typeof addEventListener != 'undefined') {
        obj.addEventListener(type, fn, false);
    } else if (typeof attachEvent != 'undefined') {
        obj.attachEvent('on' + type, fn);
    }
}
```

```
//跨瀏覽器刪除事件
function removeEvent(obj, type, fn) {
    if (typeof removeEventListener != 'undefined') {
        obj.removeEventListener(type, fn);
    } else if (typeof detachEvent != 'undefined') {
        obj.detachEvent('on' + type, fn);
    }
}
```

上面的這兩個函數解決了：①同時綁定多個函數；②標準 event。
上面的這兩個函數沒有解決的問題：① IE 多次註冊同一函數未被忽略；② IE 中順序是倒序；③ IE 中 this 傳遞過來的是 window。

為瞭解決 this 傳遞問題，我們需要使用匿名函數+傳遞方式參數的方式來解決：

```
obj.attachEvent('on' + type, function () {
    fn(obj);
});

addEvent(oButton, 'click', function (_this) {
    alert(_this.value);
});
```

這種方式比較古板，更好一點的方式是使用 call 來冒充對象。
```
obj.attachEvent('on' + type, function () {
    fn.call(obj);
});

addEvent(oButton, 'click', function () {
    alert(this.value);
});
```

call 的用法回憶一下：
```
fn.call(obj);                    //this 就是 obj 對象
fn.call(123);                    //this 就是 123
fn.call(123,456);                //this 就是 123，第一個參數是 456
```

PS：也就是說，使用了 call 第一個參數就是 this 獲取，從第 2 個參數開始，可以通過函數參數獲取，以此類推。

使用了 call 傳遞 this，帶來的諸多另外的問題：①無法標準化 event；②無法刪除事件。導致的原因很明確，就是使用了匿名函數。標準化 event 可以解決，無法刪除事件就沒有辦法了，因為無法確定是哪一個事件。
```
obj.attachEvent('on' + type, function () {
    fn.call(obj, window.event);
});
```

那麼最終有幾個問題無法解決：①無法刪除事件；②無法順序執行；③IE 的現代事件綁定存在內存泄漏問題。

項目 11　博客前端：封裝庫——事件綁定[中]

學習要點：

1. 問題所在
2. 設置代碼

一、問題所在

在項目 10，我們用現代事件綁定封裝了事件觸發和刪除，但還有幾個問題沒有得到解決：①無法刪除事件；②無法順序執行；③IE 的現代事件綁定存在內存洩漏問題。
我們這節課將嘗試著通過使用傳統事件綁定對 IE 進行封裝。

二、設置代碼

```
//跨瀏覽器添加事件綁定
function addEvent(obj, type, fn){
    if(typeof obj.addEventListener != 'undefined'){
        obj.addEventListener(type, fn, false);
    }else{
        //創建一個可以保存事件的哈希表(散列表)
        if(!obj.events) obj.events = {};
        if(!obj.events[type]){
            //創建一個可以保存事件處理函數的數組
            obj.events[type] = [];
            //存儲第一個事件處理函數
            if(obj['on' + type]) obj.events[type][0] = fn;
        }
        //通過事件計數器來從第二個事件處理函數開始
        obj.events[type][addEvent.ID++] = fn;
        //執行所有事件處理函數
        obj['on' + type] = function(){
            for(var i in obj.events[type]){
                obj.events[type][i]();
            }
        }
    }
}
//每個事件分配一個 ID 計數器
addEvent.ID = 1;
```

項目 12　博客前端:封裝庫——事件綁定[下]

學習要點:

1. 問題所在
2. 設置代碼

一、問題所在

在項目 10,我們用現代事件綁定封裝了事件觸發和刪除,但還有幾個問題沒有得到解決:①無法刪除事件;②無法順序執行;③IE 的現代事件綁定存在內存洩漏問題。

我們這節課將嘗試著通過使用傳統事件綁定對 IE 進行封裝。

二、設置代碼

```
//跨瀏覽器添加事件綁定
function addEvent(obj, type, fn){
    if(typeof obj.addEventListener != 'undefined'){
        obj.addEventListener(type, fn, false);
    }else{
        //創建事件類型的散列表(哈希表)
        if(!obj.events) obj.events = {};
        //創建存放事件處理函數的數組
        if(!obj.events[type]){
            obj.events[type] = [];
            //存儲第一個事件處理函數
            if(obj['on' + type]){
                obj.events[type][0] = fn;
            }
        //執行事件處理
        obj['on' + type] = addEvent.exec;
        }else{
            //同一個註冊函數取消計數
            if(addEvent.array(fn,obj.events[type])) return false;
        }
        //從第二個開始,通過計數器存儲
        obj.events[type][addEvent.ID++] = fn;
    }
}
```

```javascript
    }

    addEvent.array = function (fn, es) {
        for (var i in es) {
            if (es[i] == fn) return true;
        }
        return false;
    }

    //每個事件處理函數的 ID 計數器
    addEvent.ID = 1;

    //事件處理函數調用
    addEvent.exec = function (event) {
        var e = event || addEvent.fixEvent(window.event);
        var es = this.events[e.type];
        for (var i in es) {
            es[i].call(this, e);
        }
    };

    //獲取 IE 的 event,兼容 W3C 的調用
    addEvent.fixEvent = function (event) {
        event.preventDefault = addEvent.fixEvent.preventDefault;
        event.stopPropagation = addEvent.fixEvent.stopPropagation;
        return event;
    };

    //兼容 IE 和 W3C 阻止默認行為
    addEvent.fixEvent.preventDefault = function () {
        this.returnValue = false;
    };

    //兼容 IE 和 W3C 取消冒泡
    addEvent.fixEvent.stopPropagation = function () {
        this.cancelBubble = true;
    };

    //跨瀏覽器刪除事件
    function removeEvent(obj, type, fn) {
        if (typeof obj.removeEventListener != 'undefined') {
            obj.removeEventListener(type, fn, false);
```

```
        }else{
            var es = obj.events[type];
            for(var i in es){
                if(es[i] == fn){
                    delete obj.events[type][i];
                }
            }
        }
    }
```

項目 13　博客前端：封裝庫——修繕拖拽

學習要點：

1. 問題所在
2. 設置代碼

本節課，我們學習了事件綁定之后，需要對已有的代碼進行事件調整，然后根據現有的拖拽還存在一個微型 bug 進行進一步調整。

一、問題所在

將所有傳統事件綁定全部修改為現代事件綁定，然后調試程序，發現了幾個問題：①阻止默認行為會阻止輸入；②safari 瀏覽器還會有拖出瀏覽器的問題。

二、設置代碼

```
//獲取目標點
addEvent.fixEvent = function(event){
    event.target = event.srcElement;
    return event;
};

//去除兩邊的空格
function trim(str){
    return str.replace(/(^\s*)|(\s*$)/g,"");
};

//空 DIV 阻止默認行為
if(trim(this.innerHTML).length == 0) e.preventDefault();
```

```
//表單項無法拖拽
if ( e.target.tagName == 'H2' ) {
    addEvent( document, 'mousemove', move );
    addEvent( document, 'mouseup', up );
} else {
    removeEvent( document, 'mousemove', move );
    removeEvent( document, 'mouseup', up );
}

//IE 無法輸入的問題,將_this.setCapture( );移入 mousemove 即可。

//鎖屏后防止,通過其他渠道拖拉頁面滾動條
addEvent( window, 'scroll', function ( ) {
    document.documentElement.scrollTop = 0;
    document.body.scrollTop=0;
} );
```

項目 14　博客前端:封裝庫——插件

學習要點:

1. 問題所在
2. 設置代碼

本節課,我們要將之前的拖拽功能分離出去,講解作爲插件功能引入,並且解決選擇可拖動區域的自動化操作。

一、問題所在

Base 庫主要是用來封裝一般 JavaScript 的常規操作代碼,而拖拽這種特效代碼屬於功能性代碼,並不是必須的,所以這種類型的代碼,我們建議另外封裝,在需要的時候作爲插件形式引入到庫中,作爲擴展。

二、設置代碼

```
//設置一個接受插件的方法
Base.prototype.extend = function (name, fn) {
    Base.prototype[name] = fn;
};
```

```
//創建一個拖拽插件 js 文件：
$().extend('drag', function (tags) {
    //拖拽代碼...
}
```

在設置拖拽區域的我們需要能夠自定義，而不能局限某一個標籤。
```
//獲取某一個節點，返回節點對象
Base.prototype.getElement = function (num) {
    return this.elements[num];
};

//獲取某一個節點
Base.prototype.eq = function (num) {
    var element = this.elements[num];
    this.elements = [];
    this.elements[0] = element;
    return this;
};

//自定義拖拽區域
var flag = false;
for (var i = 0; i < tags.length; i++) {
    if (e.target == tags[i]) {
        flag = true;
        break;
    }
}

if (flag) {
    addEvent(document, 'mousemove', move);
    addEvent(document, 'mouseup', up);
} else {
    removeEvent(document, 'mousemove', move);
    removeEvent(document, 'mouseup', up);
}
```

項目 15　博客前端：封裝庫——CSS 選擇器［上］

學習要點：

1. 問題所在
2. 設置代碼

本節點，我們準備使用模擬 CSS 選擇器的方式來模擬 JS 選擇節點對象的方法，以便在之後的使用中更加方便。

一、問題所在

在獲取節點的時候，我們都需要通過 getId、getTagName、getClass 等繁瑣的操作，雖然比原生的 JavaScript 獲取簡單了不少，但還是稍微有點繁瑣，尤其在節點層次的問題上，就更加無能為力，有沒有一種和 CSS 選擇節點一樣簡便的方法呢，這節課我們就瞭解一下 CSS 選擇器的封裝。

二、設置代碼

```
//通過構造函數來傳遞節點
if ( typeof args == 'string' ) {
    switch ( args.charAt(0) ) {
        case '#' :
            this.elements.push( this.getId( args.substring(1) ) );
            break;
        case '.' :
            this.elements = this.getClass( args.substring(1) );
            break;
        default :
            this.elements = this.getTagName( args );
    }
}

//獲取 ID 節點
Base.prototype.getId = function (id) {
    return document.getElementById(id);
};

//獲取元素節點數組
```

```javascript
Base.prototype.getTagName = function (tag, parentNode) {
    var node = null;
    var temps = [];
    if (parentNode != undefined) {
        node = parentNode;
    } else {
        node = document;
    }
    var tags = node.getElementsByTagName(tag);
    for (var i = 0; i < tags.length; i++) {
        temps.push(tags[i]);
    }
    return tags;
};

//獲取 CLASS 節點數組
Base.prototype.getClass = function (className, parentNode) {
    var node = null;
    var temps = [];
    if (parentNode != undefined) {
        node = parentNode;
    } else {
        node = document;
    }
    var all = node.getElementsByTagName('*');
    for (var i = 0; i < all.length; i++) {
        if (all[i].className == className) {
            temps.push(all[i]);
        }
    }
    return temps;
}

//設置 CSS 選擇器
Base.prototype.find = function (str) {
    var childElements = [];
    for (var i = 0; i < this.elements.length; i++) {
        switch (str.charAt(0)) {
            case '#' :
                childElements.push(this.getId(str.substring(1)));
                break;
            case '.' :
```

```
                    var element = this.getClass(str.substring(1), this.elements[i]);
                    for (var j = 0; j < element.length; j ++) {
                        childElements.push(element[j]);
                    }
                    break;
                default :
                    var element = this.getTagName(str, this.elements[i]);
                    for (var j = 0; j < element.length; j ++) {
                        childElements.push(element[j]);
                    }
            }
        }
    }
    this.elements = childElements;
    return this;
};
```

項目 16　博客前端：封裝庫——CSS 選擇器[下]

學習要點：

1. 問題所在
2. 設置代碼

本節點，我們準備使用模擬 CSS 選擇器的方式來模擬 JS 選擇節點對象的方法，以便在之后的使用中更加的方便。

一、問題所在

在獲取節點的時候，雖然上一節課我們採用了 find() 方法來實現層次結構的選擇，但這個還是有些麻煩，我們希望能使用此類調用方式：$ ('#box p .a').css('color', 'red')。

二、設置代碼

```
//模擬 CSS 選擇器
if (args.indexOf(' ') != -1) {
    var elements = args.split(' ');
    var childElements = [];
    var node = [];
    for (var i = 0; i < elements.length; i ++) {
```

```
            if (node.length == 0) node.push(document);
        switch (elements[i].charAt(0)) {
            case '#' :
                childElements = [];
                childElements.push(this.getId(elements[i].substring(1)));
                node = childElements;
                break;
            case '.' :
                childElements = [];
                for (var j = 0; j < node.length; j ++) {
                    var temps = this.getClass(elements[i].substring(1), node[j]);
                    for (var k = 0; k < temps.length; k ++) {
                        childElements.push(temps[k]);
                    }
                }
                node = childElements;
                break;
            default :
                childElements = [];
                for (var j = 0; j < node.length; j ++) {
                    var temps = this.getTagName(elements[i], node[j]);
                    for (var k = 0; k < temps.length; k ++) {
                        childElements.push(temps[k]);
                    }
                }
                node = childElements;
        }
    }
    this.elements = childElements;
```

項目17　博客前端:封裝庫——瀏覽器檢測

學習要點:

1. 問題所在
2. 設置代碼

在很多瀏覽器使用同一功能上,由於不同瀏覽器的核心不同,實現的方式也會有所不同。所以,有時我們需要檢測瀏覽器。

一、問題所在

在基礎課堂中,我們採用了兩種方案:一種是直接提供得到的,另一種是通過分析得到的。這兩種方案都比較繁瑣,但比較細膩,而在實際的使用上則不需要。

二、設置代碼

```
//瀏覽器檢測
(function () {
    window.sys = {};
    var ua = navigator.userAgent.toLowerCase();
    var s;

    if ((/msie ([\d.]+)/).test(ua)) {      //判斷 IE 瀏覽器
        s = ua.match(/msie ([\d.]+)/);
        sys.ie = s[1];
    }

    if ((/firefox\/([\d.]+)/).test(ua)) {  //判斷火狐瀏覽器
        s = ua.match(/firefox\/([\d.]+)/);
        sys.firefox = s[1];
    }

    if ((/chrome\/([\d.]+)/).test(ua)) {   //判斷谷歌瀏覽器
        s = ua.match(/chrome\/([\d.]+)/);
        sys.chrome = s[1];
    }

    if ((/opera.*version\/([\d.]+)/).test(ua)) {   //判斷 opera 瀏覽器
        s = ua.match(/opera.*version\/([\d.]+)/);
        sys.opera = s[1];
    }

    if ((/version\/([\d.]+).*safari/).test(ua)) {  //判斷 safari 瀏覽器
        s = ua.match(/version\/([\d.]+).*safari/);
        sys.safari = s[1];
    }

    alert(sys.ie);

})();
```

PS:以上的寫法包含了大量的重複代碼,我們進行一下壓縮。

```
//瀏覽器檢測
(function ( ) {
    window.sys = {};
    var ua = navigator.userAgent.toLowerCase( );
    var s;
    (s = ua.match(/msie ([\d.]+)/)) ? sys.ie = s[1] :
    (s = ua.match(/firefox\/([\d.]+)/)) ? sys.firefox = s[1] :
    (s = ua.match(/chrome\/([\d.]+)/)) ? sys.chrome = s[1] :
    (s = ua.match(/opera.*version\/([\d.]+)/)) ? sys.opera = s[1] :
    (s = ua.match(/version\/([\d.]+).*safari/)) ? sys.safari = s[1] : 0;
})( );
```

項目 18　博客前端:封裝庫——DOM 加載[上]

學習要點:

1. 問題所在
2. 設置代碼

處理頁面文檔加載的時候,我們遇到一個難題,就是使用 window.onload 這種將所有內容加載後(包括 DOM 文檔結構,以及外部腳本、樣式、圖片音樂等)會導致在長時間加載頁面的情況下,JS 程序不可用的狀態。而 JS 其實只需要 HTML DOM 文檔結構構造完畢之後就可以使用了,沒必要等待諸如圖片、音樂和外部內容加載。

一、問題所在

首先瞭解一下瀏覽器加載的順序:
(1) HTML 解析完畢;
(2) 外部腳本和樣式加載完畢;
(3) 腳本在文檔內解析並執行;
(4) HTML DOM 完全構造起來;
(5) 圖片和外部內容加載;
(6) 網頁完成加載。

PS:這裡要瞭解一個問題,第 1~4 條的加載是極快的,一刹那而已。而第 5 條,根據網速和內容的多少各有快慢,但總體上如果有圖片和外部內容的話,比第 1~4 條加起來都要慢很多。

PS:並且 JS 的 document.getElementById 這些只需要第 1~4 條加載完畢後方可執行,

並不需要加載第 5 條，所以，我們需要一種可以代替 window.onload 的更加快捷的加載方案。

二、設置代碼

非 IE 瀏覽器提供了一種加載事件：DOMContentLoaded 事件，這個事件可以在完成 HTML DOM 結構之後就會觸發，不會理會圖像音樂、JS 文件、CSS 文件或其他資源是否已經下載完畢。

目前支持 DOMContentLoaded 事件瀏覽器有：IE9+、Firefox、Chrome、Safari 3.1+ 和 Opera 9+ 都支持。

PS：臨時找的網上圖片的地址：<img src=" http://h.hiphotos.baidu.com/album/s%3D1600%3Bq%3D100/sign=0686e4a05982b2b7a39f3dc2019df09e/d01373f082025aaf03cd026ffbedab64024f1a92.jpg"></img>

```
//傳統的加載方式
window.onload = function(){          //等待網頁完全加載完畢
    var box = document.getElementById('box');
    alert(box.innerHTML);
};

//DOMContentLoaded 事件加載
if(document.addEventListener){       //DOM 結構加載完畢
    addEvent(document, 'DOMContentLoaded', function(){
        var box = document.getElementById('box');
        alert(box.innerHTML);
    });
}

//IE 瀏覽器加載
document.write("<script id=\"ie_onload\" defer=\"defer\" src=\"javascript:void(0)\"><\/script>");
var script = document.getElementById("ie_onload");
script.onreadystatechange = function(){
    if(this.readyState=='complete'){
        var box = document.getElementById('box');
        alert(box.innerHTML);
    }
};
```

PS：這種方式創建空 script 標籤，屬性擁有 defer，這個屬性就是定義需要加載完畢後執行，然後待 onreadystatechange 為 complete 時，表示 DOM 結構加載完畢了，再執行。

在 IE 瀏覽器如果網頁上有<iframe>加載另一個網頁，我們發現 IE 瀏覽器還需要加載完畢 iframe 所有的內容才可以執行。而非 IE 瀏覽器的 DOMContentLoaded 事件則還是 DOM 加載完畢后就執行了，在這裡我們就發現 IE 的這種方式並不完美，當然，如果頁面沒有 iframe 的話就夠用了。

```
//使用 doScroll() 來判斷 DOM 加載完畢
var timer = null;
timer = setInterval(function() {
    try {
        document.documentElement.doScroll('left');
        var box = document.getElementById('box');
        alert(box.innerHTML);
    } catch (ex) {};
});
```

在 IE 中，任何 DOM 元素都有一個 doScroll 方法，無論它們是否支持滾動條。為了判斷 DOM 樹是否建成，我們只看看 documentElement 是否完整就是。因為它作為最外層的元素，作為 DOM 樹的根部而存在，如果 documentElement 完整的話，就可以調用 doScroll 方法了。當頁面一加載 JS 時，我們就執行此方法，如果 documentElement 還不完整就會報錯，我們在 catch 塊中重新調用它，一直到成功執行，成功執行時就可以調用 fn 方法。

由此，我們可以結合一下上面兩種方案，做一個兼容的函數以方便調用。

```
function addDomLoaded(fn) {
    if (document.addEventListener) {          //W3C
        addEvent(document, 'DOMContentLoaded', function() {
            fn();
            removeEvent(document, 'DOMContentLoaded', arguments.callee);
        });
    }
    else {                                    //IE
        var timer = null;
        timer = setInterval(function() {
            try {
                document.documentElement.doScroll('left');
                fn();
            } catch (ex) {};
        });
    }
}

addDomLoaded(function() {
    var box = document.getElementById('box');
```

```
        alert(box.innerHTML);
});
```

項目 19　博客前端:封裝庫——DOM 加載[下]

學習要點:

1. 問題所在
2. 設置代碼

上一節課使用 DOMCotenntLoaded 事件和 doScroll 方法完成了主流瀏覽器 DOM 加載。這節課,我們重點研究一下怎樣實現非主流瀏覽器的向下兼容。

一、問題所在

主流瀏覽器包括:IE6789、firefox、Opera9+、Safari3.1+和 Chrome。但是還存在一些非主流瀏覽器,那麼我們可以使用 window.onload 或者其他方式。

二、設置代碼

雖然以上對於主流瀏覽器和主流瀏覽器的版本已經非常夠用了,但還有幾個小細節我們需要瞭解一下。Opera8 之前不支持,webkit 引擎瀏覽器 525 之前不支持,Firefox2 有嚴重 bug。

對於非 IE 又不支持 DOMContentLoaded,可以直接用傳統的 window.onload 來執行,因為目前來說這種瀏覽器基本滅絕了,也可以 document.readyState 輪詢,直到完畢。

```
setInterval(function() {
    if(/loaded|complete/.test(document.readyState)) {
        doReady(fn);
    }
}, 1);

//最終形態
function addDomLoaded(fn) {
    var isReady = false;
    var timer = null;
    function doReady() {
        if(isReady) return;
        isReady = true;
        if (timer) clearInterval(timer);
        fn();
```

```
            }
            if (((sys.webkit && sys.webkit < 525) || (sys.opera && sys.opera < 9) ||
                                                    (sys.firefox && sys.firefox < 3))){

                timer = setInterval(function(){
                    if(/loaded|complete/.test(document.readyState)){
                        doReady();
                    }
                },1);

                /* timer = setInterval(function(){
                    if(document && document.getElementById && document.getElementsBy-
                    TagName && document.body document.documentElement){
                        doReady();
                    }
                },1); */

            } else if (document.addEventListener){           //W3C
                addEvent(document, 'DOMContentLoaded', function(){
                    doReady();
                    removeEvent(document, 'DOMContentLoaded', arguments.callee);
                });
            }
            else if (sys.ie && sys.ie < 9){                  //IE
                //IE8-
                timer = setInterval(function(){
                    try{
                        document.documentElement.doScroll('left');
                        doReady();
                    } catch(ex){};
                });
            }
        }
    }
```

項目 20　博客前端:封裝庫——調試封裝

學習要點:

1. 問題所在
2. 設置代碼

這節課將前面多節節點課程和 DOM 加載課程的調用方式在這節課重新調用一下，以保證正確性。

一、問題所在

我們在之前的多節課中改寫了 DOM 節點的獲取方式和 DOM 加載的方式，那麼現在博客首頁的調用方式就失效了，我們必須重新編寫一下。

二、設置代碼

```
//addDomLoaded
Base.prototype.ready = function (fn) {
    addDomLoaded(fn);
};

//直接函數調用
else if (typeof args == 'function') {
    this.ready(args);
}
```

增加三個獲取節點對象的方法，更容易的獲取首節點、尾節點和任意位置節點。

```
//獲取某一個節點，並返回這個節點對象
Base.prototype.ge = function (num) {
    return this.elements[num];
};

//獲取首個節點，並返回這個節點對象
Base.prototype.first = function () {
    return this.elements[0];
};

//獲取最后一個節點，並返回這個節點對象
Base.prototype.last = function () {
    return this.elements[this.elements.length - 1];
};
```

這樣前臺調用就更加方便簡單。

項目 21　博客前端：封裝庫——動畫初探［上］

學習要點：

1. 問題所在
2. 設置代碼

本節課，我們要講一下 JavaScript 在動畫中的實現，讓大家瞭解動畫是怎樣形成的。

一、問題所在

在很多時候，我們為了實現一些效果，比如漸變、滑動、運動等效果我們需要讓網頁上的元素動起來，而如果使用之前的效果，顯得有點生硬。

二、設置代碼

```
//最簡單的運動
$(function () {
    var box = document.getElementById('box');
    setInterval(function () {
        box.style.left = box.offsetLeft + 1 + 'px';
    }, 50);
});
```

PS：最簡單的動畫，原理也很簡單，通過 setInterval 每 50 毫秒不停地執行讓 left 坐標不停地變化，最終呈現出的效果就是元素運動了。

```
//封裝最簡單的運動
Base.prototype.animate = function (attr, step, target, t) {
    for (var i = 0; i < this.elements.length; i++) {
        var element = this.elements[i];
        var timer = setInterval(function () {
            element.style[attr] = getStyle(element, attr) + step + 'px';
            if (getStyle(element, attr) == target) clearInterval(timer);
        }, t);
    }
    return this;
};
```

PS:通過設置目標點,可以讓運動的元素到達,然后刪除它即可停止運動。

```
//獲取計算后的 style,需要轉換為數值
function getStyle( element, attr ) {
    var value;
    if ( typeof window.getComputedStyle ! = 'undefined' ) {     //W3C
        value = parseInt(window.getComputedStyle( element, null )[ attr ] );
    } else if ( typeof element.currentStyle ! = 'undeinfed' ) {     //IE
        value = parseInt( element.currentStyle[ attr ] );
    }
    return value;
}

//上下左右均可移動
$ ( function ( ) {
    $ ('#box ').animate('left', -5, 0, 50);
} );
```

PS:調用的時候主要的問題是,參數只有 left 和 top,沒有 right 和 bottom。如果向左移動,step 是負值,並且 target 應該小於本身的 left,以此類推。

項目 22　博客前端:封裝庫——動畫初探[中]

學習要點:

1. 問題所在
2. 設置代碼

本簡課,我們要講一下 JavaScript 在動畫中的實現,讓大家瞭解動畫是怎樣形成的。

一、問題所在

最簡單的動畫已經可以運動,但還包含著一些問題。

二、設置代碼

問題 1:如果目標長度並不等於移動到目標的長度,比如按照每 50 毫秒 7 像素,那麼可能就達到不一個整數可能會多出一個或幾個像素,所以我們判斷的時候,用大於等於比較妥當;否則會一直運動下去。

```
if ( getStyle( element, attr ) >= target ) {{
```

問題2:怎麼才能讓移動到目標值到達指定的目標值停止,而不是多出一個或幾個像素。
```
    if (getStyle(element, attr) >= target) {
        element.style[attr] = target + 'px';
        clearInterval(timer);
    } else {
        element.style[attr] = getStyle(element, attr) + step + 'px';
    }
```

問題3:雖然可以剪掉多余的像素,但剪掉的時候,會后退一下,很突兀。
```
    element.style[attr] = getStyle(element, attr) + step + 'px';
    if (getStyle(element, attr) >= target) {
        element.style[attr] = target + 'px';
        clearInterval(timer);
    }
```

問題4:如果通過事件,比如點擊等可能會導致創建多個定時器,速度就會翻倍變快。
```
    clearInterval(window.timer);
    timer = setInterval(function () {
        element.style[attr] = getStyle(element, attr) + step + 'px';
        if (getStyle(element, attr) >= target) {
            element.style[attr] = target + 'px';
            clearInterval(timer);
        }
    }, t);
```

PS:對於每多少毫秒執行一次定時器,這個參數我們可以內置,因為絕大部分情況下,只要一開始設定好,一般來說不需要改變。並且,如果修改了,整體加速或者整體減速。

問題5:可以設置向右或向下移動,無法向左或向上移動。並且之前用負數有點別扭。
```
    if (getStyle(element, attr) > target) step = -step;
    clearInterval(window.timer);
    timer = setInterval(function () {
        element.style[attr] = getStyle(element, attr) + step + 'px';

        if (step > 0 && getStyle(element, attr) >= target) {
            element.style[attr] = target + 'px';
            clearInterval(timer);
        } else if (step < 0 && getStyle(element, attr) <= target) {
            element.style[attr] = target + 'px';
```

```
        clearInterval(timer);
    }
}, t);
```

問題 6：當點擊一次按鈕時，運動一次，第二次點擊時，就不運動了。主要原因是已經到目標點了。所以，我們每次點擊的時候可以手工重置一下。

```
element.style[attr] = start + step + 'px';
start += step;
```

PS：但這種方法需要對應 CSS 的位置，如果不一致，一開始會閃爍一下。

問題 7：參數太多，搞不清位置，我們通過封裝傳參來解決這個問題。

```
Base.prototype.animate = function(obj){
    for(var i = 0; i < this.elements.length; i ++){
        var element = this.elements[i];
        var attr = obj['attr'] == 'x' ? 'left' : obj['attr'] == 'y' ? 'top' : 'left';
        var start = obj['start'] != undefined ? obj['start'] : getStyle(element, attr);
        var t = obj['t'] != undefined ? obj['t'] : 50;
        var step = obj['step'] != undefined ? obj['step'] : 10;
        var target = obj['alter'] + start;

        if(start > target) step = -step;
        element.style[attr] = start + 'px';
        clearInterval(window.timer);
        timer = setInterval(function(){
            element.style[attr] = getStyle(element, attr) + step + 'px';
            if(step > 0 && getStyle(element, attr) >= target){
                element.style[attr] = target + 'px';
                clearInterval(timer);
            }else if(step < 0 && getStyle(element, attr) <= target){
                element.style[attr] = target + 'px';
                clearInterval(timer);
            }
        }, t);
    }
    return this;
};
```

PS：我們把目標值改成了增量值，這樣在調用的時候會更加清晰。attr 屬性值採用 x 表示橫軸，y 表示縱軸，這樣更加符合語義，更加清晰。當然，對於極少部分人群會不知道 x 軸和 y 軸的，你也可以用 hengzhou 和 zongzhou 來代替，原理一樣。

項目 23　博客前端:封裝庫——動畫初探[下]

學習要點:

1. 問題所在
2. 設置代碼

本節課,我們要講一下 JavaScript 在動畫中的實現,讓大家瞭解動畫是怎樣形成的。

一、問題所在

前兩節課,我們講解了最簡單的動畫,也就是勻速動畫,這節課,我們繼續把勻速動畫改裝為緩衝動畫。緩衝動畫有逐漸減速和逐漸加速,一般來說絕大部分用的是逐漸減速。

二、設置代碼

1. 更好地解決多出幾個像素或少出幾個像素的方法

```
if ( step > 0 && Math.abs( ( getStyle( element, attr ) - target ) ) < step )    //正值使用
if ( step < 0 && ( getStyle( element, attr ) - target ) < Math.abs( step ) )    //負值使用
```

2. 使用 x 和 y 軸表示橫縱方向,更加清晰

```
var attr = obj['attr'] == 'x' ? 'left' : obj['attr'] == 'y' ? 'top' : 'left'    //x, y 軸
```

3. 緩衝運動

```
var speed = obj['speed'] != undefined ? obj['speed'] : 6;          //緩衝值
var type = obj['type'] == 0 ? 'constant' : obj['type'] == 1 ? 'buffer' : 'buffer';
                                                                    //是否緩衝

if ( type == 'buffer' ) {
    var temp = ( target - getStyle( element, attr ) ) / speed;
    step = step > 0 ? Math.ceil( temp ) : Math.floor( temp );
}
```

PS:正值的使用 Math.ceil 取整,小數部分進一位。負值的時候使用 Math.floor,小數部分進一位。這樣就不會導致結束運動的時候不流暢突兀的感覺。

4. 長高變換動畫,只要加入 width 和 height 值即可

```
var attr = obj['attr'] == 'x' ? 'left' : obj['attr'] == 'y' ? 'top' :
```

```
        obj['attr'] == 'w' ? 'width' : obj['attr'] == 'h' ? 'height' : 'left';
```

5. 提供 alter 增量和 target 目標量兩種方案

```
var alter = obj['alter'];
var target = obj['target'];
if (alter != undefined && target == undefined) {       //增量有值,目標量無值
    target = alter + start;
} else if (alter == undefined && target == undefined) { //增量和目標量都無值
    throw new Error('alter 增量或者 target 目標量必須傳遞一個！');
}
```

項目 24　博客前端:封裝庫——透明度漸變

學習要點:

1. 問題所在
2. 設置代碼

本節課,我們接著運動動畫再來擴展一下另一個形式的動畫:透明度漸變動畫。

一、問題所在

如果單獨做一個方法來實現勻速漸變和緩衝漸變,問題不是很大;如果直接在 animate 方法擴展,就需要注意一些問題。

二、設置代碼

1. 創建透明度漸進動畫

如果單獨創建一個方法來處理透明度的漸進動畫,我們可以複製 animate 方法,把長度勻速或緩衝改成漸進的勻速和緩衝即可。但如果還是要封裝到 animate 進行調用,則需要做些判斷。

```
//添加一個漸進動畫的屬性
var attr = obj['attr'] == 'x' ? 'left' : obj['attr'] == 'y' ? 'top' :
           obj['attr'] == 'w' ? 'width' : obj['attr'] == 'h' ? 'height' :
           obj['attr'] == 'o' ? 'opacity' : 'left';
```

PS:由於 opacity:0.3 屬性 IE 不支持,需要 IE 專用的 filter:alpha(opacity=30),而需要進行小數處理,這樣導致我們的 getStyle() 獲取 CSS 內置的 parseInt 直接截掉了小數后的數字。所以,我們需要重新改寫 getStyle(),並且查詢之前使用 getStyle() 的地方,修改一下。

2. 漸進動畫也分勻速和緩衝,緩衝用的多,默認
```
if (attr == 'opacity') {
    var temp = parseFloat(getStyle(element, attr)) * 100;
    if (step == 0) {
        setOpacity();
    } else if (step > 0 && Math.abs(temp - target) <= step) {
        setOpacity();
    } else if (step < 0 && (temp - target) <= Math.abs(step)) {
        setOpacity();
    } else {
        element.style.filter = 'alpha(opacity='+ parseInt(temp + step) +')';
        element.style.opacity = parseInt(temp + step) / 100;
    }
}


function setOpacity() {
    element.style.filter = 'alpha(opacity='+ target +')';
    element.style.opacity = target / 100;
    clearInterval(timer);
}
```

PS:要注意 parseInt(temp + step)的用途,因為計算機對小數經常不敏感,需要取整操作,不然可能會造成漸變閃爍問題。

3. 對於透明度獨有或運動獨有的,要分別判斷,否則會混在一起
```
if (attr != 'opacity') element.style[attr] = start + 'px';   //px 像素是運動獨有的

//在緩衝上,opacity 採用 parseFloat,運動採用 parseInt
if (type == 'buffer') {
    var parse = attr == 'opacity' ? (target - parseFloat(getStyle(element, attr) * 100)) :
                                    (target - parseInt(getStyle(element, attr)));
    var temp = parse / speed;
    step = step > 0 ? Math.ceil(temp) : Math.floor(temp);
}
```

項目 25　博客前端：封裝庫——百度分享側欄

學習要點：

1. 問題所在
2. 設置代碼

百度分享側欄是目前使用最廣泛的一種分享工具，雖然它並不需要我們自己做，只需要引入相關代碼，但我們還是需要瞭解一下這種效果是如何形成的。

一、問題所在

第一步，先使用 CSS 把百度側欄分享滑動的樣式整理好。
第二步，滑動的側欄主要是由鼠標移入移出的事件完成的。

二、設置代碼

1. 百度分享的 HTML 代　，　，非 JS 代　，我　用理解後　的方法以

```
<div id="share">
    <h2>分享到</h2>
    <ul>
        <li><a href="###" class="a">一鍵分享</a></li>
        <li><a href="###" class="b">新浪微博</a></li>
        <li><a href="###" class="c">人人網</a></li>
        <li><a href="###" class="d">百度相冊</a></li>
        <li><a href="###" class="e">騰訊朋友</a></li>
        <li><a href="###" class="f">豆瓣網</a></li>
        <li><a href="###" class="g">百度新首頁</a></li>
        <li><a href="###" class="h">和訊微博</a></li>
        <li><a href="###" class="i">QQ 空間</a></li>
        <li><a href="###" class="j">百度搜藏</a></li>
        <li><a href="###" class="k">騰訊微博</a></li>
        <li><a href="###" class="l">開心網</a></li>
        <li><a href="###" class="m">百度貼吧</a></li>
        <li><a href="###" class="n">搜狐微博</a></li>
        <li><a href="###" class="o">QQ 好友</a></li>
        <li><a href="###" class="p">更多…</a></li>
    </ul>
```

```
        <div class="share_footer"><a href="###">百度分享</a><span></span></div>
</div>
```

2. 相關 CSS 代碼

```css
#share {
    width:210px;
    height:315px;
    border:1px solid #ccc;
    position:absolute;
    top:0;
    left:-211px;
    background:#fff;
}
#share h2 {
    height:30px;
    line-height:30px;
    margin:0;
    padding:0;
    background:#eee;
    font-size:14px;
    color:#666;
    text-indent:10px;
}
#share ul {
    padding:3px 0 2px 5px;
    height:254px;
}
#share ul li {
    width:96px;
    height:28px;
    padding:2px;
    float:left;
}
#share ul li a {
    display:block;
    width:95px;
    height:26px;
    line-height:26px;
    text-decoration:none;
    text-indent:30px;
    background-image:url(images/share_bg.png);
    background-repeat:no-repeat;
```

```css
    color:#666;
}
#share ul li a.a {
    background-position:5px 5px;
}
#share ul li a.b {
    background-position:5px -25px;
}
```

PS:每個圖標背景,每次加 30 個像素即可。

```css
#share .share_footer {
    background:#eee;
    height:26px;
    position:relative;
}
#share .share_footer span {
    display:block;
    width:24px;
    height:88px;
    background:url(images/share.png) no-repeat;
    position:absolute;
    top:-230px;
    left:210px;
    cursor:pointer;
}
#share .share_footer a {
    position:absolute;
    top:7px;
    left:140px;
    text-decoration:none;
    color:#666;
    padding:0 0 0 13px;
    background:#eee url(images/share_bg.png) no-repeat 0 -477px;
}
#share .share_footer a:hover {
    color:#06f;
}
```

3. JavaScript 代碼

```javascript
//百度分享初始位置
$('#share').css('top', (getInner().height - parseInt(getStyle( $('#share').first(),
```

```
'height'))) / 2
    + 'px');
//百度分享收縮功能
$('#share').hover(function(){
    $(this).animate({
        attr : 'x',
        target : 0
    });
}, function(){
    $(this).animate({
        attr : 'x',
        target : -211
    });
});
```

PS：在 IE 瀏覽器實現 PNG 透明度的時候，會出現黑點問題，加上背景色即可。滑動時默認速度太慢，我們調整為 T 10，STEP 20，為默認。以後出現其他速度在調用時調正。

項目 26　博客前端：封裝庫——增強彈窗菜單

學習要點：

1. 問題所在
2. 設置代碼

在彈出菜單的時候，我們希望遮罩是通過透明度漸變而來的，關閉的時候也是漸變的。而菜單，就採用向下滾動的方式進行。

一、問題所在

略。

二、設置代碼

```
//打開遮罩，並且設置動畫
screen.lock().animate({
    attr : 'o',
    target : 30,
    t : 30,
    step : 10
```

```
    });

    //先設置動畫后,再關閉遮罩
    screen.animate({
        attr : 'o',
        target : 0,
        t : 30,
        step : 10,
        fn : function () {
            screen.unlock();
        }
    });

    //一個動畫結束后,再執行一段代碼
    if (obj.fn != undefined) obj.fn();

    //下拉菜單效果
    $('#header .member').hover(function () {
        $(this).css('background', 'url(images/arrow2.png) no-repeat 55px center');
        $('#header .member_ul').show().animate({
            attr : 'o',
            target : 100
        });
    }, function () {
        $(this).css('background', 'url(images/arrow.png) no-repeat 55px center');
        $('#header .member_ul').animate({
            attr : 'o',
            target : 0,
            fn : function () {
                $('#header .member_ul').hide();
            }
        });
    });
```

PS:對於多個動畫衝突導致終止問題,是因為只採用了一個定時器,我們可以對每個動畫分配一個定時器即可解決。

項目 27　博客前端：封裝庫——同步動畫

學習要點：

1. 問題所在
2. 設置代碼

本節課，我們主要解決一下多個動畫同時運行的問題。

一、問題所在

在百度分享側欄拖動滾動條的時候，我們希望能隨著滾動條的滾動而一直保持居中。我們希望能夠實現比如加長加寬這種同時運動的動畫效果。

二、設置代碼

```
//跨瀏覽器獲取滾動條位置
function getScroll() {
    return {
        top : document.documentElement.scrollTop || document.body.scrollTop,
        left : document.documentElement.scrollLeft || document.body.scrollLeft
    }
}

//初始位置
$('#share').css('top', getScroll().top + (getInner().height -
            parseInt(getStyle( $('#share').first(), 'height'))) / 2 + 'px');

//滾動條事件
addEvent(window, 'scroll', function() {
    $('#share').animate({
        attr : 'y',
        target : getScroll().top + (getInner().height -
                    parseInt(getStyle( $('#share').first(), 'height'))) / 2
    });
});

//擴展更多的屬性
var attr = obj['attr'] == 'x' ? 'left' : obj['attr'] == 'y' ? 'top' :
```

```
        obj['attr'] == 'w'?'width': obj['attr'] == 'h'?'height':
        obj['attr'] == 'o'?'opacity': obj['attr'] !=undefined? obj['attr'] : 'left';
```

PS:可以通過傳遞一個對象的鍵值對,來傳遞多組動畫,然後循環顯示。

```
//接收多組鍵值對
var mul = obj['mul'];

//單個動畫和多個動畫至少傳遞一個
if (alter != undefined && target == undefined) {
    target = alter + start;
} else if (alter == undefined && target == undefined && mul == undefined) {
    throw new Error('alter 增量或 target 目標量必須傳一個!');
}

//在定時器裡循環
for (var i in mul) {
    attr = i == 'x'?'left': i == 'y'?'top': i == 'w'?'width': i == 'h'?
                'height': i == 'o'?'opacity': i != undefined ? i : 'left';
    target = mul[i];
}

//如果是單個動畫
if (mul == undefined) {
    mul = {};
    mul[attr] = target;
}
```

項目 28 　博客前端:封裝庫——展示菜單

學習要點:

1. 問題所在
2. 設置代碼

我們希望下拉菜單的效果通過展開來實現,在這之前需解決兩個問題。

一、問題所在

(1) 多個動畫運行的時候,一個列隊動畫會執行兩次。
(2) 多個動畫使用了一個定時器,如果數值太極端就會導致無法達到終值。

二、設置代碼

```
//創建一個判斷是否多個動畫全部執行完畢
var flag = true;

//判斷透明度動畫是否執行完畢,沒有就是false,parseInt(target)防止小數
if (parseInt(target) != parseInt(parseFloat(getStyle(element, attr)) * 100)) flag = false;

//判斷運動動畫是否執行完畢,沒有就是false
if (parseInt(target) != parseInt(getStyle(element, attr))) flag = false;

//如果flag為真,說明動畫全部執行完畢
if (flag) {
    clearInterval(element.timer);
    if (obj.fn != undefined) obj.fn();
}
```

PS:對於展示菜單,主要CSS隱藏問題:overflow=hidden;

項目29　博客前端:封裝庫——滑動導航

學習要點:

1. 問題所在
2. 設置代碼

本節課,我們要製作一個博客的導航功能,希望導航有滑動的特效。

一、問題所在

(1) 導航層次問題;
(2) 移入移出問題;
(3) IE 的 bug 問題。

二、設置代碼

```
//HTML 部分
<div id="nav">
    <ul class="about">                    //專用於移入移出,避免丟失
        <li></li>
        <li></li>
        <li></li>
        <li></li>
        <li></li>
    </ul>
    <ul class="black">
        <li>首頁</li>
        <li>博文列表</li>
        <li>精彩相冊</li>
        <li>動感音樂</li>
        <li>關於我</li>
    </ul>
    <div class="nav_bg">
        <ul class="white">
            <li>首頁</li>
            <li>博文列表</li>
            <li>精彩相冊</li>
            <li>動感音樂</li>
            <li>關於我</li>
        </ul>
    </div>
</div>

//CSS 部分
#nav {
    width:465px;
    height:52px;
    background:url(images/nav_bg.png) no-repeat;
    margin:50px auto 0 auto;
    position:relative;
    cursor:pointer;
}
#nav ul {
```

```css
    height:52px;
    cursor:pointer;
}
#nav ul li {
    float:left;
    width:85px;
    height:52px;
    line-height:52px;
    cursor:pointer;
    text-align:center;
    font-weight:bold;
}
#nav ul.black {
    position:absolute;
    left:20px;
    z-index:1;
    color:#333;
}
#nav ul.white {
    width:425px;
    position:absolute;
    left:0px;
    z-index:3;
    color:#fff;
}
#nav ul.about {
    position:absolute;
    left:20px;
    z-index:4;
    cursor:pointer;
    background:red;
    opacity:0;
    filter:alpha(opacity=0);
}
#nav div.nav_bg {
    width:85px;
    height:52px;
    background:url(images/nav_over.png) no-repeat 0px 11px;
    position:absolute;
    left:20px;
```

```
        overflow:hidden;
        cursor:pointer;
        z-index:2;
}

//滑動導航
$('#nav .about li').hover(function(){
    var target = $(this).first().offsetLeft;
    $('#nav .nav_bg').animate({
        attr : 'x',
        target : target + 20,
        t : 30,
        step : 10,
        fn : function(){
            $('#nav .white').animate({
                attr : 'x',
                target : -target
            });
        }
    });
}, function(){
    $('#nav .nav_bg').animate({
        attr : 'x',
        target : 20,
        t : 30,
        step : 10,
        fn : function(){
            $('#nav .white').animate({
                attr : 'x',
                target : 0
            });
        }
    });
});
```

項目 30　博客前端：封裝庫——切換

學習要點：

1. 問題所在
2. 設置代碼

切換效果，就是通過點擊來實現不同的效果，而每次點擊步驟會執行下一次函數的過程。

一、問題所在

（1）參數問題；
（2）點擊切換計數問題；
（3）多個切換物計數。

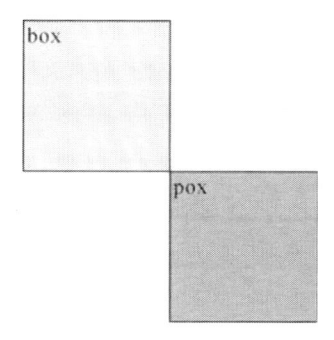

二、設置代碼

```
//設置點擊切換方法
Base.prototype.toggle = function () {
    for ( var i = 0; i < this.elements.length; i ++) {
        var args = arguments;
        var count = 0;
        addEvent(this.elements[i], 'click', function () {
            args[count++ % args.length]();
        });
    }
    return this;
};
```

```
//調用
$('#button').toggle(function(){
    $('#box').css('background','blue');
},function(){
    $('#box').css('background','green');
},function(){
    $('#box').css('background','red');
});


$('#button2').toggle(function(){
    $('#pox').css('background','blue');
},function(){
    $('#pox').css('background','green');
},function(){
    $('#pox').css('background','red');
});
```

項目31　博客前端:封裝庫——菜單切換

學習要點:

1. 問題所在
2. 設置代碼

切換效果,就是通過點擊來實現不同的效果,而每次點擊步驟會執行下一次函數的過程。

一、問題所在

(1) 參數問題;
(2) 點擊切換計數問題;
(3) 多個切換物計數。

二、設置代碼

```javascript
//設置點擊切換方法
Base.prototype.toggle = function () {
    for (var i = 0; i < this.elements.length; i ++) {
        (function (element, args) {
            var count = 0;
            addEvent(element, 'click', function () {
                args[count++ % args.length].call(element);
            });
        })(this.elements[i], arguments);
    }
    return this;
};

//左側菜單
$('#sidebar h2').toggle(function () {
    $(this).next().animate({
        mul : {
            h : 0,
            o : 0
```

```
            }
        });
    }, function () {
        $(this).next().animate({
            mul : {
                h : 150,
                o : 100
            }
        });
    });
});

//HTML 部分
<h2>教育博文</h2>
<ul>
    <li><a href="###">靠自己 95 后女生被 16 所國外名校錄取</a></li>
    <li><a href="###">00 后的成長煩惱;壓力巨大成隱形殺手</a></li>
    <li><a href="###">一年自學 MIT 的 33 門課? 瘋狂學習方法</a></li>
    <li><a href="###">申請赴美讀研人數下降 5% 7 年來首遇冷</a></li>
    <li><a href="###">西政「萌招聘」秀出辣椒與美女 被讚</a></li>
</ul>

//CSS 部分
#main {
    width:900px;
    margin:50px auto;
}
#sidebar {
    width:250px;
    height:500px;
    float:left;
}
#sidebar h2 {
    width:248px;
    height:30px;
    line-height:30px;
    text-indent:10px;
    margin:0;
    padding:0;
    font-size:14px;
    background:url(images/side_h.png);
```

```css
    border:1px solid #ccc;
    border-bottom:none;
}
#sidebar ul {
    height:150px;
    border:1px solid #ccc;
    margin:0 0 10px 0;
    overflow:hidden;
}
#sidebar ul li {
    height:30px;
    line-height:30px;
    background:url(images/arrow4.gif) no-repeat 12px 45%;
    text-indent:30px;
}
#sidebar ul li a {
    text-decoration:none;
    color:#333;
}
#index {
    width:630px;
    height:500px;
    background:#eee;
    float:right;
}
```

```javascript
//獲取當前同級節點的下一個元素節點
Base.prototype.next = function () {
    for (var i = 0; i < this.elements.length; i ++) {
        this.elements[i] = this.elements[i].nextSibling;
        if (this.elements[i] == null) throw new Error('找不到下一個同級元素節點！');
        if (this.elements[i].nodeType == 3) this.next();
    }
    return this;
}

//獲取當前同級節點的上一個元素節點
Base.prototype.prev = function () {
    for (var i = 0; i < this.elements.length; i ++) {
        this.elements[i] = this.elements[i].previousSibling;
```

```
            if (this.elements[i] == null) throw new Error('找不到上一個同級元素節點! ');
            if (this.elements[i].nodeType == 3) this.prev();
        }
        return this;
    }
}
```

項目 32　博客前端:封裝庫——註冊驗證[1]

學習要點:

1. 問題所在
2. 設置代碼

註冊驗證功能,顧名思義,就是驗證表單中每個字段的合法性,只有全部合法才可以提交表單。

一、問題所在

二、設置代碼

```
//界面 HTML
<div id = "reg">
    <h2><img src = "images/close.png" alt = "" class = "close" />會員註冊</h2>
    <form name = "reg">
        <dl>
```

```html
    <dd>用戶名:<input type="text" name="user" class="text" /></dd>
    <dd>密    碼:<input type="password" name="pass" class="text" /></dd>
    <dd>確認密碼:<input type="password" name="notpass" class="text" /></dd>
    <dd><span style="vertical-align:-2px;">提問:</span><select name="ques">
            <option value="0">----請選擇----</option>
            <option value="1">--您最喜歡吃的菜</option>
            <option value="2">--您的狗狗的名字</option>
            <option value="3">--您的出生地</option>
            <option value="4">--您最喜歡的明星</option>
        </select></dd>
    <dd>回    答:<input type="text" name="ans" class="text" /></dd>
    <dd>電子郵件:<input type="text" name="email" class="text" /></dd>
    <dd class="birthday"><span style="vertical-align:-2px;">生日:</span>
        <select name="year">
            <option value="0">-請選擇-</option>
        </select>年
        <select name="month">
            <option value="0">-請選擇-</option>
        </select>月
        <select name="day">
            <option value="0">-請選擇-</option>
        </select>日</dd>
    <dd style="height:105px;"><span style="vertical-align:85px;">備    註:</span><textarea class=""></textarea></dd>
    <dd style="padding:0 0 0 320px;">還能輸入200字</dd>
    <dd style="padding:0 0 0 80px;"><input type="button" class="submit" /></dd>
    </dl>
    </form>
</div>
```

```css
//CSS界面
#reg{
    width:600px;
    height:550px;
    border:1px solid #ccc;
    position:absolute;
    /*display:none;*/
    z-index:9999;
    background:#fff;
```

```css
#reg h2 {
    height:40px;
    line-height:40px;
    text-align:center;
    font-size:14px;
    letter-spacing:1px;
    color:#666;
    background:url(images/login_header.png) repeat-x;
    margin:0;
    padding:0;
    border-bottom:1px solid #ccc;
    margin:0 0 20px 0px;
    cursor:move;
}
#reg h2 img {
    float:right;
    position:relative;
    top:14px;
    right:8px;
    cursor:pointer;
}
#reg dl {
    margin:20px;
    padding:0 0 20px 0;
    font-size:14px;
    color:#666;
}
#reg dl dd {
    height:30px;
    padding:5px 0;
}
#reg dl dd input, #reg dl dd select {
    width:200px;
    height:25px;
    border:1px solid #ccc;
    background:#fff;
    font-size:14px;
    color:#666;
}
#reg dl dd select {
```

```css
        width:202px;
}
#reg dl dd.birthday select {
        width:100px;
}
#reg dl dd textarea {
        border:1px solid #ccc;
        width:360px;
        height:100px;
        background:#fff;
}
#reg dl dd input.submit {
        width:143px;
        height:33px;
        background:url(images/reg.png) no-repeat;
        border:none;
        cursor:pointer;
        margin:0 auto;
}
#reg dl dd span.info, #reg dl dd span.error {
        display:none;
}
```

```javascript
//註冊框
var reg = $('#reg');
reg.center(600, 550).resize(function () {
    if (reg.css('display') == 'block') {
        screen.lock();
    }
});
$('#header .reg').click(function () {
    reg.center(600, 550).css('display', 'block');
    screen.lock().animate({
        attr : 'o',
        target : 30,
        t : 30,
        step : 10
    });
});
$('#reg .close').click(function () {
```

```
        reg.css('display','none');
        screen.animate({
            attr：'o',
            target：0,
            t：30,
            step：10,
            fn：function(){
                screen.unlock();
            }
        });
    });

    reg.drag( $('#reg h2').last());
```

項目33　博客前端:封裝庫——註冊驗證[2]

學習要點:

1. 問題所在
2. 設置代碼

註冊驗證功能,顧名思義,就是驗證表單中每個字段的合法性,只有全部合法才可以提交表單。

一、問題所在

二、設置代碼

//界面 HTML
```
<dd>用 戶 名：<input type="text" name="user" class="text" />
    <span class="info info_user">請輸入用戶名,2~20位,
                             由字母、數字和下劃線組成！</span>
    <span class="error error_user">輸入不合法,請重新輸入！</span>
    <span class="succ succ_user">可用</span>
</dd>
```

//界面 CSS
```
#reg dl dd span.info, #reg dl dd span.error,#reg dl dd span.succ {
    font-size:12px;
    width:165px;
    height:32px;
    line-height:32px;
    padding:0 0 0 35px;
    display:none;
    position:absolute;
    letter-spacing:1px;
}
#reg dl dd span.info {
    background:url(images/reg_info.png) no-repeat;
    color:#333;
}
#reg dl dd span.error {
    background:url(images/reg_error.png) no-repeat;
    color:red;
}
#reg dl dd span.succ {
    line-height:14px;
    padding:0 0 0 20px;
    background:url(images/reg_succ.png) no-repeat;
    color:green;
}
#reg dl dd span.info_user {
    height:43px;
    line-height:18px;
    padding-top:7px;
```

```
        background:url(images/reg_info2.png) no-repeat;
        top:3px;
        left:295px;
    }
#reg dl dd span.error_user {
        top:3px;
        left:295px;
    }
#reg dl dd span.succ_user {
        top:12px;
        left:295px;
    }

//JS 代碼
$('form').form('user').bind('focus', function () {
    $('#reg .info_user').css('display', 'block');
    $('#reg .succ_user').css('display', 'none');
    $('#reg .error_user').css('display', 'none');
}).bind('blur', function () {
    if (trim( $(this).value() ) == '') {
        $('#reg .info_user').css('display', 'none');
    } else if (! /[a-zA-Z0-9_]{2,20}/.test( $(this).value() ) ) {
        $('#reg .error_user').css('display', 'block');
        $('#reg .info_user').css('display', 'none');
    } else {
        $('#reg .succ_user').css('display', 'block');
        $('#reg .error_user').css('display', 'none');
        $('#reg .info_user').css('display', 'none');
    }
});

//設置一個綁定事件的方法
Base.prototype.bind = function (event, fn) {
    for (var i = 0; i < this.elements.length; i++) {
        addEvent(this.elements[i], event, fn);
    }
    return this;
};

//設置一個獲取表單字段的方法
```

```
Base.prototype.form = function (name) {
    for (var i = 0; i < this.elements.length; i ++) {
        this.elements[i] = this.elements[i][name];
    }
    return this;
};

//設置表單 value 內容
Base.prototype.value = function (str) {
    for (var i = 0; i < this.elements.length; i ++) {
        if (arguments.length == 0) {
            return this.elements[i].value;
        }
        this.elements[i].value = str;
    }
    return this;
};

//多個 class 正則獲取
if (((new RegExp('( \\s|^)' +className +'( \\s| $ )')).test(all[i].className)) {
    temps.push(all[i]);
}
```

項目 34　博客前端:封裝庫——註冊驗證[3]

學習要點:

1. 問題所在
2. 設置代碼

　　註冊驗證功能,顧名思義,就是驗證表單中每個字段的合法性,只有全部合法才可以提交表單。

一、問題所在

二、設置代碼

// 界面 HTML
```
<dd>密    碼：<input type="password" name="pass" class="text" />
    <span class="info info_pass">
        <p>安全級別：<strong class="s s1">■</strong>
        <strong class="s s2">■</strong><strong class="s s3">■</strong> <strong
    class="s s4" style="font-weight:normal"></strong></p>
        <p><strong class="q1" style="font-weight:normal">○</strong> 6-20個字符</p>
        <p><strong class="q2" style="font-weight:normal">○</strong>
                只能包含大小寫字母、數字和非空格字符</p>
        <p><strong class="q3" style="font-weight:normal">○</strong>
                大、小寫字母、數字、非空字符, 2 種以上</p>
    </span>
    <span class="error error_pass">輸入不合法，請重新輸入！</span>
    <span class="succ succ_pass">可用</span>
</dd>
```

```css
//界面 CSS
#reg dl dd span.info_pass {
    width:244px;
    height:102px;
    padding:4px 0 0 16px;
    background:url(images/reg_info3.png) no-repeat;
    top:5px;
    left:295px;
    letter-spacing:0;
}
#reg dl dd span.info_pass p {
    height:25px;
    line-height:25px;
    color:#666;
}
#reg dl dd span.info_pass p strong.s {
    color:#ccc;
}
#reg dl dd span.error_pass {
    top:43px;
    left:295px;
}
#reg dl dd span.succ_pass {
    top:52px;
    left:295px;
}
```

```javascript
//JS 代碼
$('form').form('pass').bind('focus', function () {
    $('#reg .info_pass').css('display', 'block');
    $('#reg .error_pass').css('display', 'none');
    $('#reg .succ_pass').css('display', 'none');
}).bind('blur', function () {
    if (trim($(this).value()) == '') {
        $('#reg .info_pass').css('display', 'none');
    } else {
        if (check_pass(this)) {
            $('#reg .info_pass').css('display', 'none');
            $('#reg .error_pass').css('display', 'none');
```

```js
                $('#reg .succ_pass').css('display', 'block');
            } else {
                $('#reg .info_pass').css('display', 'none');
                $('#reg .error_pass').css('display', 'block');
                $('#reg .succ_pass').css('display', 'none');
            }
        }
});

//表單驗證——密碼強度驗證
$('form').form('pass').bind('keyup', function () {
    check_pass(this)
});

function check_pass(_this) {
    var flag = false;
    var value = trim( $(_this).value() );
    var value_length = value.length;
    var code_length = 0;

    if (value_length > 0 && !/\s/.test(value)) {
        $('#reg .info_pass .q2').html('●').css('color', 'green');
    } else {
        $('#reg .info_pass .q2').html('○').css('color', '#666');
    }

    if (value_length >= 6 && value_length <= 20) {
        $('#reg .info_pass .q1').html('●').css('color', 'green');
    } else {
        $('#reg .info_pass .q1').html('○').css('color', '#666');
    }

    if (/[0-9]/.test(value)) {
        code_length++;
    }
    if (/[a-z]/.test(value)) {
        code_length++;
    }
    if (/[A-Z]/.test(value)) {
        code_length++;
```

```javascript
}
if (/[^a-zA-Z0-9]/.test(value)) {
    code_length++;
}

if (code_length >= 2) {
    $('#reg .info_pass .q3').html('●').css('color', 'green');
} else {
    $('#reg .info_pass .q3').html('○').css('color', '#666');
}

if (code_length >= 3 && value_length >= 10) {
    $('#reg .info_pass .s1').css('color', 'green');
    $('#reg .info_pass .s2').css('color', 'green');
    $('#reg .info_pass .s3').css('color', 'green');
    $('#reg .info_pass .s4').html('高').css('color', 'green');
} else if (code_length >= 2 && value_length >= 8) {
    $('#reg .info_pass .s1').css('color', '#f60');
    $('#reg .info_pass .s2').css('color', '#f60');
    $('#reg .info_pass .s3').css('color', '#ccc');
    $('#reg .info_pass .s4').html('中').css('color', '#f60');
} else if (code_length >= 1) {
    $('#reg .info_pass .s1').css('color', 'maroon');
    $('#reg .info_pass .s2').css('color', '#ccc');
    $('#reg .info_pass .s3').css('color', '#ccc');
    $('#reg .info_pass .s4').html('低').css('color', 'maroon');
} else {
    $('#reg .info_pass .s1').css('color', '#ccc');
    $('#reg .info_pass .s2').css('color', '#ccc');
    $('#reg .info_pass .s3').css('color', '#ccc');
    $('#reg .info_pass .s4').html('').css('color', '#ccc');
}

if (value_length >= 6 && value_length <= 20 && code_length >= 2) flag = true;
return flag;
}
```

項目35　博客前端：封裝庫——註冊驗證[4]

學習要點：

1. 問題所在
2. 設置代碼

註冊驗證功能，顧名思義，就是驗證表單中每個字段的合法性，只有全部合法才可以提交表單。

一、問題所在

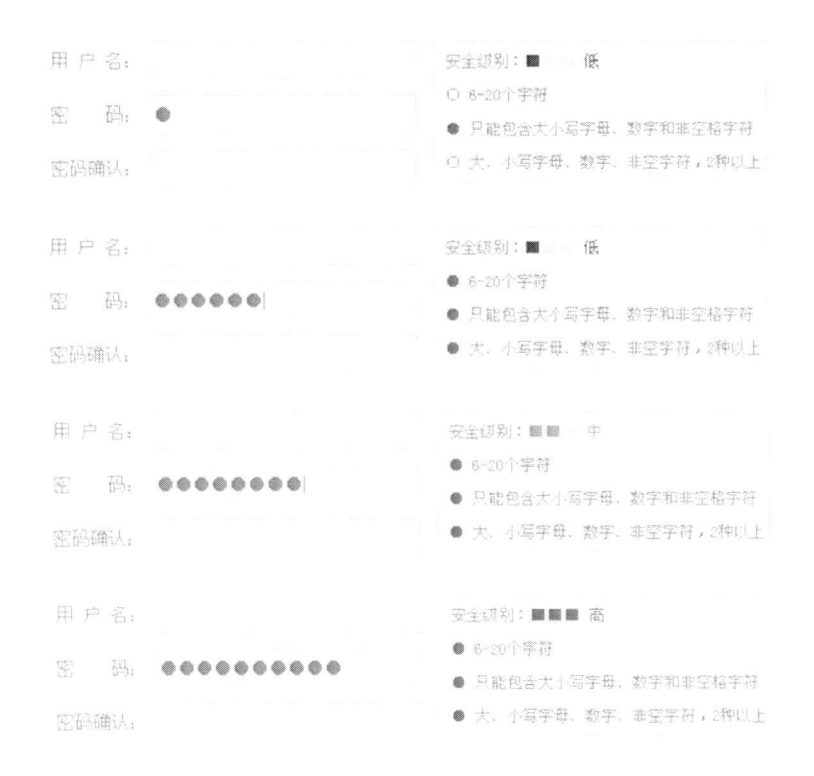

二、設置代碼

```
//界面 HTML
<dd>密　　碼：<input type = " password" name = " pass" class = " text" />
    <span class = " info info_pass" >
        <p>安全級別:<strong class = " s s1" >■</strong>
```

```html
            <strong class="s s2">■</strong><strong class="s s3">■</strong><
    strong class="s s4" style="font-weight:normal"></strong></p>
        <p><strong class="q1" style="font-weight:normal">○</strong> 6-20 個字符</p>
        <p><strong class="q2" style="font-weight:normal">○</strong>
            只能包含大小寫字母、數字和非空格字符</p>
        <p><strong class="q3" style="font-weight:normal">○</strong>
            大小寫字母、數字、非空格字符, 2 種以上</p>
    </span>
    <span class="error error_pass">輸入不合法，請重新輸入！</span>
    <span class="succ succ_pass">可用</span>
</dd>
```

```css
//界面 CSS
#reg dl dd span.info_pass {
    width:244px;
    height:102px;
    padding:4px 0 0 16px;
    background:url(images/reg_info3.png) no-repeat;
    top:5px;
    left:295px;
    letter-spacing:0;
}
#reg dl dd span.info_pass p {
    height:25px;
    line-height:25px;
    color:#666;
}
#reg dl dd span.info_pass p strong.s {
    color:#ccc;
}
#reg dl dd span.error_pass {
    top:43px;
    left:295px;
}
#reg dl dd span.succ_pass {
    top:52px;
    left:295px;
}
```

```
//JS 代碼
    $('form').form('pass').bind('focus', function () {
        $('#reg .info_pass').css('display', 'block');
        $('#reg .error_pass').css('display', 'none');
        $('#reg .succ_pass').css('display', 'none');
    }).bind('blur', function () {
        if (trim($(this).value()) == "") {
            $('#reg .info_pass').css('display', 'none');
        } else {
            if (check_pass(this)) {
                $('#reg .info_pass').css('display', 'none');
                $('#reg .error_pass').css('display', 'none');
                $('#reg .succ_pass').css('display', 'block');
            } else {
                $('#reg .info_pass').css('display', 'none');
                $('#reg .error_pass').css('display', 'block');
                $('#reg .succ_pass').css('display', 'none');
            }
        }
    });

//表單驗證 —— 密碼強度驗證
$('form').form('pass').bind('keyup', function () {
    check_pass(this)
});

function check_pass(_this) {
    var flag = false;
    var value = trim($(_this).value());
    var value_length = value.length;
    var code_length = 0;

    if (value_length > 0 && !/\s/.test(value)) {
        $('#reg .info_pass .q2').html('●').css('color', 'green');
    } else {
        $('#reg .info_pass .q2').html('○').css('color', '#666');
    }

    if (value_length >= 6 && value_length <= 20) {
        $('#reg .info_pass .q1').html('●').css('color', 'green');
```

```javascript
} else {
    $('#reg .info_pass .q1').html('○').css('color', '#666');
}

if (/[0-9]/.test(value)) {
    code_length++;
}
if (/[a-z]/.test(value)) {
    code_length++;
}
if (/[A-Z]/.test(value)) {
    code_length++;
}
if (/[^a-zA-Z0-9]/.test(value)) {
    code_length++;
}

if (code_length >= 2) {
    $('#reg .info_pass .q3').html('●').css('color', 'green');
} else {
    $('#reg .info_pass .q3').html('○').css('color', '#666');
}

if (code_length >= 3 && value_length >= 10) {
    $('#reg .info_pass .s1').css('color', 'green');
    $('#reg .info_pass .s2').css('color', 'green');
    $('#reg .info_pass .s3').css('color', 'green');
    $('#reg .info_pass .s4').html('高').css('color', 'green');
} else if (code_length >= 2 && value_length >= 8) {
    $('#reg .info_pass .s1').css('color', '#f60');
    $('#reg .info_pass .s2').css('color', '#f60');
    $('#reg .info_pass .s3').css('color', '#ccc');
    $('#reg .info_pass .s4').html('中').css('color', '#f60');
} else if (code_length >= 1) {
    $('#reg .info_pass .s1').css('color', 'maroon');
    $('#reg .info_pass .s2').css('color', '#ccc');
    $('#reg .info_pass .s3').css('color', '#ccc');
    $('#reg .info_pass .s4').html('低').css('color', 'maroon');
} else {
    $('#reg .info_pass .s1').css('color', '#ccc');
```

```
            $('#reg .info_pass .s2').css('color', '#ccc');
            $('#reg .info_pass .s3').css('color', '#ccc');
            $('#reg .info_pass .s4').html('').css('color', '#ccc');
        }

        if (value_length >= 6 && value_length <= 20 && code_length >= 2 &&
                                              !/\s/.test(value)) flag = true;
        return flag;
    }
```

項目 36　博客前端:封裝庫——註冊驗證[5]

學習要點:

1. 問題所在
2. 設置代碼

註冊驗證功能,顧名思義,就是驗證表單中每個字段的合法性,只有全部合法才可以提交表單。

一、問題所在

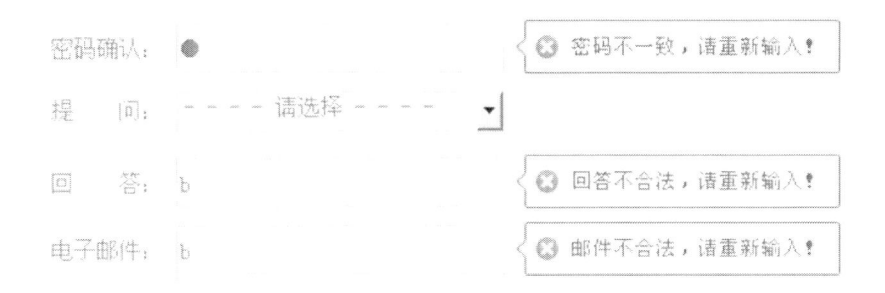

二、設置代碼

```
//界面 HTML
<dd>密碼確認: <input type="password" name="notpass" class="text" />
    <span class="info info_notpass">請再一次輸入密碼! </span>
    <span class="error error_notpass">密碼不一致,請重新輸入! </span>
    <span class="succ succ_notpass">可用</span>
</dd>
```

```html
<dd>回　　答：<input type="text" name="ans" class="text" />
    <span class="info info_ans">請輸入回答,2~32 位！</span>
    <span class="error error_ans">回答不合法,請重新輸入！</span>
    <span class="succ succ_ans">可用</span>
</dd>
<dd>電子郵件：<input type="text" name="email" class="text" autocomplete="off" />
    <span class="info info_email">請輸入電子郵件！</span>
    <span class="error error_email">郵件不合法,請重新輸入！</span>
    <span class="succ succ_email">可用</span>
</dd>
```

```css
//界面 CSS
#reg dl dd span.info_notpass {
    top:83px;
    left:295px;
}
#reg dl dd span.error_notpass {
    top:83px;
    left:295px;
}
#reg dl dd span.succ_notpass {
    top:92px;
    left:295px;
}
#reg dl dd span.info_ans {
    top:163px;
    left:295px;
}
#reg dl dd span.error_ans {
    top:163px;
    left:295px;
}
#reg dl dd span.succ_ans {
    top:172px;
    left:295px;
}
#reg dl dd span.info_email {
    top:203px;
    left:295px;
}
```

```css
#reg dl dd span.error_email {
    top:203px;
    left:295px;
}
#reg dl dd span.succ_email {
    top:212px;
    left:295px;
}
```

```javascript
//JS 代碼
//密碼回答
    $('form').form('notpass').bind('focus', function() {
        $('#reg .info_notpass').css('display', 'block');
        $('#reg .error_notpass').css('display', 'none');
        $('#reg .succ_notpass').css('display', 'none');
    }).bind('blur', function() {
        if(trim($(this).value()) == "") {
            $('#reg .info_notpass').css('display', 'none');
        } else if(trim($('form').form('pass').value()) == trim($(this).value())) {
            $('#reg .info_notpass').css('display', 'none');
            $('#reg .error_notpass').css('display', 'none');
            $('#reg .succ_notpass').css('display', 'block');
        } else {
            $('#reg .info_notpass').css('display', 'none');
            $('#reg .error_notpass').css('display', 'block');
            $('#reg .succ_notpass').css('display', 'none');
        }
    });

//回答
    $('form').form('ans').bind('focus', function() {
        $('#reg .info_ans').css('display', 'block');
        $('#reg .error_ans').css('display', 'none');
        $('#reg .succ_ans').css('display', 'none');
    }).bind('blur', function() {
        if(trim($(this).value()) == "") {
            $('#reg .info_ans').css('display', 'none');
        } else if(trim($(this).value()).length >= 2 && trim($(this).value()).length <= 32) {
            $('#reg .info_ans').css('display', 'none');
```

```
            $('#reg .error_ans').css('display','none');
            $('#reg .succ_ans').css('display','block');
        } else {
            $('#reg .info_ans').css('display','none');
            $('#reg .error_ans').css('display','block');
            $('#reg .succ_ans').css('display','none');
        }
});

//電子郵件
$('form').form('email').bind('focus', function () {
    $('#reg .info_email').css('display','block');
    $('#reg .error_email').css('display','none');
    $('#reg .succ_email').css('display','none');
}).bind('blur', function () {
    if (trim($(this).value()) == "") {
        $('#reg .info_email').css('display','none');
    } else if (/^[\w-\.]+@[\w-]+(\.[a-zA-Z]{2,4}){1,2}$/.test(trim
                                        ($(this).value()))) {
        $('#reg .info_email').css('display','none');
        $('#reg .error_email').css('display','none');
        $('#reg .succ_email').css('display','block');
    } else {
        $('#reg .info_email').css('display','none');
        $('#reg .error_email').css('display','block');
        $('#reg .succ_email').css('display','none');
    }
});
```

項目37 博客前端:封裝庫——註冊驗證[6]

學習要點:

1. 問題所在
2. 設置代碼

註冊驗證功能,顧名思義,就是驗證表單中每個字段的合法性,只有全部合法才可以提交表單。

一、問題所在

二、設置代碼

//界面 HTML
```
<dd>電子郵件：<input type="text" name="email" class="text" autocomplete="off" />
    <span class="info info_email">請輸入電子郵件！</span>
    <span class="error error_email">郵件不合法，請重新輸入！</span>
    <span class="succ succ_email">可用</span>
    <ul class="all_email">
        <li><span></span>@ qq.com</li>
        <li><span></span>@ 163.com</li>
        <li><span></span>@ sohu.com</li>
        <li><span></span>@ sina.com.cn</li>
        <li><span></span>@ gmail.com</li>
    </ul>
</dd>
```

//界面 CSS
```
#reg dl dd ul.all_email {
    width:180px;
    height:130px;
    background:#fff;
    border:1px solid #ccc;
    padding:5px 10px;
    position:absolute;
    top:233px;
    left:87px;
    display:none;
}
```

```css
#reg dl dd ul.all_email li {
    height:25px;
    line-height:25px;
    border-bottom:1px solid #E5EDF2;
    padding:0 5px;
    cursor:pointer;
}
```

```javascript
//JS 代碼

//電子郵件
$('form').form('email').bind('focus', function () {
    if ( $(this).value().indexOf('@') == -1 ) $('#reg .all_email').css('display', 'block');
    $('#reg .info_email').css('display', 'block');
    $('#reg .error_email').css('display', 'none');
    $('#reg .succ_email').css('display', 'none');
}).bind('blur', function () {
    $('#reg .all_email').css('display', 'none');
    check_email();
});

//電子郵件選定補全
$('#reg .all_email li').bind('mousedown', function () {
    $('form').form('email').value( $(this).text() );
    check_email();
});

//電子郵件鍵入補全
$('form').form('email').bind('keyup', function (event) {
    if ( $(this).value().indexOf('@') == -1 ) {
        $('#reg .all_email').css('display', 'block');
        $('#reg .all_email li span').html( $(this).value() );
    } else {
        $('#reg .all_email').css('display', 'none');
    }

    $('#reg .all_email li').css('background', 'none');
    $('#reg .all_email li').css('color', '#666');
```

```javascript
        if (event.keyCode == 40) {
            if (this.index == undefined || this.index >= $('#reg .all_email li').
                                                                length() - 1) {
                this.index = 0;
            } else {
                this.index ++;
            }
            $('#reg .all_email li').eq(this.index).css('background', '#E5EDF2');
            $('#reg .all_email li').eq(this.index).css('color', '#369');
        }

        if (event.keyCode == 38) {
            if (this.index == undefined || this.index <= 0) {
                this.index = $('#reg .all_email li').length() -1;
            } else {
                this.index --;
            }
            $('#reg .all_email li').eq(this.index).css('background', '#E5EDF2');
            $('#reg .all_email li').eq(this.index).css('color', '#369');
        }

        if (event.keyCode == 13) {
            $(this).value( $('#reg .all_email li').eq(this.index).text() );
            $('#reg .all_email').css('display', 'none');
            this.index = undefined;
        }

});

function check_email() {
    if (trim( $('form').form('email').value() ) == "") {
        $('#reg .info_email').css('display', 'none');
    } else
    if (/^[\w-\.]+@[\w-]+(\.[a-zA-Z]{2,4}){1,2}$/.test(trim
                                ( $('form').form('email').value() ) ) ) {
        $('#reg .info_email').css('display', 'none');
        $('#reg .error_email').css('display', 'none');
        $('#reg .succ_email').css('display', 'block');
    } else {
        $('#reg .info_email').css('display', 'none');
```

```javascript
            $('#reg .error_email').css('display', 'block');
            $('#reg .succ_email').css('display', 'none');
        }
    }

    //電子郵件補全移入效果
    $('#reg .all_email li').hover(function () {
        $(this).css('background', '#E5EDF2');
        $(this).css('color', '#369');
    }, function () {
        $(this).css('background', 'none');
        $(this).css('color', '#666');
    });

//獲取一個節點數組的長度
Base.prototype.length = function () {
    return this.elements.length;
};

//設置 innerText
Base.prototype.text = function (str) {
    for (var i = 0; i < this.elements.length; i++) {
        if (arguments.length == 0) {
            return getText(this.elements[i], str);
        }
        setText(this.elements[i], str);
    }
    return this;
};

//跨瀏覽器獲取 text
function getText(element, text) {
    return (typeof element.textContent == 'string') ? element.textContent
                                                    : element.innerText;
}

//跨瀏覽器設置 text
function setText(element, text) {
    if (typeof element.textContent == 'string') {
        element.textContent = text;
```

```
        } else {
            element.innerText = text;
        }
    }
```

項目 38　博客前端：封裝庫——註冊驗證[7]

學習要點：

1. 問題所在
2. 設置代碼

註冊驗證功能，顧名思義，就是驗證表單中每個字段的合法性，只有全部合法才可以提交表單。

一、問題所在

二、設置代碼

```
//界面 HTML
<dd>電子郵件：<input type="text" name="email" class="text" autocomplete="off" />
    <span class="info info_email">請輸入電子郵件！</span>
    <span class="error error_email">郵件不合法，請重新輸入！</span>
    <span class="succ succ_email">可用</span>
    <ul class="all_email">
        <li><span></span>@qq.com</li>
        <li><span></span>@163.com</li>
        <li><span></span>@sohu.com</li>
        <li><span></span>@sina.com.cn</li>
        <li><span></span>@gmail.com</li>
```

```
            </ul>
        </dd>

        //界面CSS
        #reg dl dd ul.all_email {
            width:180px;
            height:130px;
            background:#fff;
            border:1px solid #ccc;
            padding:5px 10px;
            position:absolute;
            top:233px;
            left:87px;
            display:none;
        }
        #reg dl dd ul.all_email li {
            height:25px;
            line-height:25px;
            border-bottom:1px solid #E5EDF2;
            padding:0 5px;
            cursor:pointer;
        }

        //JS代碼

        //電子郵件
        $('form').form('email').bind('focus', function () {
            if ( $(this).value().indexOf('@') == -1 ) $('#reg .all_email').css('display', 'block');
            $('#reg .info_email').css('display', 'block');
            $('#reg .error_email').css('display', 'none');
            $('#reg .succ_email').css('display', 'none');
        }).bind('blur', function () {
            $('#reg .all_email').css('display', 'none');
            check_email();
        });

        //電子郵件選定補全
        $('#reg .all_email li').bind('mousedown', function () {
            $('form').form('email').value( $(this).text() );
            check_email();
```

```
});

//電子郵件鍵入補全
$('form').form('email').bind('keyup', function(event){
    if($(this).value().indexOf('@') == -1){
        $('#reg .all_email').css('display', 'block');
        $('#reg .all_email li span').html($(this).value());
    }else{
        $('#reg .all_email').css('display', 'none');
    }

    $('#reg .all_email li').css('background', 'none');
    $('#reg .all_email li').css('color', '#666');

    if(event.keyCode == 40){
        if(this.index == undefined || this.index >= $('#reg .all_email li').length() - 1){
            this.index = 0;
        }else{
            this.index ++;
        }
        $('#reg .all_email li').eq(this.index).css('background', '#E5EDF2');
        $('#reg .all_email li').eq(this.index).css('color', '#369');
    }

    if(event.keyCode == 38){
        if(this.index == undefined || this.index <= 0){
            this.index = $('#reg .all_email li').length() -1;
        }else{
            this.index --;
        }
        $('#reg .all_email li').eq(this.index).css('background', '#E5EDF2');
        $('#reg .all_email li').eq(this.index).css('color', '#369');
    }

    if(event.keyCode == 13){
        $(this).value($('#reg .all_email li').eq(this.index).text());
        $('#reg .all_email').css('display', 'none');
        this.index = undefined;
    }
```

```javascript
});

function check_email() {
    if (trim($('form').form('email').value()) == "") {
        $('#reg .info_email').css('display', 'none');
    } else
    if (/^[\w-\.]+@[\w-]+(\.[a-zA-Z]{2,4}){1,2}$/.test(trim
                                ($('form').form('email').value()))) {
        $('#reg .info_email').css('display', 'none');
        $('#reg .error_email').css('display', 'none');
        $('#reg .succ_email').css('display', 'block');
    } else {
        $('#reg .info_email').css('display', 'none');
        $('#reg .error_email').css('display', 'block');
        $('#reg .succ_email').css('display', 'none');
    }
}

//電子郵件補全移入效果
$('#reg .all_email li').hover(function() {
    $(this).css('background', '#E5EDF2');
    $(this).css('color', '#369');
}, function() {
    $(this).css('background', 'none');
    $(this).css('color', '#666');
});

//獲取一個節點數組的長度
Base.prototype.length = function() {
    return this.elements.length;
};

//設置 innerText
Base.prototype.text = function(str) {
    for (var i = 0; i < this.elements.length; i++) {
        if (arguments.length == 0) {
            return getText(this.elements[i], str);
        }
        setText(this.elements[i], str);
    }
    return this;
```

```
};

//跨瀏覽器獲取 text
function getText(element, text) {
    return (typeof element.textContent == 'string') ? element.textContent
                                                    : element.innerText;
}

//跨瀏覽器設置 text
function setText(element, text) {
    if (typeof element.textContent == 'string') {
        element.textContent = text;
    } else {
        element.innerText = text;
    }
}
```

項目 39　博客前端：封裝庫——註冊驗證[8]

學習要點：

1. 問題所在
2. 設置代碼

註冊驗證功能，顧名思義，就是驗證表單中每個字段的合法性，只有全部合法才可以提交表單。

一、問題所在

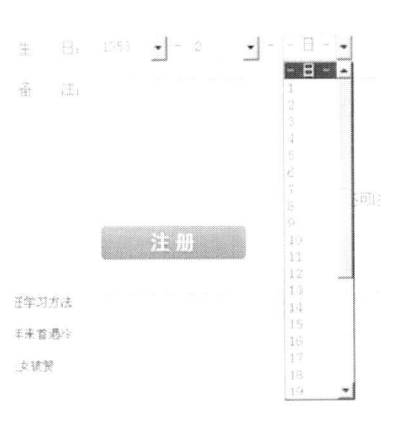

二、設置代碼

```javascript
//JS 代碼
var year = $('form').form('year');
var month = $('form').form('month');
var day = $('form').form('day');

//年
for (var i = 1950; i <= 2013; i++) {
    year.first().add(new Option(i, i), undefined);
}

//月
for (var i = 1; i <= 12; i++) {
    month.first().add(new Option(i, i), undefined);
}

//日
var day30 = [4, 6, 9, 11];
var day31 = [1, 3, 5, 7, 8, 10, 12];

year.bind('change', select_day);
month.bind('change', select_day);

function select_day() {
    if (month.value() != 0 && year.value() != 0) {
        var cur_day = 0;
        if (inArray(day31, parseInt(month.value()))) {
            cur_day = 31;
        } else if (inArray(day30, parseInt(month.value()))) {
            cur_day = 30;
        } else {
            if ((parseInt(year.value()) % 4 == 0 && parseInt(year.value()) % 100 != 0)
                    || parseInt(year.value()) % 400 == 0) {
                cur_day = 29;
            } else {
                cur_day = 28;
            }
        }
```

```
            day.first().options.length = 1;
            for (var i = 1; i <= cur_day; i ++) {
                day.first().add(new Option(i, i), undefined);
            }
        } else {
            day.first().options.length = 1;
        }
    }

    //判斷某一值是否存在某個數組裡
    function inArray(array, value) {
        for (var i in array) {
            if (array[i] == value) return true;
        }
        return false;
    }
```

項目 40　博客前端：封裝庫——註冊驗證[9]

學習要點：

1. 問題所在
2. 設置代碼

註冊驗證功能，顧名思義，就是驗證表單中每個字段的合法性，只有全部合法才可以提交表單。

一、問題所在

二、設置代碼

```
//HTML 代碼
<dd style="display:block" class="ps">還可以輸入<strong class="num">200</strong>字</dd>
<dd style="display:none" class="ps">已超過<strong class="num"></strong>字，<span class="clear">清尾</span></dd>
```

```
//CSS 代碼
#reg dl dd.ps {
    padding:0 0 0 300px;
}
#reg dl dd.ps strong.num {
    padding:0 2px;
}
#reg dl dd.ps span.clear {
    color:#06f;
    cursor:pointer;
}
```

```
//JS 代碼
//備註
$('form').form('ps').bind('keyup', check_ps);

//清尾
$('#reg .ps .clear').click(function() {
    $('form').form('ps').value( $('form').form('ps').value().substring(0, 200) );
    check_ps();
});

function check_ps() {
    var num = 200 - $('form').form('ps').value().length;
    if (num >= 0) {
        $('#reg .ps').eq(0).css('display', 'block');
        $('#reg .ps .num').eq(0).html(num);
        $('#reg .ps').eq(1).css('display', 'none');
    } else {
        $('#reg .ps').eq(1).css('display', 'block');
        $('#reg .ps .num').eq(1).html(Math.abs(num)).css('color', 'red');
```

```
            $('#reg .ps').eq(0).css('display','none');
        }
}
```

//在刷新頁面后,還原所有的表單數據初始化狀態
$('form').first().reset();

項目41　博客前端:封裝庫——註冊驗證[10]

學習要點:

1. 問題所在
2. 設置代碼

註冊驗證功能,顧名思義,就是驗證表單中每個字段的合法性,只有全部合法才可以提交表單。

一、問題所在

二、設置代碼

//HTML 代碼
<dd style=" padding:0 0 0 80px;" ><input type=" button" name=" sub" class="

```
submit" /></dd>
    <span class="error error_birthday">尚未全部選擇,請選擇! </span>
    <span class="error error_ques">尚未選擇提問,請選擇! </span>

//CSS 代碼
#reg dl dd span.error_ques {
    top:123px;
    left:295px;
}
#reg dl dd span.error_birthday {
    top:241px;
    left:350px;
}

//JS 代碼
//提交表單
$('form').form('sub').click(function () {
    var flag = true;

    if (! check_user()) {
        $('#reg .error_user').css('display', 'block');
        flag = false;
    }

    if (! check_pass()) {
        $('#reg .error_pass').css('display', 'block');
        flag = false;
    }

    if (! check_notpass()) {
        $('#reg .error_notpass').css('display', 'block');
        flag = false;
    }

    if (! check_ques()) {
        $('#reg .error_ques').css('display', 'block');
        flag = false;
    }

    if (! check_ans()) {
```

```javascript
            $('#reg .error_ans').css('display','block');
            flag = false;
        }

        if(!check_email()){
            $('#reg .error_email').css('display','block');
            flag = false;
        }

        if(!check_birthday()){
            $('#reg .error_birthday').css('display','block');
            flag = false;
        }

        if(!check_ps()){
            flag = false;
        }

        if(flag){
            //提交表單
            alert('表單檢測完畢,提交表單!');
            $('form').first().submit();
        }
    });

    //年月日檢測
    function check_birthday(){
        if(year.value()!=0 && month.value()!=0 && day.value()!=0) return true;
    }

    //選擇日后自動消失
    day.bind('change',function(){
        if(check_birthday()) $('#reg .error_birthday').css('display','none');
    });

    //郵件檢測
    function check_email(){
        if(/^[\w\-\.]+@[\w\-]+(\.[a-zA-Z]{2,4}){1,2}$/.
            test(trim($('form').form('email').value()))) return true;
    }
```

```javascript
//問答
function check_ans() {
    if (trim($('form').form('ans').value()).length >= 2 &&
            trim($('form').form('ans').value()).length <= 32) return true;
}

//提問
$('form').form('ques').bind('change', function () {
    if ($(this).value() != 0) $('#reg .error_ques').css('display', 'none');
});

function check_ques() {
    if ($('form').form('ques').value() != 0) return true;
}

//密碼確認
function check_notpass() {
    if (trim($('form').form('pass').value()) ==
                    trim($('form').form('notpass').value())) return true;
}

//密碼檢測
function check_user() {
    if (/[a-zA-Z0-9_]{2,20}/.test($('form').form('user').value())) return true;
}
```

項目42 博客前端：封裝庫——輪播器

學習要點：

1. 問題所在
2. 設置代碼

本節課，我們使用動畫功能來完成一組輪播器的功能，輪播器分為透明輪播器和上下滾動輪播器，希望改變一個值可以切換這兩種輪播器。

一、問題所在

二、設置代碼

//HTML 代碼
```
<div id="banner">
    <img src="images/banner1.jpg" alt="輪播器第一張圖" />
    <img src="images/banner2.jpg" alt="輪播器第二張圖" />
    <img src="images/banner3.jpg" alt="輪播器第三張圖" />
    <ul>
        <li class="banner1">●</li>
        <li class="banner2">●</li>
        <li class="banner3">●</li>
    </ul>
    <span>半透明黑條</span>
    <strong>圖片說明</strong>
</div>
```

//CSS 代碼
```
#banner {
    width:900px;
    height:150px;
    margin:10px 0;
    float:left;
    position:relative;
    overflow:hidden;
}
#banner img {
    display:block;
    position:absolute;
    left:0;
}
#banner ul {
```

```css
        position:absolute;
        top:128px;
        left:420px;
        z-index:4;
}
#banner ul li {
        float:left;
        padding:0 5px;
        color:#999;
        cursor:pointer;
        font-size:16px;
}
#banner span {
        display:block;
        width:900px;
        height:25px;
        background:#333;
        position:absolute;
        top:125px;
        left:0;
        opacity:0.3;
        filter:alpha(opacity=30);
        z-index:3;
}
#banner strong {
        position:absolute;
        top:130px;
        left:10px;
        color:#fff;
        z-index:4;
}
```

```javascript
//JS 代碼
//輪播器初始化
$('#banner img').opacity(0);
$('#banner img').eq(0).opacity(100);
$('#banner strong').html($('#banner img').eq(0).attr('alt'));
$('#banner ul li').eq(0).css('color', '#333');

//輪播器坐標
```

```
for ( var i = 0; i < $ ('#banner img').length( ); i ++) {
    $ ('#banner img').eq(i).css('top', 0 + (i * 150) + 'px');
}

//輪播計數器
var banner_index = 1;

//輪播器類別
var banner_type = 2;          //1 是透明度輪播,2 是上下滾動輪播

//輪播器自動播放
var banner_timer = setInterval( banner_fn, 3000);

//輪播器手動播放
$ ('#banner ul li').hover(function ( ) {
    clearInterval( banner_timer);
    if ( $ (this).css('color') ! = 'rgb(51, 51, 51)') {
        banner(this, banner_index = = 0 ? $ ('#banner ul li').length( ) - 1 :
                                            banner_index - 1);
    }
}, function ( ) {
    banner_index = $ (this).index( ) + 1;
    banner_timer = setInterval( banner_fn, 3000);
});

function banner( obj, prev) {
    if (banner_type = = 1) {
        $ ('#banner img').css('zIndex', 1);
        $ ('#banner ul li').css('color', '#999');
        $ (obj).css('color', '#333');
        $ ('#banner strong').html( $ ('#banner img').eq( $ (obj).index( )).attr('alt'));
        $ ('#banner img').eq( prev).animate( {
            attr : 'o',
            target : 0,
            t : 30,
            step : 10
        });
        $ ('#banner img').eq( $ (obj).index( )).animate( {
            attr : 'o',
            target : 100,
```

```
                    t : 30,
                    step : 10
            }).css('top', 0).css('zIndex', 2);
        } else if (banner_type == 2) {
            $('#banner img').opacity(100);
            $('#banner img').css('zIndex', 1);
            $('#banner ul li').css('color', '#999');
            $(obj).css('color', '#333');
            $('#banner strong').html($('#banner img').eq($(obj).index()).attr('alt'));
            $('#banner img').eq(prev).animate({
                    attr : 'y',
                    target : 150,
                    t : 30,
                    step : 10
            });
            $('#banner img').eq($(obj).index()).animate({
                    attr : 'y',
                    target : 0,
                    t : 30,
                    step : 10
            }).css('top', '-150px').css('zIndex', 2);
        }
    }

    function banner_fn() {
        if (banner_index >= $('#banner ul li').length()) banner_index = 0;
        banner($('#banner ul li').eq(banner_index).first(), banner_index == 0 ?
                            $('#banner ul li').length() - 1 : banner_index - 1);
        banner_index++;
    }

    //獲取某個節點在某組的位置
    Base.prototype.index = function () {
        var children = this.elements[0].parentNode.children;
        for (var i = 0; i < children.length; i ++) {
            if (children[i] == this.elements[0]) return i;
        }
    };

    //獲取某個節點的屬性
```

```
Base.prototype.attr = function (attr) {
    return this.elements[0][attr];
};

//設置節點元素的透明度
Base.prototype.opacity = function (num) {
    for (var i = 0; i < this.elements.length; i ++) {
        this.elements[i].style.opacity = num / 100;
        this.elements[i].style.filter = 'alpha(opacity=' + num + ')';
    }
    return this;
};
```

項目43　博客前端:封裝庫——延遲加載

學習要點:

1. 問題所在
2. 設置代碼

本節課,我們將編寫一個圖片加載的功能:延遲加載和預加載。顧名思義,延遲就是推后加載;預加載就是提前加載的意思。

一、問題所在

二、設置代碼

```
//HTML 代碼
<div id="photo">
    <dl>
        <dt><img xsrc="images/p1.jpg" src="images/wait_load.jpg" class="wait_load" /></dt>
        <dd>延遲加載圖片</dd>
    </dl>

    <dl>
        <dt><img xsrc="images/p2.jpg" src="images/wait_load.jpg" class="wait_load" /></dt>
        <dd>延遲加載圖片</dd>
    </dl>

    <dl>
        <dt><img xsrc="images/p3.jpg" src="images/wait_load.jpg" class="wait_load" /></dt>
        <dd>延遲加載圖片</dd>
    </dl>
</div>

//CSS 代碼
#photo {
    width:900px;
    float:left;
}
#photo dl {
    width:225px;
    height:270px;
    float:left;
    margin:5px 0 15px 0;
}
#photo dl dt {
    width:200px;
    height:250px;
```

```css
        background:#eee;
        margin:0 auto;
}
#photo dl dt img {
        display:block;
        width:200px;
        height:250px;
        cursor:pointer;
}
#photo dl dd {
        height:25px;
        line-height:25px;
        text-align:center;
}
```

```javascript
//JS 代碼
//圖片延遲加載
var wait_load = $('.wait_load');
wait_load.opacity(0);
$(window).bind('scroll', function () {
    setTimeout(function () {
        for (var i = 0; i < wait_load.length(); i ++) {
            var _this = wait_load.ge(i);
            if (((getInner().height + getScroll().top) >= offsetTop(_this)) {
                $(_this).attr('src', $(_this).attr('xsrc')).animate({
                    attr : 'o',
                    target : 100,
                    t : 30,
                    step : 10
                });
            }
        }
    }, 100);
});

//獲取元素到頂點的距離
function offsetTop(element) {
    var top = element.offsetTop;
```

```
        var parent = element.offsetParent;
        while (parent ! == null) {
            top += parent.offsetTop;
            parent = parent.offsetParent;
        }
        return top;
    }
```

//獲取或設置屬性
```
Base.prototype.attr = function (attr, value) {
    for (var i = 0; i < this.elements.length; i ++) {
        if (arguments.length == 1) {
            return this.elements[i].getAttribute(attr);
        } else if (arguments.length == 2) {
            this.elements[i].setAttribute(attr, value);
        }
    }
    return this;
};
```

項目44　博客前端:封裝庫——預加載

學習要點:

1. 問題所在
2. 設置代碼

本節課,我們將編寫一個圖片加載的功能:延遲加載和預加載。顧名思義,延遲就是推後加載;預加載就是提前加載的意思。

一、問題所在

二、設置代碼

//HTML 代碼
```
<dl>
    <dt><img xsrc="images/p1.jpg" bigsrc="images/p1big.jpg"
                          src="images/wait_load.jpg" class="wait_load" /></dt>
    <dd>延遲加載圖片</dd>
</dl>

<div id="photo_big">
    <h2><img src="images/close.png" alt="" class="close" />圖片預加載</h2>
    <div class="big">
        <img src="images/loading.gif" alt="" />
        <span class="left"></span>
        <span class="right"></span>
        <strong class="sl">&lt;</strong>
        <strong class="sr">&gt;</strong>
```

```html
            <em class="index"></em>
        </div>
</div>
```

```css
//CSS 代碼
#photo_big {
    width:620px;
    height:511px;
    border:1px solid #ccc;
    position:absolute;
    display:none;
    z-index:9999;
    background:#fff;
}
#photo_big h2 {
    height:40px;
    line-height:40px;
    text-align:center;
    font-size:14px;
    letter-spacing:1px;
    color:#666;
    background:url(images/login_header.png) repeat-x;
    margin:0;
    padding:0;
    border-bottom:1px solid #ccc;
    cursor:move;
}
#photo_big h2 img {
    float:right;
    position:relative;
    top:14px;
    right:8px;
    cursor:pointer;
}
#photo_big .big {
    width:620px;
    height:460px;
    padding:10px 0 0;
    background:#333;
}
```

```css
#photo_big .big img {
    display:block;
    margin:0 auto;
    position:relative;
    top:190px;
}
#photo_big .big strong {
    display:block;
    width:100px;
    height:100px;
    line-height:100px;
    text-align:center;
    background:#000;
    opacity:0;
    filter:alpha(opacity=0);
    font-size:60px;
    color:#fff;
    cursor:pointer;
    position:absolute;
}
#photo_big .big strong.sl {
    top:210px;
    left:20px;
}
#photo_big .big strong.sr {
    top:210px;
    right:20px;
}
#photo_big .big span {
    display:block;
    width:300px;
    height:450px;
    background:#000;
    opacity:0;
    filter:alpha(opacity=0);
    position:absolute;
    cursor:pointer;
}
#photo_big .big span.left {
    top:50px;
```

```css
        left:10px;
    }
    #photo_big .big span.right{
        top:50px;
        right:10px;
    }
    #photo_big .big em{
        position:absolute;
        top:480px;
        right:20px;
        color:#fff;
        font-style:normal;
        font-size:14px;
    }
```

```javascript
//JS 代碼
//圖片彈窗
var photo_big = $('#photo_big');
photo_big.center(620, 510).resize(function(){
    if(photo_big.css('display') == 'block'){
        screen.lock();
    }
});
$('#photo dt img').click(function(){
    <!--http://pic2.desk.chinaz.com/file/201212/6/yidaizongshi6.jpg 測試用圖-->
    photo_big.center(620, 511).css('display', 'block');
    screen.lock().animate({
        attr : 'o',
        target : 30,
        t : 30,
        step : 10
    });

    var temp_img = new Image();

    $(temp_img).bind('load', function(){
        $('#photo_big .big img').attr('src', temp_img.src).animate({
            attr : 'o',
            target : 100,
            t : 30,
```

```
                        step : 10
                    }).css('width','600px').css('height','450px').css('top',0).opacity(0);
            });
            
            temp_img.src = $(this).attr('bigsrc');
            
            var children = this.parentNode.parentNode;
            
            prev_next_img(children);
    });
    $('#photo_big .close').click(function(){
            photo_big.css('display','none');
            screen.animate({
                    attr : 'o',
                    target : 0,
                    t : 30,
                    step : 10,
                    fn : function(){
                            screen.unlock();
                    }
            });
            $('#photo_big .big img').attr('src','images/loading.gif').css('width','32px').
                                        css('height','32px').css('top','190px');
    });
    
    //拖拽
    photo_big.drag($('#photo_big h2').last());
    
    //圖片鼠標滑過
    $('#photo_big .big .left').hover(function(){
            $('#photo_big .big .sl').animate({
                    attr : 'o',
                    target : 50,
                    t : 30,
                    step : 10
            });
    },function(){
            $('#photo_big .big .sl').animate({
                    attr : 'o',
                    target : 0,
```

```javascript
            t : 30,
            step : 10
        });
    });

    $('#photo_big .big .right').hover(function () {
        $('#photo_big .big .sr').animate({
            attr : 'o',
            target : 50,
            t : 30,
            step : 10
        });
    }, function () {
        $('#photo_big .big .sr').animate({
            attr : 'o',
            target : 0,
            t : 30,
            step : 10
        });
    });

    //圖片點擊上一張
    $('#photo_big .big .left').click(function () {
        $('#photo_big .big img').attr('src', 'images/loading.gif').
                    css('width', '32px').css('height', '32px').css('top', '190px');

        var current_img = new Image();

        $(current_img).bind('load', function () {
            $('#photo_big .big img').attr('src', current_img.src).animate({
                attr : 'o',
                target : 100,
                t : 30,
                step : 10
            }).opacity(0).css('width', '600px').css('height', '450px').css('top', 0);
        });

        current_img.src = $(this).attr('src');

        var children = $('#photo dl dt img').ge(prevIndex( $('#photo_big .big img').
```

```
                        attr('index'), $('#photo').first())).parentNode.parentNode;

        prev_next_img(children);

});

//圖片點擊下一張
$('#photo_big .big .right').click(function(){
        $('#photo_big .big img').attr('src', 'images/loading.gif').css('width', '32px').
                                        css('height', '32px').css('top', '190px');

        var current_img = new Image();

        $(current_img).bind('load', function(){
        $('#photo_big .big img').attr('src', current_img.src).animate({
                attr : 'o',
                target : 100,
                t : 30,
                step : 10
            }).opacity(0).css('width', '600px').css('height', '450px').css('top', 0);
        });

        current_img.src = $(this).attr('src');

        var children = $('#photo dl dt img').ge(nextIndex( $('#photo_big .big img').
                                attr('index'), $('#photo').first())).parentNode.parentNode;

        prev_next_img(children);
});

function prev_next_img(children){
        var prev = prevIndex( $(children).index(), children.parentNode);
        var next = nextIndex( $(children).index(), children.parentNode);

        var prev_img = new Image();
        var next_img = new Image();

        prev_img.src = $('#photo dl dt img').eq(prev).attr('bigsrc');
        next_img.src = $('#photo dl dt img').eq(next).attr('bigsrc');
        $('#photo_big .big .left').attr('src', prev_img.src);
```

```javascript
        $('#photo_big .big .right').attr('src', next_img.src);
        $('#photo_big .big img').attr('index', $(children).index());
        $('#photo_big .big .index').html(parseInt($(children).index()) + 1 + '/' +
                                        $('#photo dl dt img').length());
}

//得到某一數組中當前索引的上一個
function prevIndex(current, parent) {
    var length = parent.children.length;
    if (current == 0) return length - 1;
    return praseInt(current) - 1;
}

//得到某一數組中當前索引的下一個
function nextIndex(current, parent) {
    var length = parent.children.length;
    if (current == length - 1) return 0;
    return parseInt(current) + 1;
}

//禁止選擇文本
function predef(e) {
    e.preventDefault();
}

//對於拖動滾動條時,出現的各種 bug 進行修復
//鎖屏功能
Base.prototype.lock = function () {
    for (var i = 0; i < this.elements.length; i++) {
        this.elements[i].style.width = getInner().width + getScroll().left + 'px';
        this.elements[i].style.height = getInner().height + getScroll().top + 'px';
        this.elements[i].style.display = 'block';
        parseFloat(sys.firefox) < 4 ? document.body.style.overflow = 'hidden' :
                                      document.documentElement.style.overflow = 'hidden';
        addEvent(document, 'selectstart', predef);
        addEvent(document, 'mousedown', predef);
        addEvent(document, 'mouseup', predef);
    }
    return this;
};
```

```javascript
//解屏功能
Base.prototype.unlock = function () {
    for (var i = 0; i < this.elements.length; i ++) {
        this.elements[i].style.display = 'none';
        parseFloat(sys.firefox) < 4 ? document.body.style.overflow = 'hidden' :
                            document.documentElement.style.overflow = 'hidden';
        removeEvent(document, 'selectstart', predef);
        removeEvent(document, 'mousedown', predef);
        removeEvent(document, 'mouseup', predef);
    }
    return this;
};

//觸發瀏覽器窗口事件
Base.prototype.resize = function (fn) {
    for (var i = 0; i < this.elements.length; i ++) {
        var element = this.elements[i];
        addEvent(window, 'resize', function () {
            fn();
            if (element.offsetLeft > getInner().width + getScroll().left
                                            - element.offsetWidth) {
                element.style.left = getInner().width + getScroll().left
                                            - element.offsetWidth + 'px';
            }
            if (element.offsetTop > getInner().height + getScroll().top
                                            - element.offsetHeight) {
                element.style.top = getInner().height + getScroll().top
                                            - element.offsetHeight + 'px';
            }
        });
    }
    return this;
};

//base_drag.js
if (left < 0) {
    left = 0;
} else if (left <= getScroll().left) {
    left = getScroll().left;
```

```
        } else if ( left > getInner( ).width + getScroll( ).left - _this.offsetWidth ) {
            left = getInner( ).width + getScroll( ).left - _this.offsetWidth;
        }

        if ( top < 0 ) {
            top = 0;
        } else if ( top <= getScroll( ).top ) {
            top = getScroll( ).top;
        } else if ( top > getInner( ).height + getScroll( ).top - _this.offsetHeight ) {
            top = getInner( ).height + getScroll( ).top - _this.offsetHeight;
        }
```

項目45　博客前端:封裝庫——引入 Ajax

學習要點:

1. 問題所在
2. 設置代碼

在和服務器交互的時候,傳統提交方式會極大地消耗服務器資源,並且客戶端用戶體驗也不是很好。所以,這才有了 Ajax,它可以使交互更加流暢,更加人性化。

一、問題所在

Ajax 在之前的課程中已經封裝成單獨的文件了,我們拿過來就可以使用。我們可以封裝到 base.js 庫中,也可以做成插件,也可以當作一個獨立的程序直接使用。

二、設置代碼

```
//JS 代碼
//封裝 ajax
function ajax( obj ) {
    var xhr = ( function ( ) {
        if ( typeof XMLHttpRequest ! = 'undefined' ) {
            return new XMLHttpRequest( );
        } else if ( typeof ActiveXObject ! = 'undefined' ) {
            var version = [
                'MSXML2.XMLHttp.6.0',
                'MSXML2.XMLHttp.3.0',
```

```javascript
                            'MSXML2.XMLHttp'
                        ];
            for (var i = 0; version.length; i ++) {
                try {
                    return new ActiveXObject(version[i]);
                } catch (e) {
                    //跳過
                }
            }
        } else {
            throw new Error('您的系統或瀏覽器不支持XHR對象!');
        }
    })();
    obj.url = obj.url + '? rand=' + Math.random();
    obj.data = (function (data) {
        var arr = [];
        for (var i in data) {
            arr.push(encodeURIComponent(i) + '=' + encodeURIComponent(data[i]));
        }
        return arr.join('&');
    })(obj.data);
    if (obj.method === 'get') obj.url += obj.url.indexOf('?') == -1 ? '?' + obj.data : '&' + obj.data;
    if (obj.async === true) {
        xhr.onreadystatechange = function () {
            if (xhr.readyState == 4) {
                callback();
            }
        };
    }
    xhr.open(obj.method, obj.url, obj.async);
    if (obj.method === 'post') {
        xhr.setRequestHeader('Content-Type', 'application/x-www-form-urlencoded');
        xhr.send(obj.data);
    } else {
        xhr.send(null);
    }
    if (obj.async === false) {
        callback();
    }
```

```js
            function callback() {
                if (xhr.status == 200) {
                    obj.success(xhr.responseText);            //回調傳遞參數
                } else {
                    alert('獲取數據錯誤！錯誤代號:' + xhr.status + ',錯誤信息:'
                                                        + xhr.statusText);
                }
            }
        }

        //調用 ajax
        $(document).click(function () {
            ajax({
                method : 'post',
                url : 'demo.php',
                data : {
                    'name' : 'Lee',
                    'age' : 100
                },
                success : function (text) {
                    alert(text);
                },
                async : true
            });
        });

        //在谷歌和 IE 瀏覽器中,彈窗的文本拖動還有一些問題
        fixedScroll.left = getScroll().left;
        fixedScroll.top = getScroll().top;
        addEvent(window, 'scroll', fixedScroll);
        removeEvent(window, 'scroll', fixedScroll);

        //滾動條定位
        function fixedScroll() {
            setTimeout(function () {
                window.scrollTo(fixedScroll.left, fixedScroll.top);
            }, 100);
        }
```

項目 46　博客前端:封裝庫——表單序列化

學習要點:

1. 問題所在
2. 設置代碼

如果不採用傳統的 form 提交數據,而採用 Ajax 提交,就必須將表單的數據通過 Ajax 傳遞到服務器端,但每個表單都需要逐一編寫,顯得有點麻煩,所以,我們採用表單序列化的方法解決這一問題。

一、問題所在

使用表單序列化,可以解決多次表單獲取鍵值對的功能。
表單序列化的幾個要求:
(1) 不發送禁用的表單字段;
(2) 只發送勾選的復選框和單選按鈕;
(3) 不發送 type 是 reset、submit、file 和 button 以及字段集;
(4) 多選選擇框中的每個選中的值單獨一個條目;
(5) 對於<select>,如果有 value 值,就指定為 value 作為發送的值。如果沒有,就指定 text 值。

二、設置代碼

```
//JS 代碼
//表單序列化
$().extend('serialize', function() {
    for (var i = 0; i < this.elements.length; i ++) {
        var parts = {};
        var field = null;
        var form = this.elements[i];

        for (var i = 0; i < form.elements.length; i ++) {
            field = form.elements[i];

            switch (field.type) {
                case 'select-one':
                case 'select-multiple':
```

```javascript
                            for (var j = 0; j < field.options.length; j++) {
                                var option = field.options[j];
                                if (option.selected) {
                                    var optValue = '';
                                    if (option.hasAttribute) {
                                        optValue = (option.hasAttribute('value') ?
                                                        option.value : option.text);
                                    } else {
                                        optValue = (option.attributes['value'].specified ?
                                                        option.value : option.text);
                                    }
                                    parts[field.name] = optValue;
                                }
                            }
                            break;
                        case undefined:
                        case 'file':
                        case 'submit':
                        case 'reset':
                        case 'button':
                            break;
                        case 'radio':
                        case 'checkbox':
                            if (!field.checked) {
                                break;
                            }
                        default:
                            parts[field.name] = field.value;
                    }
                }
            return parts;
        }
        return this;
    });
```

項目47　博客前端：封裝庫——Ajax 註冊

學習要點：

1. 問題所在
2. 設置代碼

表單的目的就是實現用戶的填寫和提交，傳統的提交需要提交到一個指定頁面，需要卸載當前頁面，然後加載到另外一個服務器端頁面進行處理，最后再跳轉到指定的頁面。這種用戶體驗不是很好，而 Ajax 則解決了這些問題。

一、問題所在

二、設置代碼

//HTML 代碼
```
<span class="loading"></span>
<div id="loading">
    <p>加載中</p>
</div>
<div id="success">
    <p>成功</p>
</div>
```

//CSS 代碼
```
#reg dl dd span.loading {
    background:url(images/loading2.gif) no-repeat;
    position:absolute;
    top:10px;
    left:300px;
    width:16px;
    height:16px;
    display:none;
}
#loading {
    position:absolute;
    width:200px;
    height:40px;
```

```css
    background:url(images/login_header.png);
    border-right:solid 1px #ccc;
    border-bottom:solid 1px #ccc;
    display:none;
    z-index:10000;
}
#loading p {
    height:40px;
    line-height:40px;
    background:url(images/loading3.gif) no-repeat 20px center;
    text-indent:50px;
    font-size:14px;
    font-weight:bold;
    color:#666;
}
#success {
    position:absolute;
    width:200px;
    height:40px;
    background:url(images/login_header.png);
    border-right:solid 1px #ccc;
    border-bottom:solid 1px #ccc;
    display:none;
    z-index:10000;
}
#success p {
    height:40px;
    line-height:40px;
    background:url(images/success.gif) no-repeat 20px center;
    text-indent:50px;
    font-size:14px;
    font-weight:bold;
    color:#666;
}
```

```js
//JS 代碼
if (flag) {
    var _this = this;
    $('#loading').css('display', 'block').center(200, 40);
    $('#loading p').html('正在提交註冊中...');
```

```
            _this.disabled = true;
            $(_this).css('backgroundPosition','right');
            ajax({
                method:'post',
                url:'add.php',
                data:serialize($('form').first()),
                success:function(text){
                    if(text==1){
                        $('#success').css('display','block').center(200,40);
                        $('#success p').html('註冊完成,請登錄...');
                        setTimeout(function(){
                            screen.animate({
                                attr:'o',
                                target:0,
                                t:30,
                                step:10,
                                fn:function(){
                                    screen.unlock();
                                }
                            });
                            reg.css('display','none');
                            $('#loading').css('display','none')
                            $('#success').css('display','none')
                            $('#reg .succ').css('display','none');
                            _this.disabled = false;
                            $(_this).css('backgroundPosition','left');
                            $('form').first().reset();
                        },1500);
                    }
                },
                async:true
            });
        }

        //判斷用戶名
        function check_user(){
            var flag = true;
            if(!/[\w]{2,20}/.test(trim($('form').form('user').value()))){
                $('#reg .error_user').html('輸入不合法,請重新輸入!');
                return false;
```

```javascript
        }else{
            $('#reg .loading').css('display','block');
            $('#reg .info_user').css('display','none');
            ajax({
                method:'post',
                url:'is_user.php',
                data:serialize($('form').first()),
                success:function(text){
                    if(text==1){
                        $('#reg .error_user').html('用戶名已占用!');
                        flag=false;
                    }else{
                        flag=true;
                    }
                    $('#reg .loading').css('display','none');
                },
                async:false
            });
        }
        return flag;
    }
```

//創建一個數據庫

字段	類型	整理	屬性	Null	默認	額外
id	mediumint(8)		UNSIGNED	否		auto_increment
user	varchar(20)	utf8_general_ci		否		
pass	char(40)	utf8_general_ci		否		
ans	varchar(200)	utf8_general_ci		否		
ques	varchar(200)	utf8_general_ci		否		
email	varchar(200)	utf8_general_ci		否		
birthday	date			否		
ps	varchar(200)	utf8_general_ci		否		

//連接數據庫

```php
<?php
    header('Content-Type:text/html;charset=utf-8');

    //常量參數
    define('DB_HOST','localhost');
```

```php
define('DB_USER','root');
define('DB_PWD','yangfan');
define('DB_NAME','blog');

//第一步,連接 MYSQL 服務器
$conn = @mysql_connect(DB_HOST,DB_USER,DB_PWD) or
                    die('數據庫連接失敗,錯誤信息:'.mysql_error());

//第二步,選擇指定的數據庫,設置字符集
mysql_select_db(DB_NAME) or die('數據庫錯誤,錯誤信息:'.mysql_error());
mysql_query('SET NAMES UTF8') or die('字符集設置錯誤'.mysql_error());
?>

//新增用戶
<?php
    require 'config.php';

    $_birthday = $_POST['year'].'-'.$_POST['month'].'-'.$_POST['day'];

    //新增用戶
    $query = "INSERT INTO blog_user (user, pass, ans, ques, email, birthday, ps)
                                                    VALUES
        ('{$_POST['user']}', sha1('{$_POST['pass']}'), '{$_POST['ans']}',
    '{$_POST['ques']}', '{$_POST['email']}', '{$_birthday}', '{$_POST['ps']}')";
    @mysql_query($query) or die('新增錯誤:'.mysql_error());
    echo mysql_affected_rows();

    mysql_close();
?>

//用戶名占用
<?php
    require 'config.php';

    //在新增之前,要判斷用戶名是否重複
    $query = mysql_query("SELECT user FROM blog_user WHERE
                            user='{$_POST['user']}'") or die('SQL 錯誤');
    if(mysql_fetch_array($query,MYSQL_ASSOC)){
        echo 1;
```

}

mysql_close( );
? >

項目 48　博客前端：封裝庫——Ajax 登錄

學習要點：

1. 問題所在
2. 設置代碼

　　表單的目的就是實現用戶的填寫和提交，傳統的提交需要提交到一個指定頁面，需要卸載當前頁面，然後加載到另外一個服務器端頁面進行處理，最後再跳轉到指定的頁面。這種用戶體驗不是很好，而 Ajax 則解決了這些問題。

一、問題所在

二、設置代碼

```
//HTML 代碼
<div class="info"></div>
<div class="info"></div>

//CSS 代碼
#header .login, #header .reg, #header .info{
    float:right;
    width:35px;
    height:30px;
    line-height:30px;
    cursor:pointer;
}
#header .info{
    width:80px;
    display:none;
}
#login div.info{
    padding:15px 0 5px 0;
    color:maroon;
    text-align:center;
}

//JS 代碼
$('form').eq(1).form('sub').click(function(){
    if (/[\w]{2,20}/.test(trim( $('form').eq(1).form('user').value()))
            && $('form').eq(1).form('pass').value().length >= 6){
        var _this = this;
        _this.disabled = true;
        $(_this).css('backgroundPosition','right');
```

```
        $('#loading').css('display','block').center(200,40);
        $('#loading p').html('正在嘗試登錄...');
        ajax({
            method : 'post',
            url : 'is_login.php',
            data : $('form').eq(1).serialize(),
            success : function(text){
                $('#loading').css('display','none');
                _this.disabled = false;
                $(_this).css('backgroundPosition','left');
                if(text == 1){        //失敗
                    $('#login .info').html('登錄失敗,用戶名或密碼不正確!');
                }else{                //成功
                    setCookie('user', trim($('form').eq(1).form('user').value));
                    $('#login .info').html('');
                    $('#success').css('display','block').center(200,40);
                    $('#success p').html('登錄成功...');
                    setTimeout(function(){
                        $('#success').css('display','none');
                        login.css('display','none');
                        $('form').eq(1).first().reset();
                        screen.animate({
                            attr : 'o',
                            target : 0,
                            t : 30,
                            step : 10,
                            fn : function(){
                                screen.unlock();
                            }
                        });
                        $('#header .reg').css('display','none');
                        $('#header .login').css('display','none');
                        $('#header .info').css('display','block').html(getCookie('user')+',您好!');
                    },1500);
                }
            },
            async : true
        });
    }else{
```

```
            $('#login .info').html('登錄失敗,用戶名或密碼不合法!');
        }
    });
```

PS:由於登錄也有一個 form,會導致之前註冊的 form 失效,必須精確地選擇才行。cookie 操作,直接複製基礎課程封裝的代碼即可。

```
//判斷用戶名和密碼
<?php
    require 'config.php';
    $_pass = sha1($_POST['pass']);
    $query = mysql_query("SELECT user FROM blog_user WHERE
        user='{$_POST['user']}' AND pass='{$_pass}'") or die('SQL 錯誤!');
    if(!mysql_fetch_array($query, MYSQL_ASSOC)){
        echo 1;
    }
    mysql_close();
?>
```

項目 49　博客前端:封裝庫——Ajax 發文

學習要點:

1. 問題所在
2. 設置代碼

一、問題所在

二、設置代碼

//HTML 代碼
```
<div id="blog">
    <h2><img src="images/close.png" alt="" class="close" />發表博文</h2>
    <form name="blog">
    <div class="info"></div>
    <dl>
        <dd>標    題:<input type="text" name="title" class="title" />
                            (＊不可為空)</dd>
        <dd><span style="vertical-align:85px">內    容:</span>
            <textarea name="content" class="content"></textarea>
                <span style="vertical-align:45px">(＊不可為空)</span></dd>
        <dd style="padding:10px 0 0 80px;">
            <input type="button" name="sub" class="submit" /></dd>
    </dl>
    </form>
</div>

<div id="index">
    <span class="loading"></span>
</div>
```

//CSS 代碼
```
#index {
    width:630px;
    height:570px;
    float:right;
```

```css
        position:relative;
}
#index div.content {
        opacity:0;
        filter:alpha(opacity=0);
}
#index div.content h2 {
        width:628px;
        height:30px;
        line-height:30px;
        font-size:14px;
        background:url(images/side_h.png);
        text-indent:10px;
        border:1px solid #ccc;
        border-bottom:none;
        margin:0;
}
#index div.content h2 em {
        float:right;
        font-style:normal;
        font-weight:normal;
        padding:0 10px 0 0;
}
#index div.content p {
        height:130px;
        line-height:150%;
        text-indent:26px;
        padding:10px;
        border:1px solid #ccc;
        margin:0 0 10px 0;
        overflow:hidden;
}
#index span.loading {
        position:absolute;
        top:260px;
        left:260px;
        width:100px;
        height:20px;
        background:url(images/loading4.gif) no-repeat;
}
```

```css
#blog {
    width:580px;
    height:320px;
    border:1px solid #ccc;
    position:absolute;
    display:none;
    z-index:9999;
    background:#fff;
}
#blog h2 {
    height:40px;
    line-height:40px;
    text-align:center;
    font-size:14px;
    letter-spacing:1px;
    color:#666;
    background:url(images/login_header.png) repeat-x;
    margin:0;
    padding:0;
    border-bottom:1px solid #ccc;
    cursor:move;
}
#blog h2 img {
    float:right;
    position:relative;
    top:14px;
    right:8px;
    cursor:pointer;
}
#blog div.info {
    padding:15px 0 5px 0;
    text-align:center;
    color:maroon;
}
#blog dl {
    padding:0 0 0 10px;
}
#blog dl dd {
    padding:10px;
    font-size:14px;
```

```css
}
#blog dl dd input.title {
    width:200px;
    height:25px;
    border:1px solid #ccc;
    background:#fff;
    font-size:14px;
    color:#666;
}
#blog dl dd textarea.content {
    width:360px;
    height:100px;
    max-width:360px;
    max-height:100px;
    background:#fff;
    border:1px solid #ccc;
    color:#666;
}
#blog dl dd input.submit {
    width:107px;
    height:33px;
    background:url(images/blog_button.png) no-repeat left;
    border:none;
    cursor:pointer;
}

//JS 代碼
$('form').eq(2).form('sub').click(function(){
    if(trim($('form').eq(2).form('title').value()).length <= 0
        || trim($('form').eq(2).form('content').value()).length <= 0){
        $('#blog .info').html('發表失敗:標題或內容不得為空!');
    }else{
        var _this = this;
        _this.disabled = true;
        $(_this).css('backgroundPosition','right');
        $('#loading').show().center(200,40);
        $('#loading p').html('正在發表博文...');
        ajax({
            method : 'post',
            url : 'add_blog.php',
```

```
                    data : $('form').eq(2).serialize(),
                    success : function(text){
                        $('#loading').hide();
                        if(text == 1){
                            $('#blog .info').html('');
                            $('#success').show().center(200,40);
                            $('#success p').html('發表成功...');
                            setTimeout(function(){
                                $('#success').hide();
                                $('#blog').hide();
                                $('form').eq(2).first().reset();
                                screen.animate({
                                    attr : 'o',
                                    target : 0,
                                    t : 30,
                                    step : 10,
                                    fn : function(){
                                        screen.unlock();
                                    }
                                });
                                _this.disabled = false;
                                $(_this).css('backgroundPosition','left');
                            },1500);
                        }
                    },
                    async : true
                });
            }
        });

$('#index .loading').show();
$('#index .content').opacity(0);
ajax({
    method : 'post',
    url : 'get_blog.php',
    data : {},
    success : function(text){
        $('#index .loading').hide();
        var json = JSON.parse(text);
        var html = '';
```

```javascript
        for (var i = 0; i < json.length; i ++) {
            html += '<div class="content"><h2>' + json[i].title +
                                '</h2><p>' + json[i].content + '</p></div>';
        }
        $('#index').html(html);
        for (var i = 0; i < json.length; i ++) {
            $('#index .content').eq(i).animate({
                attr : 'o',
                target : 100,
                t : 30,
                step : 10
            });
        }
    },
    async : true
});
```

//發表博文
```php
<?php
    require 'config.php';

    $query = "INSERT INTO blog_blog (title, content, date)
        VALUES ('{$_POST['title']}', '{$_POST['content']}', NOW())";

    mysql_query($query) or die('新增失敗！'.mysql_error());

    //sleep(3);
    echo mysql_affected_rows();

    mysql_close();
?>
```

//獲取博文列表
```php
<?php
    require 'config.php';

    $query = "SELECT id,title,content,date FROM blog_blog ORDER BY date DESC LIMIT 0, 3";
    $result = @mysql_query($query) or die('SQL 錯誤:'.mysql_error());

    while (!! $row = mysql_fetch_array($result,MYSQL_ASSOC)) {
```

```
    $ json .= json_encode( $ row).',';
}

sleep(3);
echo '['.substr( $ json, 0, strlen( $ json) - 1).']';

mysql_close( );
?>
```

項目 50　博客前端:封裝庫——Ajax 換膚

學習要點:

1. 問題所在
2. 設置代碼

本節課是這個項目的最后一個功能:實現博客更換皮膚的功能,而且可以永久保存到數據庫中。

一、問題所在

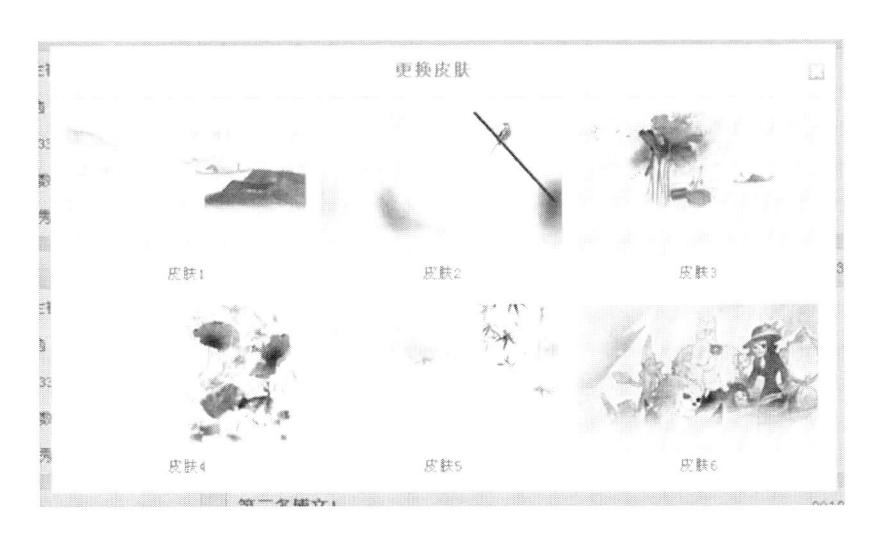

二、設置代碼

//HTML 代碼
<div id="skin">

```html
        <h2><img src="images/close.png" alt="" class="close" />更換皮膚</h2>
        <div class="skin_bg">

        </div>
    </div>
```

```css
//CSS 代碼
#skin {
    width:650px;
    height:360px;
    border:1px solid #ccc;
    position:absolute;
    display:none;
    z-index:9999;
    background:#fff;
}
#skin h2 {
    height:40px;
    line-height:40px;
    text-align:center;
    font-size:14px;
    letter-spacing:1px;
    color:#666;
    background:url(images/login_header.png) repeat-x;
    margin:0;
    padding:0;
    border-bottom:1px solid #ccc;
    cursor:move;
}
#skin h2 img {
    float:right;
    position:relative;
    top:14px;
    right:8px;
    cursor:pointer;
}
#skin div.skin_bg {
    position:relative;
}
#skin div.skin_bg span.loading {
```

```css
    display:block;
    background:url(images/loading4.gif) no-repeat;
    width:100px;
    height:20px;
    position:absolute;
    top:140px;
    left:270px
}
#skin dl {
    float:left;
    padding:12px 0 0 12px;
}
#skin dl dt {

}
#skin dl dt img {
    display:block;
    cursor:pointer;
}
#skin dl dd {
    padding:5px;
    text-align:center;
    letter-spacing:1px;
}
```

```javascript
//JS 代碼
//換膚彈窗
$('#skin').center(650, 360).resize(function () {
    if ($('#skin').css('display') == 'block') {
        screen.lock();
    }
});
$('#header .member a').eq(1).click(function () {
    $('#skin').center(650, 360).show();
    $('#skin .skin_bg').html('<span class="loading"></span>');
    screen.lock().animate({
        attr : 'o',
        target : 30,
        t : 30,
        step : 10
```

```
    });
    ajax({
        method : 'post',
        url : 'get_skin.php',
        data : {
            'type' : 'all'
        },
        success : function (text) {
            var json = JSON.parse(text);
            var html = '';
            for (var i = 0; i < json.length; i ++) {
                html += '<dl><dt><img src="images/' + json[i].small_bg +
                    '" big_bg="images/' + json[i].big_bg + '" bg_color="' +
                    json[i].bg_color + '"><dt><dd>' + json[i].bg_text + '</dd></dl>';
            }
            $('#skin .skin_bg').html(html).opacity(0).animate({
                attr : 'o',
                target : 100,
                t : 30,
                step : 10
            });
            $('#skin .skin_bg dl dt img').click(function () {
                $('body').css('background', $(this).attr('bg_color') + ' ' +
                    'url(' + $(this).attr('big_bg') + ') repeat-x');
                ajax({
                    method : 'post',
                    url : 'get_skin.php',
                    data : {
                        'type' : 'set',
                        'big_bg' : $(this).attr('big_bg').substring(7)
                    },
                    success : function (text) {
                        if (text == 1) {
                            $('#success').show().center(200, 40);
                            $('#success p').html('皮膚更換成功...');
                            setTimeout(function () {
                                $('#success').hide();
                            }, 1500);
                        }
                    },
```

```
                    async : true
                });
            });


        },
        async : true
    });
});
$('#skin .close').click(function() {
    $('#skin').hide();
    screen.animate({
        attr : 'o',
        target : 0,
        t : 30,
        step : 10,
        fn : function() {
            screen.unlock();
        }
    });
});

//拖拽
$('#skin').drag($('#skin h2').last());

//默認皮膚
ajax({
    method : 'post',
    url : 'get_skin.php',
    data : {
        'type' : 'main'
    },
    success : function(text) {
        var json = JSON.parse(text);
        $('body').css('background', json.bg_color + ' ' + 'url(images/' +
                                            json.big_bg + ') repeat-x');
    },
    async : true
});
```

```php
//get_skin.php
<?php
    require 'config.php';
    if($_POST['type']=='all'){
        $query = mysql_query("SELECT small_bg, big_bg, bg_color, bg_text
                                FROM blog_skin") or die('SQL 錯誤！');
        $json = '';
        while(!!$row=mysql_fetch_array($query, MYSQL_ASSOC)){
            $json .= json_encode($row).',';
        }
        echo '['.substr($json, 0, strlen($json)-1).']';
    }else if($_POST['type']=='main'){
        $query = mysql_query("SELECT small_bg, big_bg, bg_color, bg_text
                    FROM blog_skin WHERE bg_flag=1") or die('SQL 錯誤！');
        echo json_encode(mysql_fetch_array($query, MYSQL_ASSOC));
    }else if($_POST['type']=='set'){
        mysql_query("UPDATE blog_skin SET bg_flag=0 WHERE bg_flag=1")
                                                or die('SQL 錯誤！');
        mysql_query("UPDATE blog_skin SET bg_flag=1 WHERE
                    big_bg='{$_POST['big_bg']}'") or die('SQL 錯誤！');
        echo mysql_affected_rows();
    }

    mysql_close();
?>
```

			id	small_bg	big_bg	bg_color	bg_text	bg_flag
☐	✎	✗	1	small_bg1.png	bg1.jpg	#E7E9E8	皮膚1	1
☐	✎	✗	2	small_bg2.png	bg2.jpg	#ECF0FC	皮膚2	0
☐	✎	✗	3	small_bg3.png	bg3.jpg	#E2E2E2	皮膚3	0
☐	✎	✗	4	small_bg4.png	bg4.jpg	#FFFFFF	皮膚4	0
☐	✎	✗	5	small_bg5.png	bg5.jpg	#F3F3F3	皮膚5	0
☐	✎	✗	6	small_bg6.png	bg6.jpg	#EBDEBE	皮膚6	0

國家圖書館出版品預行編目(CIP)資料

JavaScript實戰 / 湯　東、張富銀 主編. -- 第一版.
-- 臺北市：崧燁文化，2018.08

　面　；　公分

ISBN 978-957-681-458-7(平裝)

1.Java Script(電腦程式語言)

312.32J36　　107012783

書　名：JavaScript實戰
作　者：湯　東、張富銀 主編
發行人：黃振庭
出版者：崧燁文化事業有限公司
發行者：崧燁文化事業有限公司
E-mail：sonbookservice@gmail.com
粉絲頁　　　　　　網　址：
地　址：台北市中正區重慶南路一段六十一號八樓815室
8F.-815, No.61, Sec. 1, Chongqing S. Rd., Zhongzheng Dist., Taipei City 100, Taiwan (R.O.C.)
電　話：(02)2370-3310　傳　真：(02) 2370-3210
總經銷：紅螞蟻圖書有限公司
地　址：台北市內湖區舊宗路二段121巷19號
電　話：02-2795-3656　傳真：02-2795-4100　網址：
印　刷：京峯彩色印刷有限公司（京峰數位）

　　本書版權為西南財經大學出版社所有授權崧博出版事業股份有限公司獨家發行電子書繁體字版。若有其他相關權利及授權需求請與本公司聯繫。

定價：650 元

發行日期：2018 年 8 月第一版

◎ 本書以POD印製發行